Visual FoxPro 9.0 是 Microsoft 公司推出的 Visual FoxPro 的最新版本，是一款优秀的可视化数据编程工具，它在以往版本的基础上有了很大的改进，功能更加强大，提供了可视化界面的设计方法，支持面向对象的程序设计技术。

它还具备自开发语言的数据库管理系统，可以作为大型数据库的前端开发工具，在以前版本的基础上增强了网络功能，添加了 XML 处理能力，增强了与外部交换数据的能力，它还可以进行小型应用系统的开发，是使用非常广泛的数据库应用系统的开发工具。

本书定位与特色

❑ **面向职业技术教学**　本书是在多位资深编程人员通过总结多年开发经验与成果的基础之上编写的，以实际开发应用程序为主导，全面、翔实地介绍 Visual FoxPro 开发中所用到的各种知识和技能。通过本书的学习，读者可以快速、全面地掌握并使用 Visual FoxPro 开发应用程序的方法。本书体现了"理论实践一体化"的教学理念，是一本真正面向职业技术教学的教材。

❑ **合理的知识结构**　面向开发人员的职业培训市场，该书结合应用程序开发实践从易到难，逐步介绍知识，突出了职业实用性。

❑ **案例教学**　针对每个知识点，本书设计了针对性强的实验指导（实例），这些实例既相对独立，又具有一定的联系，是综合性开发实例的组成部分。学生在练习过程中可以通过实例掌握更多的相关知识。

❑ **理论实践一体化**　在每个实例中有机地融合了训练目标，融"教、学、练"于一体，即每个实例的讲解都先提出训练方向、实现功能等目标，再在学生模仿练习中，让学生掌握实例的完成过程，体现"学以致用"的教学理念。

❑ **阶梯式实践环节**　本书精心设置了 3 个教学环节：扩展练习、实验指导、综合案例。让学生通过不断的练习和实践，实现编程技能的逐步提高，最终成为职业能力较强的编程人员。

本书主要内容

本书是指导初学者学习 Visual FoxPro 的入门书籍。全书共分 13 章，根据知识点的逻辑结构顺序，详细讲解相关内容，如数据库基础概论、Visual FoxPro 基础、创建数据库及数据表、数据表操作、查询与视图、结构化查询语言、结构化程序设计、面向对象程序设计、表单的设计与应用、报表与标签、菜单的设计与应用等。

在本书的综合案例中，专门针对编程相关知识介绍调试及编译程序，以及一个完整的"企业人事管理系统"实例的开发过程。用户可以应用前面所介绍的全部知识点，在实例开发过程中加固知识的掌握。

本书配套光盘中提供了书中实例的源代码，这些代码全部经过精心调试，在 Windows XP/Windows 2000/Windows 2003 Server 下全部通过，能够保证正常运行。

读者对象

本书体现了作者在软件技术教学改革过程中形成的"项目驱动、案例教学、理论实践一体化"的教学方法，读者通过本书可以快速、全面地掌握使用 Visual FoxPro 数据库应用和开发的经验和技能。本书可作为各类高等院校、高职高专院校的计算机公共课教材，也可作为各类 Visual FoxPro 培训班及全国计算机等级考试二级 Visual FoxPro 语言的辅导教材。

除了封面署名人员之外，参与本书编写的人员还有李乃文、孙岩、马海军、张仕禹、夏小军、赵振江、李振山、李文采、吴越胜、李海庆、何永国、李海峰、陶丽、吴俊海、安征、张巍屹、崔群法、王咏梅、康显丽、辛爱军、贾栓稳、王立新、苏静、赵元庆、郭磊、徐铭、李大庆、王蕾、张勇等。

由于时间仓促，在编写过程中难免会有漏洞，欢迎读者通过清华大学出版社网站www.tup.tsinghua.edu.cn 与我们联系，以帮助我们改正提高。

编者
2008 年 9 月

目录

CONTENTS

上篇 基础篇

下篇 实验指导

目录

上篇 基础篇

第1章 数据库基础概论

内容摘要 Abstract

数据库技术涉及操作系统、数据结构、算法设计和程序设计等知识。Visual FoxPro 是一种使用广泛的数据库应用和开发系统，具有强大的数据处理能力，它具有简单的操作、友好的界面，深受广大用户的青睐。

本章主要介绍数据库、数据库管理系统和数据库系统的基本概念，以及数据库管理系统软件 Visual FoxPro 的界面。

学习目标 Objective

➢ 数据库基础
➢ 数据模型
➢ 关系模型理论
➢ Visual FoxPro 用户界面

1.1 数据库基础

在学习数据库之前，先来学习数据库的概念。从不同的角度来描述数据库，数据库的概念也就有所不同。

1.1.1 数据库基本概念

数据、数据库、数据库管理系统和数据库系统是与数据库技术密切相关的 4 个基本概念，下面介绍这些概念的含义。

1. 数据

数据是数据库存储的基本对象。说到数据，人们首先想到的就是数字。其实，数字只是最简单的一种数据，数据实际上是描述事物的符号记录。描述事物的符号可以是数字，也可以是文字、图形、图像、声音、语言等多种表现形式。

在计算机中，为了存储和处理这些事物，就要抽象出对这些事物感兴趣的特征，并组成一个记录来描述。例如，在"学生信息表"中，可以用学生的姓名、性别、出生日期、籍贯、所在系别、入学时间等特征来描述这个学生，如下所示。

（王丽，女，1985，天津，计算机科学，2008）

因此，对于上面这条学生记录，可以理解为该学生为一个女孩，出生于 1985 年，名叫王丽，她的籍贯为天津，2008 年考入该校的计算机科学系。

而在数据库中，用户可以通过特征属性与数据相对应来描述其数据的内容。例如，可以通过学生的特征属性与学生的信息进行相应的描述，如图 1-1 所示。

属性 ⟶	姓名	性别	出生日期	籍贯	所在系别	入学时间
记录 ⟶	王丽	女	1985	天津	计算机科学	2008

图 1-1   数据描述

2. 数据库（Database，DB）

数据库是指存储在计算机外部存储器上、结构化的相关数据的集合。为了便于对数据的管理和检索，数据库中的大量数据必须按一定的逻辑结构进行存储，这就是数据"结构化"的概念。

存储在数据库中的各个数据之间存在一定联系，不是孤立存在的。数据库不仅包含了描述事物的数据，而且反映了相关事物之间的联系，即相同事物之间的特性。例如，在"学生信息表"中，存储了有关学生的数据内容，如图 1-2 所示。

在信息处理或数据处理中采用数据库技术的优势在于：数据库中的数据具有较高的数据共享性和较低的数据冗余度，能够为多个用户或多个任务所共享；同时，数据库中的数据具有较高的数据独立性和安全性，能有效地支持对数据进行的各种处理，并有利于保证数据的安全性、一致性和完整性。

3. 数据库管理系统（Database Management System，DBMS）

数据库管理系统是数据库系统的一个重要组成部分，它是位于用户与操作系统之间的数据管理软件，如 Access、Visual FoxPro、SQL Server 等。这类管理软件较多，具有以下几方面的功能。

❑ **建立数据库**

根据用户的要求建立数据库结构，并存储用户数据，如图 1-3 所示。

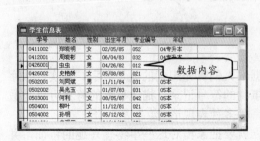

图 1-2   数据内容

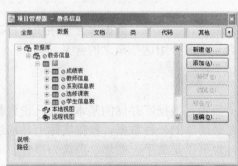

图 1-3   建立数据库结构

数据库基础概论

□ **操纵数据库**

数据库管理系统还提供数据操纵语言（Data Manipulation Language，DML），用户可以利用该语言操纵数据，以实现对数据库的基本操作，如查询、插入、删除和修改等。

例如，打开"学生信息表"，执行【表】|【删除记录】命令，即可删除记录，如图1-4 所示。

□ **运行管理数据库**

数据库在建立、运用和维护时由数据库管理系统统一管理、统一控制，以保证数据的安全性、完整性、多用户对数据的并发使用及发生故障后的系统恢复。

□ **维护数据库**

根据用户的需求对数据库进行转储或恢复。另外，还可以对数据库的性能进行检测和分析。

数据库管理系统为用户或应用程序提供访问数据的方法，包括数据的创建、查询、更新和控制，它是基于数据模型而建立的。

4．数据库系统（Database System，DBS）

数据库系统是一个实际可运行的存储、维护和应用系统提供数据的软件系统，是存储介质、处理对象和管理系统的集合体，它通常由软件、数据库和数据管理员组成，如图 1-5 所示。

图1-4　删除记录

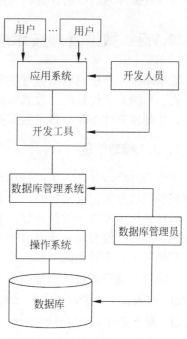

图1-5　数据库系统

其软件主要包括操作系统、各种宿主语言、实用程序以及数据库管理系统。数据库由数据库管理系统统一管理，数据的插入、修改和检索均要通过数据库管理系统进行。数据库管理员负责创建、监控和维护整个数据库，使数据能被任何有权使用的用户有效使用。数据库管理员一般是由业务水平较高、资历较深的人员担任。

数据库系统是为适应数据处理的需要而发展起来的一种较为理想的数据处理的核心机构。对数据库系统的基本要求如下。

- ❏ 能够保证数据的独立性。数据和程序的相互独立有利于加快软件开发的速度，节省开发费用。
- ❏ 冗余数据少，数据共享程度高。
- ❏ 系统的用户接口简单，容易掌握，使用方便。
- ❏ 能够确保系统运行可靠，出现故障时能迅速排除；能够保护数据不受非授权者访问或破坏；能够防止错误数据的产生，一旦产生也能及时发现。
- ❏ 有重新组织数据的能力，能改变数据的存储结构或数据存储位置，以适应用户操作特性的变化，改善由于频繁插入、删除操作造成的数据组织零乱和时空性能变坏的状况。
- ❏ 具有可修改性和可扩充性。
- ❏ 能够充分描述数据间的内在联系。

5. 数据库应用系统

数据库应用系统是指系统开发人员利用数据库系统资源开发出的实用的应用软件系统。例如，以数据库为基础开发的企业人事工资管理系统、财务管理系统等，它们都可以称为以数据库为核心的计算机应用系统。

1.1.2 数据管理技术的发展

数据库技术是根据数据管理的需求而产生的。随着计算机软硬件的不断发展，它经历了人工系统、文件系统、数据库系统 3 个阶段，每一阶段的发展以数据存储冗余不断减小、数据独立性不断增强、数据操作更加方便和简单为标志，各有其特点。

1. 人工管理阶段

在 20 世纪 50 年代，人们运用常规的手工方式从事记录、存储和对数据进行加工，也就是利用纸张来记录及计算，并主要使用人工来管理这些数据。

而计算机主要用于数值计算，既无操作系统，也无管理数据的软件，并且计算机硬件也相当简陋，没有可直接存取的存储设备。用户直接进行管理，且数据间缺乏逻辑组织，数据仅依赖于特定的应用，缺乏独立性，如图 1-6 所示。

该阶段数据管理技术的特点如下

- ❏ 以人工方式管理数据，工作量极大，负担极重。
- ❏ 由于受计算机硬件的制约，数据得不到有效的保存，并且数据也不能被共享。
- ❏ 在数据的逻辑或物理结构发生改变时，需要对应用程序做相应的调整，以适应数据的变化。

2. 文件系统阶段

在这一阶段，不仅计算机的数据处理速度和存储能力大大提高，出现了直接存取的存储设备，而且在软件上也出现了专门的管理软件和操作系统。

这样，数据可以长期保存在计算机的外存上，可以对数据进行反复处理，并支持文件的查询、修改、插入和删除等基本操作，这就是文件系统。应用程序和数据之间的关系如图1-7所示。

该阶段数据管理技术的特点如下。

- ❑ 以文件系统代替人工管理数据，工作量大大减轻。
- ❑ 由于计算机在数据管理方面的大量应用，使数据得以保存。
- ❑ 数据可以共享，但是共享性较差，容易造成数据冗余。
- ❑ 数据在记录内有结构，而整体上没有结构化。

3. 数据库系统阶段

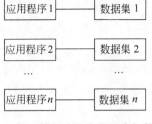

图1-6 人工管理阶段应用程序与数据之间的对应关系

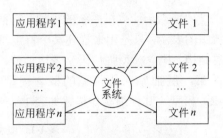

图1-7 文件系统阶段应用程序和数据之间的关系

到了20世纪60年代后期，计算机性能得到进一步提高，应用范围也越来越广。同时，多种应用、多种语言互相覆盖地共享数据集合的要求越来越强烈。更重要的是出现了大容量磁盘，使存储容量大大增加且价格下降。

此时，克服文件系统管理数据时的不足，而满足和解决实际应用中多个用户、多个应用程序共享数据的要求，从而使数据能为尽可能多的应用程序服务，数据库技术便应运而生，出现了统一管理数据的专门软件系统——数据库管理系统。在数据库系统中，应用程序和数据之间的关系如图1-8所示。

该阶段数据管理技术的特点如下

- ❑ 数据的共享性大大提高。
- ❑ 数据的冗余现象大大减少，节约了存储空间。
- ❑ 与文件系统相比，数据库系统中的数据之间有了或多或少的联系，可以适应不同应用系统的需要。
- ❑ 数据由数据库管理系统实行统一控制和管理，从而大大减轻用户的负担。

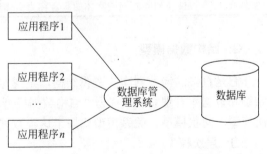

图1-8 数据库系统阶段应用程序和数据之间的关系

20世纪80年代后，不仅在大、中型计算机上实现并应用了数据管理的数据库技术，如Oracle、Sybase、Informix等，在微型计算机上也可使用数据库管理软件，如常见的Access、Visual FoxPro等软件，使数据库技术得到广泛的应用和普及。

1.1.3 数据模型

模型是对现实世界的抽象，数据模型（Data Model）是数据库管理的数学形式框架，用来描述一组数据的概念和定义，它描述了从现实世界转换为数据库管理系统所支持的数据模型，如图 1-9 所示。

数据模型按不同的应用层次可划分为两类，不同的数据模型实际上所提供的模型化数据和信息也不相同。

1. 概念模型

一种独立于计算机系统的模型，它不涉及信息在系统中的表示，只是用来描述某个特定组织所关心的信息结构。概念模型强调语义表达功能，它是现实世界的第一层抽象。最常见的概念模型是实体联系（E-R）模型，其详细实体描述如表 1-1 所示。

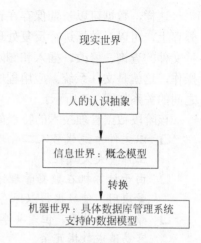

图 1-9　数据模型的转换

表 1-1　概念模型中的实体描述

名称	说明
实体	客观存在并可以互相区分的客观事物或抽象事件。实体可以是客观对象，如一个学生、一辆汽车；也可以是抽象的事件，如一次谈话、一次演出等
属性	描述实体的特征，每个属性都有一个范围或值域。例如，学生实体可以用姓名、学号、性别等属性来描述
实体型	用实体名及属性名集合来抽象和表述的同类具有相同属性集合的实体。例如，学生实体中都具有学号、姓名、性别、出生年月等相同属性，则学生可称为一个实体型
实体值	实体值是实体的具体实例，是属性值的集合
实体集	性质相同的同类实体的集合称为实体集，如一班学生、一批图书等

2. 结构数据模型

它是直接面向数据库的逻辑结构，是现实世界的第二层抽象。这类模型涉及计算机系统和数据库管理系统，称为"结构数据模型"，它主要用于数据库管理系统的实现，层次模型、网状模型、关系模型均属于这类数据模型。

❑ 层次模型

该模型是数据库系统中最早出现的数据模型，它的数据组织形式像一棵倒置的树，由节点和连线组成，其中，节点表示实体。树有根、枝、叶，在这里都称为节点，根节点只有一个，向下分支，是一种一对多的关系。例如，学校的组织形式都可以看作是层次模型，如图 1-10 所示。

此种类型数据库的优点：层次分明、结构清晰、不同层次间的数据关联直接简单；而它的缺点是：数据将不得不以纵向向外扩展，节点之间很难建立横向的关联。对插入和删除限制较多，查询非直系的节点非常复杂。

❑ 网状模型

该模型是用来描述事物及其联系的，数据组织形式就像一张网，节点表示数据元素，

数据库基础概论

节点间连线表示数据间联系，它去掉了层次模型的两个限制，此外它还允许两个节点之间有多种联系。节点之间是平等的，无上下层关系。如学校中的"教师"、"学生"、"系"、"学生处"等事物之间有联系但无层次关系，可以认为是一种网状模型，如图 1-11 所示。

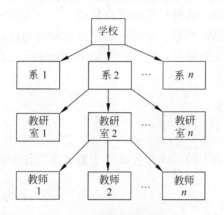

图 1-10　层次模型示意图

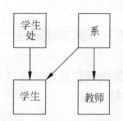

图 1-11　网状模型示意图

此种类型数据库的优点：能很容易地反映实体之间的关联，同时它还避免了数据的重复性；而缺点是结构比较复杂，路径太多，当添加或删除数据时，涉及的相关数据较多，不易维护和重建。

❑ **关系模型**

用关系表示的数据模型称为关系模型。在数据库理论中，关系是指由行与列构成的二维表。在关系模型中，实体和实体间的联系都是用关系来表示的。也就是说，二维表格中既存放着实体本身的数据，又存放着实体间的联系。关系不但可以表示实体间一对多的联系，通过建立关系间的关联，也可以表示多对多的联系，如图 1-12 所示。

在每个二维表中，每一行称为一条记录，用来描述一个对象的信息；每一列称为一个字段，用来描述对象的一个属性。

学号	姓名	性别	出生年月	专业编号	年级
0411002	郑晓明	女	1985.05.02	052	04专升本
0412001	周小斌	女	1983.04.06	032	04专升本
0426001	虫虫	男	1982.04.26	012	04本
0426002	史艳娇	女	1985.05.08	021	04本

学号	课程号	成绩
0411002	8	89
0412001	3	90
0426001	6	100
0426002	7	100

课程号	课程名	教师编号
1	网页制作	001
2	计算机硬件	003
3	中国建筑学	005
4	如何做一个成功的管理者	008
5	建筑艺术	010
6	大学英语	004
7	英语口语	011
8	身体保健	002

图 1-12　关系模型示意图

1.2 关系模型理论

关系模型是建立在关系代数基础上的，具有坚实的理论基础。与层次模型和网状模型相比，关系模型具有数据结构单一、理论严密、使用方便、易学易用的特点。目前，绝大多数数据库系统的数据模型均采用关系模型。本节结合 Visual FoxPro 来介绍关系模型的基本概念及其运算。

1.2.1 关系模型

关系数据模型是建立在关系理论基础上的，因而有必要了解关系理论中的一些基本术语和基本关系的特点。

1. 关系术语

关系模型的数据结构就是关系，如图 1-13 所示，以"学生信息表"为例，介绍关系模型中的一些术语。

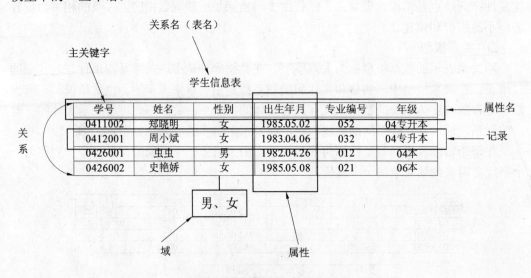

图 1-13　关系模型的数据结构

其中，每个术语在关系模型中代表着相关的内容，具体含义如下。

- **关系**　一个关系就是一张二维表，每个关系都有一个关系名。在 Visual FoxPro 中，一个关系就是一个数据表，表名就是关系名，图 1-13 中的关系名是"学生信息表"。
- **记录**　表中的一行即为一条记录，也称为元组。如图 1-13 所示，在"学生信息表"中有 4 条记录。元组是相关属性值的集合。
- **属性**　表中的一列即为一个属性，为每个属性赋一个名称即属性名。图 1-13 中包含 6 列，对应 6 个属性（学号、姓名、性别、出生年月、专业编号、年级）。

- **关键字** 在 Visual FoxPro 中，其主索引即是关键字，是能够唯一确定记录的字段或字段的集合。如图 1-13 所示的字段【学号】为该表的主关键字，而【专业编号】是"系别信息表"的外关键字。
- **域** 即属性的取值范围。如图 1-13 所示，学生的性别分为男、女，其域就是"男"和"女"中的一个，而年级的域就是学校所有年级的集合。

如果从集合论的观点来定义关系，可以将关系定义为元组的集合；关系模式是命名的属性集合，而一个具体的关系模型则是若干个相联系的关系模式的集合。

2. 关系的特点

在关系数据模型中，每一个关系都必须满足一定的条件，或者说一个关系必须具备以下特点。

- 在同一个关系中不能出现相同的属性名。
- 在一个关系中不允许有完全相同的元组。
- 在一个关系中，任意交换两行的位置不影响数据的实际含义。
- 在一个关系中，任意交换两列的位置不影响数据的实际含义。
- 每个属性必须是不可分割的数据单元，即表中不能再包含表，字段不能再分为多个字段。

1.2.2 关系的运算

当在关系数据库中查询用户所需的数据时，需要对关系进行一定的关系运算。关系运算主要包括集合运算和关系运算两类。

1. 集合运算

集合运算是从关系的水平方向进行的，它包括并、交、差和广义笛卡儿积等 4 种运算。

- **并（Union）**

如果两个相同结构的关系 A 和 B，它们具有相同的属性和取值范围，则对关系 A 与关系 B 进行并运算，其结果是这两个关系组成的集合，其属性与关系 A 和 B 相同。关系 A 与 B 的并运算记为：$A \cup B = \{t | t \in A \vee t \in B\}$。

- **交（Intersection）**

如果两个相同结构的关系 A 和 B，它们具有相同的属性和取值范围，则对关系 A 与关系 B 进行交运算，其结果是由既属于关系 A 又属于关系 B 的所有元组组成，其属性与关系 A 或 B 相同。关系 A 与 B 的交运算记为：$A \cap B = \{t | t \in A \wedge t \in B\}$。

- **差（Difference）**

如果两个相同结构的关系 A 和 B，它们具有相同的属性和取值范围，则对关系 A 与关系 B 进行差运算，其结果是由属于关系 A 而不属于关系 B 的所有元组组成，其属性与关系 A 部分相同。关系 A 与 B 的差运算记为：$A - B = \{t | t \in A \wedge t \notin B\}$。

- **广义笛卡儿积（Extended Cartesian Product）**

两个分别为 n 目和 m 目的关系 A 和 B 的广义笛卡儿积运算（记为：A×B），其结果是一个（n+m）列的元组的集合。元组的前 n 列是关系 A 的一个元组，后 m 列是关系 B 的一个元组。关系 A 与 B 的广义笛卡儿积运算记为：A×B = {$t_a \frown t_b$ | $t_a \in A$ $\wedge t_b \in B$ }。

2．关系运算

关系运算可以从关系的水平方向进行，又可以向关系的垂直方向进行。常见的有选择、投影、连接等运算。

❏ **选择（Selection）**

选择运算又称为限制，它是从关系中查找符合指定条件元组的操作。以逻辑表达式来指定选择条件，选取使逻辑表达式为真的所有元组。选择运算的结果构成关系的一个子集，是关系中的部分元组，其关系模式不变。选择运算是从二维表中选取若干行的操作，在表中则是选取若干条记录的操作。

例如，在 Visual FoxPro 中，将"学生信息表"中的记录按照【性别】进行选择查询，选择值为"男"的记录，如图 1-14 所示。

❏ **投影（Projection）**

投影运算是从关系中选取若干个属性的操作。从关系中选取若干属性形成

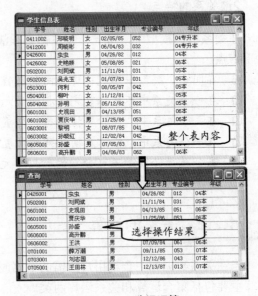

图 1-14　选择运算

一个新的关系，其关系模式中属性个数比原关系要少，或者排列顺序不同，同时也可能减少某些元组。因为排除了一些属性特别是排除了原关系中关键字属性后，所选属性可能有相同的值，出现相同的元组，而关系中必须排除相同元组，从而有可能减少某些元组。

例如，在"学生信息表"中，查看学生的【学号】、【姓名】和【性别】字段的内容，如图 1-15 所示。

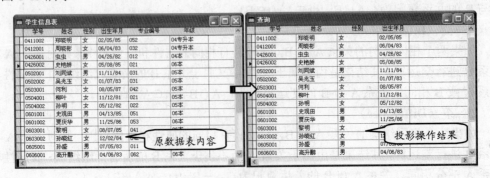

图 1-15　投影运算

数据库基础概论

❑ 连接（Join）

连接运算是将两个关系模式中的若干属性拼接成一个新的关系模式的操作，对应的新关系中包含满足连接条件的所有元组。连接过程是通过连接条件来控制的，连接条件中将出现两个关系中的公共属性名，或者具有相同语义、可比的属性。连接是将两个二维表中的若干列，按同名等值的条件拼接成一个新二维表格的操作。

在表中则是将两个表的若干字段，按指定条件（通常是同名等值）拼接生成一个新的表。例如，将"学生信息表"表中的【姓名】字段、"选修课表"表中的【课程名】字段和"成绩表"表中的【成绩】字段拼接成一个实体集，如图 1-16 所示。

图 1-16　连接运算

1.2.3　关系类型

实体之间存在的某种联系表示实体之间具有一定的关系。常见的实体之间的联系有：一对一、一对多、多对多。

❑ 一对一关系

实体集 A 中的每个实体只与实体集 B 中的一个实体相联系，反之亦然，则称实体集 A 与实体集 B 是一对一联系，记为：1:1。

例如，在"选修课表"中，【课程号】字段与"成绩表"中的【课程号】字段之间的内容是单一的，并且课程与课程之间具有一对一联系，如图 1-17 所示。

❑ 一对多关系

一对多关系是最常见的关系类型，在这种关系类型中，如果实体集 A 中的每一个实体在实体集 B 中都有多个实体与之对应，并且实体集 B 中每个实体在实体集 A 中只有一个实体与之对应，则称它们之间是一对多联系，记为：1：n。

例如，在"系别信息表"中的【专业编号】字段的一个编号，可以在"学生信息表"的【专业编号】字段中找到相对应的多个编号，如图1-18所示。

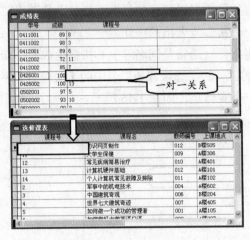

图1-17 一对一关系   图1-18 一对多关系

❑ 多对多关系

如果实体集A中的每一个实例在实体集B中有n个实例（n≥0）与之相联系，反之，对于实体集B中的每一个实例，实体集A中也有m个实例（m≥0）与之相联系，则称实体集A与实体集B具有多对多联系，记为：m：n。

1.2.4 关系的完整性

关系的完整性是为保证数据库中数据的正确性和兼容性对关系模型提出的某种约束条件或规则。完整性通常包括实体完整性、参照完整性和用户定义完整性，其中实体完整性和参照完整性是关系模型必须满足的完整性约束条件。

❑ 实体完整性

实体完整性是指关系的主关键字值的唯一性，并且不允许为"空值"，这样可以防止出现冗余值，提高数据库的性能。

❑ 参照完整性

参照完整性是定义建立关系之间联系的主关键字与外部关键字引用的约束条件。

❑ 用户定义完整性

实体完整性和参照完整性适用于任何关系型数据库系统，主要是对关系的主关键字和外部关键字的取值做出有效的约束。用户定义完整性则是根据应用环境的要求和实际的需要，对某一具体应用所涉及的数据提出约束性条件。这一约束机制一般不再由应用程序提供，而是由关系模型提供定义并检验。用户定义完整性主要包括字段有效性规则和记录有效性规则。例如，对于学生的成绩定义为整型，范围太大，可以定义其字段的有效性规则，把成绩限制在0～100之间。

数据库基础概论

1.3　Visual FoxPro 用户界面

Visual FoxPro 简称 VFP，是 Microsoft 公司推出的数据库开发软件，用它来开发数据库既简单又方便。目前，最新版本为 Visual FoxPro 9.0，而在学校教学和教育部门的考证中还依然沿用经典版的 Visual FoxPro 6.0。

1.3.1　Visual FoxPro 的主界面

Visual FoxPro 是一个功能强大的数据库管理工具。在安装完 Visual FoxPro 并启动后，就可以看到其与众不同的界面，如图 1-19 所示。接下来介绍 Visual FoxPro 的界面。

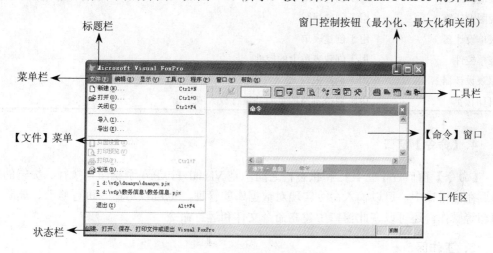

图 1-19　Visual FoxPro 主界面

在 Visual FoxPro 的主界面中，与以前版本相同，并且主要由标题栏、菜单栏、工具栏、工作区、【命令】窗口以及状态栏等组成。

1. 标题栏

标题栏位于界面的最上方，它由系统程序图标、界面标题、最小化、最大化按钮和关闭按钮组成。单击系统程序图标，打开窗口控制菜单，可以控制主界面的大小；双击该图标可以退出系统。界面标题是该窗口的名称。

2. 菜单栏

菜单栏位于标题栏的下方，它是各种操作命令的分类组合。在菜单栏中有 8 个菜单：文件、编辑、显示、格式、工具、程序、窗口和帮助。单击其中任一个菜单就会打开一个对应的二级菜单。在该二级菜单中，当选择其中一个菜单项时，就可以执行一个命令操作。

13

3．工具栏

利用工具栏能够快速访问常用的命令和功能。只要单击工具栏中的按钮，即可执行相应的命令或过程。Visual FoxPro 中包含多种工具栏，如表 1-2 所示。

表 1-2　工具栏

工具栏	说明
常用	提供了新建、打开、保存等常用的按钮
布局	在创建表单或报表时，用于对齐和调整控件的位置
调色	在创建表单或报表时，用于设定各个控件的颜色
数据库设计器	用于创建数据库
查询设计器	用于创建查询
视图设计器	用于创建视图
表单设计器	用于创建表单
表单控件	用于创建表单上的控件
报表设计器	用于创建报表
打印预览	用于更改预览的页面并进行放大或缩小

4．【命令】窗口

【命令】窗口位于工具栏和状态栏之间，是 Visual FoxPro 系统命令执行、编辑的窗口。在该窗口中，可以输入命令实现对数据库的管理，也可以对命令进行修改、删除、剪切等操作，还可以在此窗口中建立命令文件和运行命令。

5．工作区

在工具栏和状态栏之间的大块空白区域是系统工作区，各种工作窗口将在这里展开，而且显示执行命令后的返回值。

6．状态栏

状态栏位于界面的最底部，用于显示某一操作的工作状态。使用 SET STATUS 命令可以随时关闭或打开状态栏。

1.3.2　工具栏的使用

通常，使用工具栏比使用菜单要方便快捷得多。在初次打开 Visual FoxPro 时，用户可根据需要用鼠标将它拖放到任意位置。

1．激活工具栏

工具栏会随着某类文件的打开而自动弹出。可以通过执行【显示】|【工具栏】命令，

弹出如图 1-20 所示的对话框。然后，通过选择需要激活的工具栏选项，单击【确定】按钮，激活该工具栏。如果不再使用当前的工具栏，可以在该对话框中选择需要关闭的工具栏，即可关闭该工具栏。

2. 定制工具栏

除了系统提供的工具栏之外，用户还可以创建自己的工具栏，即在【工具栏】对话框中，单击【定制】按钮，弹出如图 1-21 所示的对话框。在该对话框的【分类】列表框中选择一个工具类别，然后在【按钮】选项组中选择需要的按钮，将其拖放到对话框外，此时，在 Visual FoxPro 的主窗口中将自动创建一个工具栏，如图 1-22 所示。添加完成后，可以单击【关闭】按钮，关闭该对话框。

除了选择需要的工具栏外，在【工具栏】对话框中的【显示】选项组中，设置工具栏的显示状态，即显示工具栏中的按钮为彩色按钮或者为大按钮，当鼠标停放在工具栏的按钮上时显示提示。

如果需要恢复系统提供的工具栏，可以单击【重置】按钮，将工具栏恢复到默认状态。

3. 删除定制的工具栏

如果不再需要定制的工具栏时，可以在【工具栏】对话框中单击需要删除的工具栏名称，这时，【重置】按钮变为【删除】按钮，单击该按钮即可将定制的工具栏删除。

图 1-20 【工具栏】对话框

图 1-21 【定制工具栏】对话框

图 1-22 定制的工具栏

1.3.3 设置环境

Visual FoxPro 的环境设置决定了其操作环境和工作方式。Visual FoxPro 允许用户设置大量的参数以控制其工作方式。通过设置环境，可以添加、更新或删除其中的控件，改变选项栏或工具栏，安装 ODBC 数据源等。

若要设置 Visual FoxPro 环境，可以执行【工具】|【选项】命令，即弹出【选项】对话框，如图 1-23 所示，用户可以利用该对话框中的各个选项卡来设置 Visual FoxPro 环境。

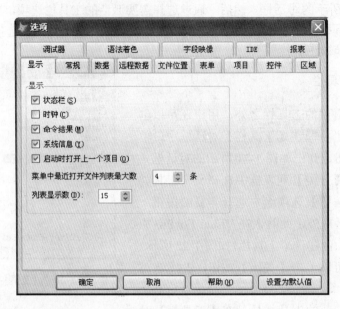

图 1-23 【选项】对话框

在该对话框中，共包含了设置 14 种不同类别的环境选项卡，每一个选项卡都有其特定的环境和相应的设置信息。用户可以根据实际情况来修改选项卡中的选项，从而确定其系统环境，如表 1-3 所示。

表 1-3 【选项】对话框中的选项卡名称和功能说明

名称	功能说明
显示	界面设置选项，如显示状态栏、时钟、命令结果、系统信息等
常规	数据输入与编程选项，如设置警告声音，记录编译错误，填充新记录，提示文件替换等
数据	设置数据表选项，如是否使用 Rushmore 优化，是否使用索引，是否提示代码页、备注块大小、记录计时数间隔、缓冲类型，是否文件自动锁定等
远程数据	远程数据选项，如远程视图默认值，连接默认值等
文件位置	默认目录位置，如代码列表的位置，菜单生成器的位置等
表单	表单选项，如网格设置，模板设置，显示位置设置等
项目	项目管理器选项，如双击时运行或修改文件，向导提示等
控件	控件选项，如添加、删除可视类库和 ActiveX 控件
区域	区域选项，如设置日期、时间、货币和数字的格式
调试器	调试器选项，如设置调试器环境，指定窗口、字体和颜色设置
语法着色	语法着色选项，如编辑选项，语法颜色设置
字段映像	从数据环境设计器、数据库设计器或项目管理器中向表单拖放表或字段时，创建何种控件，如数据选项设置
IDE	指定文件或窗口、缩排设置、保存选项以及外观性能
报表	报表选项，设置网格线、报表的度量单位、默认字体

1.3.4 设计面板

在 Visual FoxPro 中，为了方便用户设计应用程序，提供了许多设计面板，如向导、生成器和设计器等，它们的使用可以大大简化用户的操作，提高开发的效率。

1. Visual FoxPro 向导

Visual FoxPro 向导将一些复杂的功能分解成若干步骤来实现，而每一步操作都是通过对话框来对其进行简单设置的，并且按照适当的顺序组合在一起，如图 1-24 所示为表向导。

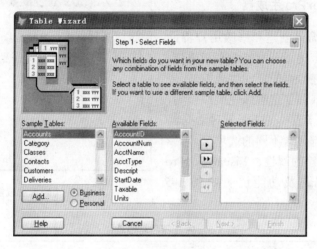

图 1-24 表向导

使用向导方式可以让初学者在较短的时间内掌握其操作。Visual FoxPro 提供的常用向导及功能说明如表 1-4 所示。

表 1-4 常用向导及功能说明

向导名称	功能说明
表向导	引导用户快速建立数据表
查询向导	引导用户快速建立查询
表单向导	引导用户快速建立表单
报表向导	引导用户快速建立报表
标签向导	引导用户快速建立标签
交叉表向导	引导用户创建交叉表
数据透视表向导	引导用户创建数据透视表
导入向导	引导用户向表或数据库中导入数据
文档向导	引导用户从项目文件或程序文件中格式化文本文件
升迁向导	引导用户利用 Visual FoxPro 数据库功能创建 SQL Server 数据库
应用程序向导	引导用户快速创建可执行应用程序

向导名称	功能说明
数据库向导	引导用户快速创建数据库
图表向导	引导用户创建图表
远程视图向导	引导用户利用 ODBC 数据源来创建视图
本地视图向导	引导用户快速创建视图
Web 发布向导	引导用户从表或视图中显示数据到一个 HTML 文档中
邮件合并向导	引导用户与 Word 文档合并创建一个数据源，如名字或地址，信函表格，邮件标签等

2．Visual FoxPro 生成器

生成器可以简化创建和修改用户界面程序的设计过程，提高开发的效率和质量。使用生成器可以在数据表之间生成控件、表单或设置控件格式和创建参照完整性规则，如图 1-25 所示为【表单生成器】对话框。

每个生成器都包含不同的选项卡，可以用来设置所选对象的属性。Visual FoxPro 提供的生成器名称及功能说明如表 1-5 所示。

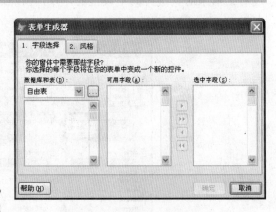

图 1-25 【表单生成器】对话框

表 1-5 生成器名称及功能说明

名称	功能说明
应用程序生成器	显示一个标签化对话框，用来简化创建和修改表单、复杂控件和其他有效和令人满意的应用程序的可选元素
自动格式生成器	设置一组相同类型的选定控件的样式
组合框生成器	设置组合框控件的属性
命令按钮生成器	设置命令按钮控件的属性
CursorAdapters 生成器	快速生成 CursorAdapter 对象
数据环境生成器	使用 CursorAdapter 对象的性能，可以容易地生成数据环境对象
编辑框生成器	设置编辑框控件的属性
表单生成器	将字段作为新建控件添加到一个表单中
表格生成器	设置表格控件的属性
列表框生成器	设置列表框控件的属性
选项按钮生成器	设置选项按钮控件的属性
参照完整性生成器	通过设置触发器来控制如何在相关表中插入、更新或删除记录，遵守参照完整性规则
文本框生成器	可以方便地设置【文本框】控件的属性
XML Web 服务生成器	用户不用编写代码就能够绑定一个 XML Web 服务到一个 Visual FoxPro 表单或一个对象的控件，如像在表单数据环境中的 CursorAdapters

3. Visual FoxPro 设计器

使用设计器使得应用程序、表单、对话框等组件在图形界面下更容易开发。用户可以通过设计器创建并定义数据库和数据表结构、报表格式以及应用程序组件等。Visual FoxPro 提供的设计器名称及功能说明如表 1-6 所示。

表 1-6　设计器名称及功能说明

名称	功能说明
类设计器	可以以可视化方式创建和修改类
连接设计器	可以创建和修改命名连接
数据环境设计器	可以可视化地创建和修改表单、表单集和报表的数据环境
数据库设计器	显示并创建和修改表、视图和包含在数据库中的关系
表单设计器	可以可视化地创建和修改表单和表单集
标签设计器	可以创建和修改标签
菜单和快捷菜单设计器	可以创建菜单、菜单项、菜单项的子菜单、分组相关菜单项的分隔线等
查询和视图设计器	可以创建和修改查询和视图
报表设计器	可以创建和修改报表
表设计器	可以创建和修改数据库表、自由表、字段和索引

例如，在【表单设计器】窗口中，可以设置如图 1-26 所示的表单，从而方便用户的操作。

图 1-26　【表单设计器】窗口

1.4　扩展练习

在 Visual FoxPro 中，当用户需要对数据库中的数据进行操作时，可以直接通过执行菜单中的相应命令或者单击工具栏中的按钮等。除此之外，还可以通过【命令】窗口进行操作。

1. 菜单方式

利用菜单来完成对应用程序的操作，因其直观易懂，成为常用的操作方法。菜单方式包括对菜单栏、快捷键和工具栏的组合操作。在开发过程中，每一步的操作都依赖菜单方式来实现。例如新建一个项目，可以执行【文件】|【新建】命令，或者单击工具栏中的【新建】按钮，当然也可以使用快捷键 Ctrl+N，如图 1-27 所示。

2. 命令方式

由于 Visual FoxPro 是一种命令语言系统，用户每发出一条命令，系统根据命令自动执行并完成一项任务。许多命令执行后，会在屏幕上显示返回信息，包括执行的结果或错误信息。在执行命令时，在【命令】窗口中选中需要执行的命令，然后按回车键，这条命令即被执行，当然也可以修改或删除输入的命令，如图 1-28 所示。

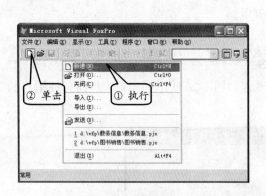

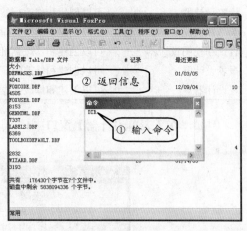

图 1-27　菜单方式　　　　　　　　　图 1-28　命令方式

命令方式比较直观，但是要求用户对命令及用法相当熟悉。由于 Visual FoxPro 提供的命令较多，对初学者来说比较困难，因此不利于初学者学习。此外，命令方式由于操作命令输入的交互性和复杂性会限制执行的速度。

提示

为了更直接或者快捷地执行固定的操作流程，用户可以先将需要操作的内容编写成一段程序，然后，直接执行该程序即可。

第2章　Visual FoxPro 基础

内容摘要 | Abstract

通过对 Visual FoxPro 界面以及设置环境的介绍，用户已经对 Visual FoxPro 有所了解。但是，在对数据进行处理或者开发应用系统时，需要创建一个项目来管理该应用系统的开发过程等。

本章介绍创建项目及用于管理项目的项目管理器，以及在开发或者数据处理时需要使用的常量、变量等内容。如果需要对数据进行计算，还需要了解运算符、表达式和函数等的运用，便于对数据库中的数据进行管理。

学习目标 | Objective

➢ 创建项目及应用项目管理器
➢ 常量、变量、数据的应用
➢ 运算符、表达式和函数

2.1　项目与项目管理器

项目是一种文件，用于跟踪创建应用系统所需要的所有程序、表单、菜单、库、报表、标签、查询和一些其他类型的文件。而项目管理器是对开发 Visual FoxPro 应用系统的数据对象进行管理和组织的一个工具，也是整个系统的控制中心。

2.1.1　创建项目

在设计一个新的应用程序之前，需要先创建一个新的项目，然后在项目管理器中创建或添加相应的文件来完成对程序的设计。创建项目一般有以下几种方式。

1．一般创建

一般创建是指用户使用菜单的方式创建项目的过程，对菜单的操作是应用程序的基本操作。例如，执行【文件】|【新建】命令，弹出【新建】对话框，如图 2-1 所示。在该对话框中选择【项目】单选按

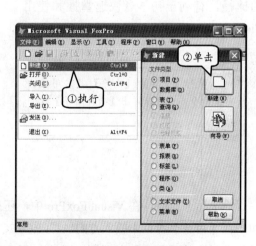

图 2-1 【新建】对话框

钮，单击【新建】按钮即可。

在弹出的【创建】对话框的【项目文件】文本框中，输入"教务信息"项目名称，并选择项目保存的位置，单击【保存】按钮。此时，将弹出【项目管理器】对话框，如图 2-2 所示。

这样就创建了一个空项目。利用项目管理器可以创建新的对象，并且可以对对象进行修改、删除等操作。

2．向导创建

通过向导创建的方式，可以使用户按照每一步提示进行操作，并最终完成项目的创建。例如，单击【新建】对话框中的【向导】按钮，在弹出的【项目向导】对话框中输入项目名称，选择项目存放路径，单击 OK 按钮，项目向导将自动创建项目，如图 2-3 所示。

利用向导方式创建是设计应用程序的捷径，有利于初学者快速掌握和使用 Visual FoxPro。

3．命令创建

图 2-2　【项目管理器】对话框

图 2-3　向导创建项目

图 2-4　输入命令创建项目

除上述方法外，在 Visual FoxPro 中，还提供了【命令】窗口操作数据库的方法。例如，在【命令】窗口中输入 CREAT PROJECT 命令也可以创建项目，如图 2-4 所示。此时，在弹出的【创建】对话框中，输入项目名称并选择项目路径即可。

2.1.2 使用项目管理器

项目管理器为数据提供了一个组织良好的分层结构图。如果需要操作项目中的文件和对象,可以选择【项目管理器】对话框中相应的选项卡。

1.【全部】选项卡

该选项卡是项目管理器默认选择的选项卡,提供了项目管理器中所有的功能(将其他选项卡以选项的方式放在列表框中),如图 2-5 所示。

虽然在该选项卡中提供了项目管理的所有功能,但是为了区别操作类型,一般不推荐使用该选项卡进行操作。

2.【数据】选项卡

该选项卡是针对数据进行操作的,可以组织和管理项目文件中包含数据的数据库、自由表、查询等,如图 2-6 所示。

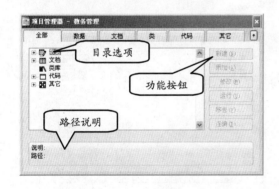

图 2-5 【全部】选项卡

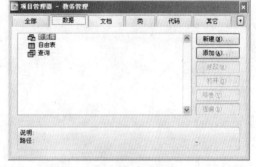

图 2-6 【数据】选项卡

在该选项卡中包含有如下 3 个选项。

- ❑ 【数据库】 在【项目管理器】对话框中,创建数据库和数据库中的数据表、视图、连接和存储过程等。
- ❑ 自由表 创建及管理自由表。该表是不属于任何数据库的单个数据表,并且多个数据库都使用该数据表。
- ❑ 查询 在【项目管理器】对话框中,创建建立数据表之间数据的查询文件。该查询文件用于查询基表(数据表)中的数据。

在【数据】选项卡中,选择这 3 个选项可以对其进行新建和添加操作。如选择"数据库"选项,可以单击右侧的【新建】按钮,新建数据库;如选择"自由表"选项下的"表"选项,可以对该表进行修改、浏览、移去等操作。

3.【文档】选项卡

该选项卡用于管理项目中创建的表单、报表和标签等文件，如图 2-7 所示。

在该选项卡中包含有如下 3 个选项。

- ❑ **表单**　用于管理当前在【项目管理器】对话框中创建的表单文件。
- ❑ **报表**　用于管理当前在【项目管理器】对话框中创建的报表文件。
- ❑ **标签**　用于管理当前在【项目管理器】对话框中创建的标签文件。

在【文档】选项卡中，选择表单、报表或标签选项中的文件，然后单击右侧的按钮，可以对这些选项进行新建、添加、修改、运行、移去或连编操作。

4.【类】选项卡

该选项卡用于管理项目中添加和创建的所有的类。使用该选项卡可以对类文件进行新建、添加、修改、移去等操作。

5. 其他选项卡

该选项卡用于管理项目中菜单、文本文件和其他附属于项目中的文件，如图 2-8 所示。

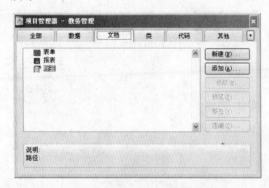

图 2-7 【文档】选项卡　　　　　　　图 2-8 【其他】选项卡

在该选项卡中包含有如下 3 个选项。

- ❑ **菜单**　用于管理当前项目中的菜单文件。
- ❑ **文本文件**　用于管理当前项目中的文本文件、程序、日志和动态、静态网页文件。
- ❑ **其他文件**　用于管理当前项目中的图标、图片、光标等文件。

在【其他】选项卡下，选择菜单、文本文件或其他文件选项中的文件，单击右侧的按钮，可以对这些选项进行新建、添加、修改、运行、移去或连编操作。

● 2.1.3　项目管理器中的对象

通过上述内容的介绍，了解在【项目管理器】对话框中可以创建不同的应用对象，如数据库、数据表、表单、查询、类、报表、程序和一些其他类型的文件等。而这些对象并非都存储在相同的文件中，并且每个对象都有其存储文件的格式，如表 2-1 所示。

表 2-1　文件类型和扩展名

文件类型	扩展名	文件类型	扩展名
项目	.pjx	程序	.prg
数据库	.dbc	类	.vcx
数据表	.dbf	文本文件	.txt
查询	.qpr	菜单	.mnx
表单	.scx	索引	.Idx
报表	.frx	应用程序	.app
标签	.lbx	可执行程序	.exe

接下来介绍项目管理器中各对象的含义。

1. 数据库

数据库是管理和组织数据的一个容器，它由若干个相互之间具有一定关系的数据表组成，在数据库中，用户可以通过数据表来存放数据，创建索引来对数据进行分类和检索，利用视图查询出需要的数据并且可以连接远程数据，还可以将编写的程序存放在存储过程中。如图 2-9 所示是“教务信息”的【数据库设计器】窗口。

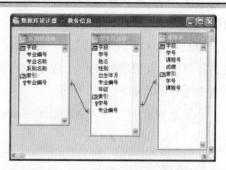

图 2-9 【数据库设计器】窗口

2. 数据表

数据表是数据库中存储数据的工具，对数据的任何操作都离不开数据表。在 Visual FoxPro 中，根据数据表是否属于数据库，可以将数据表分为两种形式，即数据库表和自由表。它们的建立是数据库以及应用程序的基本单元，构成了一个有机的整体，如图 2-10 所示。

学生信息表

学号	姓名	性别	出生年月	专业编号	年级
0411002	郑晓明	女	02/05/85	052	04专升本
0412001	周晓彬	女	06/04/83	032	04专升本
0426001	虫虫	男	04/26/82	012	04本
0426002	史艳娇	女	05/08/85	021	06本
0502001	刘同斌	男	11/11/84	031	05本
0502002	吴兆玉	女	01/07/83	031	05本
0503001	何利	女	08/05/87	042	05本
0504001	柳叶	女	11/12/81	021	05本
0504002	孙明	女	05/12/82	022	05本
0601001	史观田	男	04/13/85	051	06本
0601002	贾庆华	男	11/25/86	053	06本
0603001	黎明	女	08/07/85	041	06本
0603002	孙晓红	女	12/02/84	042	06本
0605001	孙盛	男	07/05/83	011	06本
0606001	高升鹏	男	04/06/83	062	06本
0606002	王洪	男	07/09/84	061	06本
0701001	薛万潮	男	09/11/85	053	07本
0703001	刘志国	男	12/12/86	043	07本

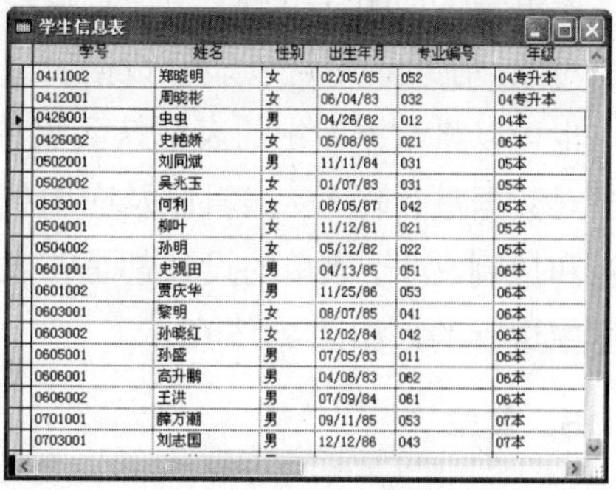

图 2-10　学生信息表

3. 查询和视图

查询是用户根据某种特定的规则对数据库中的数据进行筛选和检索，返回符合要求的数据并显示出来，如图 2-11 所示。

查询

学号	姓名	性别	出生年月	专业编号	年级
0411002	郑晓明	女	02/05/85	052	04专升本
0412001	周晓彬	女	06/04/83	032	04专升本
0426001	虫虫	男	04/26/82	012	04本
0426002	史艳娇	女	05/08/85	021	06本
0606001	高升鹏	男	04/06/83	062	06本

图 2-11　查询设计器

视图是存在于数据库中的虚拟表，不以独立的文件形式保存。视图不仅仅包含查询

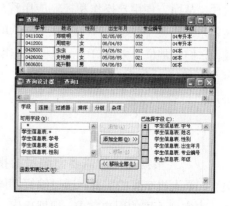

功能，而且可以把更新结果提交到源数据表中。在使用视图时，所包含的数据表也被打开，而关闭时并不关闭。视图的数据源可以是自由表、数据库表或另一个视图，如图2-12所示。

4．报表和标签

如果要打印输出数据，使用报表是最有效的方法。通过报表可以将数据库中需要的数据提取出来进行分析、整理和计算，并将数据按照特定的方式组织起来，发送到打印机进行打印。对报表的操作一般是在报表设计器中进行的，如图2-13所示。

标签是报表的一种，是数据库生成的最普通的一类，如图2-14所示。

5．表单

表单是 Visual FoxPro 中最具灵活性的一个对象。在表单中可以显示数据表中的数据，也可以将数据库中的表链接到表单中，用于对数据进行输入、编辑以及应用程序的执行和控制。对于表单的设计都是在表单设计器中进行的，如图2-15所示。

6．菜单

在应用程序中，菜单为用户提供了访问途径，从而方便用户操作和控制应用程序。菜单系统由菜单栏、菜单标题以及菜单项组成，它们常常位于主窗口中，是构成应用程序主框架的一个重要组成部分，如图2-16所示。

7．程序

根据用户的需要而编写的指令集合，是人机交互的工具。通过编写不同的程序来实现不同的用户需求。根据程序环境

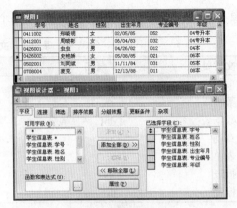

图 2-12　视图设计器

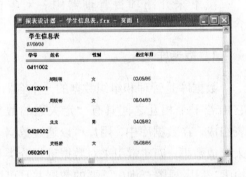

图 2-13　报表设计器

图 2-14　标签

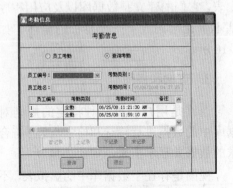

图 2-15　表单

的不同，所采用的程序语言也不同。使用 Visual FoxPro 编写程序主要在程序设计器中进行，如图 2-17 所示。

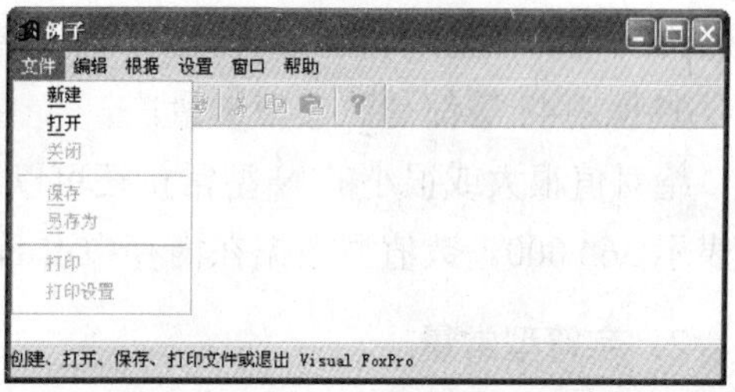

8. 类

面向对象的程序设计是通过类、子类和对象等设计来体现的。类是面向对象程序设计技术的核心，它定义了对象特征以及对象外观和行为的模板。

子类可以由已经存在的类派生。类之间是一种层次结构。在这种结构中，处于上层的类称为父类，处于下层的类称为子类。在 Visual FoxPro 中，类具有隐藏内部复杂性、封装、子类、继承性等特点，这样，使得程序更容易维护和使用，如图 2-18 所示。

2.2 数据类型

数据类型包括数据的值和取值范围以及可以进行的操作运算。而在 VFP 中编写程序或者在【命令】窗口中进行操作时，经常需要用到常量、变量和数组等数据元素。

同样，除字段类型（将在后面章节详细介绍）外，数据元素也都有相应的数据类型。

2.2.1 常量

常量是在数据处理过程中其值保持不变的数据。常量在数据输入或命令表达式中可以被直接引用。在 Visual FoxPro 中，常量有以下几种数据类型。

1. 数值型常量

数值型常量简称 N（Numeric）型常量，N 型常量可以是由阿拉伯数字、小数点和正

图 2-16 菜单

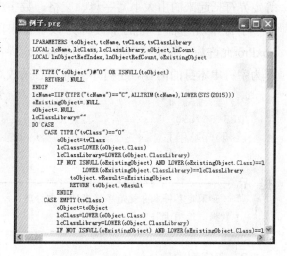

图 2-17 程序

图 2-18 类设计器

负号构成和各种整数、小数或实数，N 型常量最多为 20 位，其中小数点占一位。例如，56、69.8、–48 等都是数值型常量。

绝对值很大或很小的 N 型常量还可以用科学计数法来表示，如 3.64E5、3.64E+5 等都表示 364 000。数值型数据在内存中占 8 个字节。

2．字符型常量

字符型常量简称 C（Character）型常量，是用单引号（'）、双引号（"）或方括号（[ ]）等定界符括起来的由大小写字母、空格、数字、字符和汉字等所组成的字符串。

字符串所包含字符的个数称为该字符串的长度（一个汉字占两个字符），Visual FoxPro 允许最大的字符串的个数为 254。定界符规定了字串符的起始和终止界限，并不作为字符串本身的内容。字符串定界符必须成对匹配，例如：

```
"Hello World"
'1234567890'
[2008-01-01]
```

提 示　如果定界符本身就是字符串的一部分时，就应选择另一种定界符来定界该字符串，例如 "'数据'选项卡"。

3．逻辑型常量

逻辑型常量简称 L（Logical）型常量，用来表示某个条件成立与否，L 型常量只有逻辑真和逻辑假两个值。一般是用字母.T.、.Y.、.y.表示逻辑真，用.F.、.N.、.n.表示逻辑假。

注 意　在书写时应注意，字母两边的黑点不能省略，逻辑型数据固定用一个字节来表示。

4．日期型和日期时间型常量

日期型常量简称 D（DATE）型常量，用来表示一个具体的日期，Visual FoxPro 中日期的格式默认为{^yyyy-mm-dd}或{^yyyy/mm/dd}，如{ ^ 2003-5-12}表示为 2003 年 5 月 12 日。

在日期格式中，"^"表示严格的日期格式，即必须按照日期格式书写。当然，用户可以在【命令】窗口中执行 SET STRICTDATE TO 0 语句，将日期设置为非严格格式，也可以再执行 SET STRICTDATE TO 1 语句，将日期格式恢复为严格格式。

传统的日期格式为月日年的格式，可以使用 SET DATE TO 命令设置日期显示格式和 SET CENTURY 命令设置世纪部分，如表 2-2 所示。

表 2-2　设置日期格式的有关命令

命令	功能
SET DATE TO USA	设置为：mm-dd-yy 格式
SET DATE TO ANSI	设置为：yy.mm.dd 格式
SET DATE TO YMD	设置为：yy/mm/dd 格式
SET DATE TO MDY	设置为：mm/dd/yy 格式
SET DATE TO DMY	设置为：dd/mm/yy 格式
SET CENTURY ON	设置年份用 4 位数字表示
SET CENTURY OFF	设置年份用两位数字表示

提示

世纪部分指的是年由两位或 4 位数字来表示，如"03"或"2003"都表示 2003 年。如果日期格式为严格日期格式，则年必须由 4 位数字来表示。

　　日期时间（Date Time）型常量简称 T 型常量，用来表示具体的日期和时间。日期时间型常量包括日期和时间两部分内容，中间用逗号（,）隔开，默认格式为 {^yyyy/mm/dd,[hh[:mm[:ss]][a|p]]}，如{^2008-08-08，10:20a}表示 2008 年 8 月 8 日上午 10 点 20 分（默认为上午），符号"|"为"或者"。T 型数据固定用 8 个字节来表示。

　　除了上述常量外，还包括符号常量，它是用一个与常量相关的标识符来代替常量出现在程序中的。在定义符号常量时，其名称一般是以字母（A～Z 或 a～z）或下划线"_"开始，后面跟任意个字母或数字组成。

　　定义符号常量使用"#DEFINE"关键字。其语法格式为：# DEFINE　常量　常量值。例如，定义一个符号常量 a，其值为 123，其语句为：# DEFINE a 123。

2.2.2　变量

　　变量是指在程序的运行过程中随时可以发生变化的量。变量包括字段变量、内存变量和系统内存变量。其命名遵循以下规则。

- ❏　以字母或下划线开头。
- ❏　由字母、数字或下划线组成。
- ❏　最多 128 个字符。
- ❏　不能使用系统保留字。
- ❏　不区分英文字母的大小写。

1. 字段变量

　　字段变量是用米描述数据表中记录属性的量。在创建数据表时所定义的一个字段就对应一个变量，数据表中的字段名即字段变量名。

　　Visual FoxPro 中规定，一个数据表文件最多有 128 个字段变量，长度不得超过 4000 字节，字段变量是一个多值变量，在表 2-3 中的字段变量有 5 个值与其对应，在数据表中有专门用来指示记录的指针,把该指针指向的记录称为当前记录,而字段变量的值为当前指针指向字段的值。

表 2-3 字段变量

学号	姓名	性别	出生年月	专业编号	年级
0411002	郑晓明	女	1985-2-5	052	04 专升本
0412001	周晓彬	女	1983-6-4	032	04 专升本
0426001	虫虫	男	1982-4-26	012	04 本
0426002	史艳娇	女	1985-5-8	021	06 本
0502001	刘同斌	男	1984-11-11	031	05 本

2. 内存变量

内存变量是独立存在于内存中的变量,用于存放数据处理过程中的一些有关数据。内存变量在使用时可随时建立,其数据类型有字符型、数值型、货币型、日期型、逻辑型、浮点型等。通常可以以赋值的方式来建立内存变量,所赋值的数据类型决定了该内存变量的类型。

变量赋值语句有下列两种形式。

格式一:

```
<内存变量>=<表达式>
```

例如:

```
N="虫虫"
a=33*655
sex="女"
```

上述赋值语句将右边表达式的值赋给左边的变量,但是该语句只能为一个变量赋值,而使用 STORE 语句可以给若干个内存变量赋值。

格式二:

```
STORE <表达式> TO <内存变量表>
```

内存变量表为一个内存变量或者多个用逗号分隔的内存变量。例如:

```
STORE 13 TO a,b,c
STORE 'aa' TO a1,a2
```

在上述例子中,内存变量 a、b、c 的值均为 13,而内存变量 a1、a2 被赋予字符型数据"aa"。以上两种赋值语句只能对内存变量进行赋值,而不能为字段变量赋值。

提示

> 每个内存量都有它的作用域。用户可以通过 LOCAL、PRIVATE、PUBLIC 命令来规定作用域,也可以使用系统默认的范围作为内存变量的作用域。上述命令在以后章节会做详细介绍。

3. 使用变量

在创建完变量后，就可以引用其值或将其显示出来。除了将变量应用到程序外，还可以应用到数据表中。这些操作都是通过语句来实现的。

❑ 引用变量

在使用变量的过程中，可以直接用变量名来引用其值。如果当前打开数据表的字段中有与变量同名时，可以用"M.变量名"对其进行引用，而字段可以直接引用。例如，通过【命令】窗口执行引用"学生信息表"中的【学号】为"0426002"的语句。

```
USE 学生信息表
学号='0426002'
?学号 &&显示学生信息表首记录
?m.学号 &&显示 0426002
```

❑ 显示变量

如果需要查看当前已经定义的变量的名称、作用范围、类型和值，可以通过以下语句来实现。

格式：

```
DISPLAY|LIST
MEMORY[LIKE<通配符>][TO PRINTER[PROMPT]|TO FILE<文件名>[ADDITIVE]]
[NOCONSOLE]
```

其中，LIST 语句一次全部列出所有的变量；DISPLAY 语句则分屏显示，当满一屏时暂停显示，按任意键继续显示剩下的内容；TO PRINTER 将显示的记录传送到打印机来打印；在 TO PRINTER 语句后面添加 PROMPT 语句，则可以对打印机进行设置；TO FILE 将显示的记录送到指定的文件中保存。

❑ 释放变量

可以使用 RELEASE 命令来释放不再使用的变量。

格式：

```
RELEASE[<变量>][ALL[LIKE|EXCEPT<通配符>]]
```

其中，参数 ALL 是从内存中释放所有的变量和数组，LIKE 是释放与之匹配的所有变量和数组，或与指定梗概不匹配的所有内存变量和数组。

❑ 变量和表

数据表中的数据是以记录的方式存储和使用的，为了使数据表和变量之间方便进行数据交换，使用以下语句实现相互传递的功能。如通过表字段到变量的传递。

格式：

```
SCATTER
[FIELDS<字段名表>|LIKE<通配符>|EXPECT<通配符>][MEMO]
TO<数组名>TO<数组名>BLANK
|MEMVAR|MEMVAR BLANK
```

```
|NAME <对象名>[BLANK]
```

该语句将表的当前记录中的指定字段放到数组、变量或对象中。

如通过变量列表字段中的传递。

格式：

```
GATHER FROM<数组名>|NAME<对象名>[FIELDS<字段名表>]
|LIKE<通配符>|EXCEPT<通配符>[MEMO]
```

该语句用数组、变量或对象的值来修改表的当前记录。

2.2.3 数组

数组也属于变量，而在变量名后面有下标，表示一系列连续的变量。在数组中的各个变量称为数组元素，由在数组中的位置来引用。由于数组存在于内存中，所以可以快速而方便地指定、访问和操作数组中的数据元素。

1. 定义数组

由于数组必须先定义后使用，所以先来认识定义数组的语句。

格式：

```
DIMENSION|DECLARE <数组名 1>
(<下标 1>[,<下标 2>])[,<数组名 2>(<下标 3>[,<下标 4>])].....]
```

该语句可以建立一维或二维数组，如定义一维数组和二维数组的语句：DIMENSION x1(2),y1(1,2)。

其中，一维数组 x1 和二维数组 y1 分别包含有两个元素，分别是 x1(1)、x1(2)和 y1(1,1)、y1(1,2)。

在使用该语句时，应注意以下几点。

❑ 数组名的命名与变量的命名相同。每个数组只需用一个变量来表示。

❑ 只选择<数组名 1><下标 1>时，定义的是一维数组。

❑ 下标的最小值为 1，如果省略<下标 2>，则定义的是一维数组，否则定义的是二维数组。

❑ 在定义数组时，可以使用方括号，即 DIMENSION x[1,2]和 DIMENSION x(1,2)的作用相同。

2. 数组赋值

任何一个数组在被定义后，可以对其进行赋值操作。给数组赋值与变量赋值类似，如 x1(2)和 y1(1,2)数组赋值语句如下：

```
x1(1)=5
x1(2)="字符型数值"
y1(1,1)=3
```

通过上述赋值操作，可以总结出数组数据具有以下特点。

❑ 在定义数组时，系统将各数组元素的值默认为.F.。

❑ 允许同一个数组中的各个元素取不同类型的数值，而且元素的类型随时可以改变。

❑ 可以用赋值命令为数组中的单个元素赋值，也可以为整个数组的各个元素赋相同的值。例如，上述例子中的 "x1(1)=5"，即向一维数组 x1 的一个元素赋值，而 "y1=1" 是向二维数组 y1 的所有元素赋值。

❑ 在二维数组中的各个元素同样也可以用一维数组来表示。例如，上述例子中二维数组 y1 的一个元素 y1(1,2)也可以用 y1(2)来表示。

2.3 运算符、表达式和函数

在数据处理的过程中或者进行编程时，免不了在数据之间进行一些运算。因此，需要经常使用运算符和表达式以及一些函数等，并且这也是每一个数据系统或者编程软件应用中必不可少的基础知识。

2.3.1 运算符

运算符是 Visual FoxPro 最常用的操作，通过运算符可以对数据进行处理，得到需要的值，它包括以下几种类型。

1. 算术运算符

用于处理数值型数据，其运算结果仍然是数值型的。算术运算符按其运算的优先级从高到低排列，如表 2-4 所示。

表 2-4　算术运算符

运算符	说明	优先级	例子	运算结果
（）	括号	1	6/（1+5）	1
**或^	乘幂	2	2**2	4
*,/	乘除	3	2*5；2/5	10；0.40
%	求余	3	10%3	1
+,–	加减	4	1+2；1–2	3；–1

提 示

利用算术运算符中的 "+" 或 "-"，还可以对日期和时间型数据进行运算。例如?{^2006/11/24}–{^2005/11/24}。

2. 字符串运算符

字符串运算符用于字符型数据的连接或比较。字符串运算符有以下 3 种类型，如表

2-5 所示。

表 2-5　字符串运算符

运算符	说明	例子	运算结果
+	直接连接两个字符串	"hello "+"world"	"hello world"
−	将前面字符串尾部得空格移到连接后的字符串的尾部，连接成一个新的字符串	"hello "-"world"	"helloworld "
$	判断一个字符串是否包含另一个字符串。如果包含则结果为真，否则结果为假	"a"$"b" "a"$"aa"	.F. .T.

3．逻辑运算符

逻辑运算符只能对表达表式或者逻辑型数据进行运算，它的结果仍然是逻辑型数据。其功能如表 2-6 所示。

表 2-6　逻辑运算符

运算符	说明	例子	运算结果
.NOT.或!	逻辑非运算	.NOT. .F.	.T.
.AND.	逻辑与运算	.T..AND..F.	.F.
.OR.	逻辑或运算	.T..OR..F.	.T.

4．关系运算符

关系运算符用于比较两个数据之间的大小或先后顺序。关系运算符可以在数值型数据之间、字符型数据之间、日期型数据之间使用，如表 2-7 所示。

表 2-7　关系运算符

运算符	说明	例子	运算结果
<	小于	6<10、"a"<"b"	.T.
>	大于	10>2、"abcd">"aabbcc"	.T.
=	等于	10=10、"a"="b"	.T.、.F.
<=	小于或等于	3<=4	.T.
		4<=3	.F.
>=	大于或等于	5>=6	.F.
		6>=5	.T.
==	精确等于	"abc"=="ab"	.F.
<> 或 #	不等于	"abd"<>"abc"	.T.
或!=		1<>1	.F.

关系运算符两侧的数据类型必须一致；关系运算的结果为逻辑型数据（T/F）；当关系运算符两侧是日期型数据时，日期在前的为小，在后的为大；当逻辑型数据进行计算

时，T>F。

2.3.2　表达式

表达式是指用运算符把常量、变量、函数等数据按照一定的规则连接起来的有意义的式子。另外，也可以将单个的常量、变量或函数看作是一个表达式。表达式在各类操作中起着重要的作用。

1．表达式输出

表达式是命令中重要的组成部分。在执行命令时，命令中的表达式将自动进行计算并返回一个结果值，下面是常用的计算表达式和输出结果值的命令。

格式：

```
?|??<表达式表>
```

功能：显示<表达式表>中各个表达式的值，其中"?"表示从屏幕下一行的第一列起显示结果，而"??"表示从当前行的当前列起显示结果。

例如，a=1，b=2，显示出 a+b 的值，如图 2-19 所示。

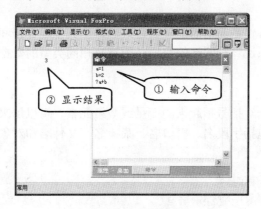

图 2-19　显示变量的值

2．表达式类型

表达式由数据元素和运算符组成，是 Visual FoxPro 最基本的运算形式。每个表达式按照返回值的类型，可以分为下列几种。

❑　**算术表达式**

算术表达式是由算术运算符将数值型数据连接起来的式子，其运行结果是由运算的数据类型决定的。其中，数值型数据可以是常量也可以是变量。

例如：

```
STORE 4 TO a,b
?a+b,a*b
?(a+5)*2-b
```

❑ **字符串表达式**

字符串表达式由字符型数据组成，其返回值也是字符型数据。

例如，显示学生姓名，语句如下。

```
USE 学生信息表.dbf
?"学生的姓名是"+ALLTRIM(学生信息表.姓名)
```

❑ **日期时间表达式**

日期时间表达式的格式有一定的限制，即数据类型必须匹配才可以进行运算。

例如：

```
?{^2008-01-15}+12
```

❑ **逻辑表达式**

逻辑表达式的值有"真"（.T.）和"假"（.F.）两种。通过专门的关系运算符进行运算，其运算结果仍然是逻辑型数据。

例如：

```
USE 学生信息表.dbf
LOCATE FOR 性别="男" AND 出生年月>{^1982-01-01}
```

❑ **关系表达式**

关系表达式可以看作是简单的逻辑表达式，即由关系运算符和同类型的数据构成。在关系表达式中，关系运算符两端的数据必须具有相同类型的数据，否则会导致语法错误而不能进行运算。

❑ **名称表达式**

名称表达式是由一对括号括起来的变量或数组元素，可以用来替换命令和函数中的名称。这些数组元素包括字段名、窗口名、菜单名、文件名和对象名。

例如：

```
STORE "aa" TO 学生信息表
REPLACE (学生信息表) WITH (学号)
```

❑ **宏替换表达式**

Visual FoxPro 提供了灵活的宏替换表达式，它与名称表达式类似，即用"&变量."来替换名称。当宏替换与其他字符串在一起使用时，要使用"."进行分隔。

上述例子中的语句还可以写成如下的形式。

```
STORE 'aa' TO 学生信息表
REPLACE &学生信息表 WITH &学生信息表
```

注 意

以上表达式遵守的规则：在同一个表达中，如果只有一种类型的运算符，则按各自的优先级进行运算；如果有两种或两种以上类型的运算符，则按照算术运算、字符运算、关系运算、逻辑运算的顺序进行运算。

2.3.3 函数

这里的函数与数学中的函数类似，也是一种数据，它的类型是由其返回值（即该函数计算的结果值）的数据类型所决定的。在学习和使用这些函数时，应注意以下几点。

- ❑ 准确地掌握函数的功能。
- ❑ 由函数组成的表达式应注意其类型的匹配，确定函数的返回值有确定的类型。
- ❑ 同样，在使用带有参数的函数时也要注意其参数类型的匹配问题，否则由于类型不匹配会引起语法错误。

在 VFP 中，函数类型包含多种，可以根据函数的功能和特点划分为以下几种类型。

1．数值函数

数值函数主要用于通用的数学运算，其参数都是数值型的数据，其函数值也是数值型的数据，比较常用的数值函数如表 2-8 所示。

表 2-8　数值函数

函数类型	常用函数及格式	说明	举例	结果
数值函数	ABS(数值表达式)	返回数值表达式的绝对值	?ABS(-12)	12
	SIGN(数值表达式)	返回数值表达式的符号，即运算结果为正、负、零时，分别返回 1、–1、0	?SIGN(-12)	–1
	SQRT(数值表达式)	返回数值表达式的平方根	?SQRT(7744)	88.00
	PI()	返回圆周率	?PI()	3.14
	INT(数值表达式)	都是返回数值表达式整数部分，不同的是 INT 返回整数部分，CEILING 返回最大整数部分，FLOOR 返回最小整数部分	?INT(1.1)	1
	CEILING(数值表达式)		?CEILING(1.1)	2
	FLOOR(数值表达式)		?FLOOR(1.1)	1
	ROUND(<数值表达式 1>,<数值表达式 2>)	返回指定表达式四舍五入后的结果	?ROUND(2.23,3)	2.230
	MOD(<数值表达式 1>,<数值表达式 2>)	返回数值表达式 2 除数值表达式 1 的余数。若数值表达式 2 为正数，返回值为正，否则返回值为负	?MOD(36,10)	6
	MIN(<数值表达式 1>,<数值表达式 2>,[<数值表达式 3>……])	比较一组数值表达式的值，MIN 是返回其中的最小值，而 MAX 则是返回最大值	?MIN("a","r")	a
	MAX(<数值表达式 1>,<数值表达式 2>,[<数值表达式 3>……])		?MAX("a","r")	r

2．字符串函数

字符串函数主要用于对字符串参数进行处理，常用的字符串函数如表 2-9 所示。

表 2-9　字符串函数

函数类型	常用函数及格式	说明	举例	结果
字符串 函数	LEN(<字符表达式>)	返回字符的长度	?LEN("娇娇")	4
	LOWER(<字符表达式>) UPPER(<字符表达式>)	转换字符表达式的大小写，LOWER 将表达式中的大写转换成小写，而 UPPER 则相反	?LOWER("AAA") ?UPPER("aaa")	aaa AAA
	ALLTRIM(<字符表达式>)	删除字符表达式前后的空格	?ALLTRIM(" aaa")	aaa
	SUBSTR (<字符表达式>,<起始位置>,[<长度>])	返回字符表达式中从指定起始位置处取指定长度的字符串	?SUBSTR(abc,1,2)	b
	AT(<字符表达式 1>,<字符表达式 2>[,数值表达式])	返回在字符表达式 2 中查找字符表达式 1 出现的位置	?AT("a","vfa")	3

3．日期和时间函数

日期和时间函数主要用于对日期和时间型参数进行操作，即设置或提取系统日期或日期的年、月、日、星期等值，常用的日期和时间函数如表 2-10 所示。

表 2-10　日期和时间函数

函数类型	常用函数及格式	说明	举例	结果
日期和 时间函数	DATE() TIME() DATETIME()	返回系统当前的日期和时间，DATETIME 返回日期时间	?DATE() ?TIME() ?DATETIME()	07/08/08 18:10:10 07/08/08 18:10:10
	YEAR(日期表达式) MONTH(日期表达式) DAY(日期表达式)	返回表达式中的年、月、日	?YEAR(DATE()) ?MONTH(DATE()) ?DAY(DATE())	2008 7 5
	HOUR(日期时间表达式) MINUTE(日期时间表达式) SEC(日期时间表达式)	返回表达式中的小时、分钟、秒数	?HOUR(DATETIME()) ?MINUTE(DATETIME()) ?SEC(DATETIME())	17 10 10

4．转换函数

由于在 Visual FoxPro 中对数据类型的要求较为严格，如果数据类型不匹配将会产生错误，因此，Visual FoxPro 提供了一些用于数据类型之间相互转换的函数，如表 2-11 所示。

Visual FoxPro 基础

表 2-11 转换函数

函数类型	常用函数及格式	说明	举例	结果
转换函数	STR(<数值表达式>, <长度>[,<小数位数>])	将数值表达式转换成 字符串	?STR(12)	12 9.00
	VAL(<字符表达式>)	将字符表达式转换成 数值	?VAL(SUBSTR("19", 2))	
	DTOC(日期表达式)	将表达式转换为字符 串	?DTOC({^1999-01-0 1})	01/01/99
	CTOD(字符表达式)	将表达式转换为日期	?CTOD('01/01/2001')	01/01/01
	TTOC(日期表达式)	将表达式转换为字符 串	?TTOC({^2008/01/01 13:12:12})	01/01/08 01:12:12PM
	CTOT(字符表达式)	将表达式转换为时间	?CTOT('01:12:12')	12/30/99 01:12:12AM

5. 测试函数

测试函数往往是对参数进行某方面的测试，它们常常用在关系表达式中，对测试结果判断后进行不同的处理。常用的测试函数如表 2-12 所示。

表 2-12 测试函数

函数类型	常用函数及格式	说明	举例	结果
测试函数	ISNULL(表达式)	判断表达式的结果是 否为 NULL	?ISNULL("a")	.F.
	EMPTY(表达式)	判断表达式是否为空	EMPTY('')	.T.
	BOF()	判断记录指针是否在 记录的开头；	?BOF()	.F.
	EOF()	判断记录指针是否在 最后一条记录之后	?EOF()	.F.

6. 其他相关函数

除了上述的函数外，还有一些经常使用的函数，如表 2-13 所示。

表 2-13 其他函数

函数类型	常用函数及格式	说明	举例	结果
其他函数	TYPE(<字符表达式>)	返回表达式的数据类型	?TYPE('A')	N
	RECNO()	返回数据库的当前记录号	?RECNO()	0
	MEMORY()	返回供外部程序运行的内 存大小	?MEMORY()	640

2.4 扩展练习

1. 定制项目管理器

项目管理器是作为一个独立的对话框存在的，用户可以根据实际情况，改变其大小、外观、位置或其显示方式等。

在打开的【项目管理器】对话框中，单击右上角的向上⬆按钮。此时，【项目管理器】对话框为如图 2-20 所示。如果需要还原，单击右上角的向下⬇按钮。

图 2-20　压缩的【项目管理器】对话框

除了改变其大小外，还可以将【项目管理器】对话框中的选项卡分离出来，即拖动其中的一个选项卡，它可以在主窗口中独立移动，如图 2-21 所示。如果需要将其合并到【项目管理器】对话框中，则拖动选项卡到窗口相应的位置即可。

还可以将【项目管理器】对话框与工具栏合并，成为工具栏的一部分。将整个管理器拖动至工具栏位置处即可，如图 2-22 所示。

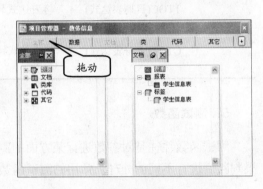

图 2-21　分离项目管理器中的选项卡

2. 运用表达式

表达式在数据运算过程中较为重要。对于判断数据之间的关系、数据四则运算等都有较大的帮助，也是该软件中的基础。例如，在【命令】窗口输入如图 2-23 所示的命令。

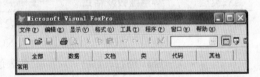

图 2-22　停放在工具栏中

命令如下：

```
STORE '?5^2' TO a &&将元素赋值给内存变量
?&a&&显示结果
```

在主窗口中显示其结果为 25.00，如图 2-24 所示。

图 2-23　输入命令

图 2-24　显示计算结果

第3章　创建数据库及数据表

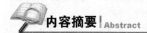**内容摘要** Abstract

　　Visual FoxPro 数据库是一个容器，它包括数据表、视图、关系、存储过程以及连接等对象，数据库是这些对象的集合。对象在数据库的管理下协调工作，从而完成各种任务。数据按照一定的顺序存储在 Visual FoxPro 数据表中。

　　为了对整个数据库中的数据进行统一管理，需要创建数据表之间的关系，即数据表之间的一种内在数据联系，这就是表关系。有了表关系的存在，才能更好地管理和操作数据库中的数据。

　　本章将详细介绍有关数据库的基本操作知识，其中包括创建数据库、添加数据库对象、建立表关系等。

学习目标 Objective

➢　创建数据库
➢　使用数据库
➢　建立表关系

3.1　数据库的基本操作

　　在 Visual FoxPro 中，使用数据库来组织和关联数据表与视图。数据库不但可以提供存储数据的结构，而且可以实现对数据的管理。数据库的操作主要是对数据表的打开、关闭或删除操作。

3.1.1　设计数据库的思路

　　数据库设计中的一个核心问题是如何设计一个能够满足用户当前与可预见的未来的各项应用的需求，并且在使用起来具有良好的性能。

　　在设计数据库时，需要有一个合理的设计步骤。通过每一步的设计来创建一个快捷、高效的数据库，为访问所需的信息提供方便，如图 3-1 所示为设计数据库的流程图。

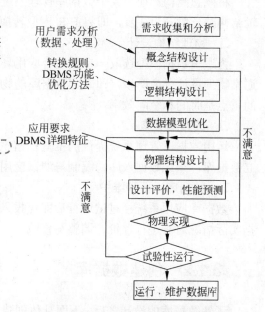

图 3-1　设计数据库的流程图

　　结构合理的数据库会降低维护量从而提高使用效率，并且可以保证建立的应用程序具有较高的性能。下面详细了解其设计过程。

❏ **需求分析**

准确了解及分析用户的需求（包括数据与处理）是整个设计过程的基础，是最困难、最耗费时间的一步。

需求分析的重点是调查、收集与分析用户在数据管理中的信息要求、处理要求、安全性与完整性要求。

信息要求是指用户需要从数据库中获得信息的内容与性质。由用户的信息要求可以导出数据要求，即在数据库中需要存储哪些数据。

处理要求是指用户要求完成什么处理功能，对处理的响应时间有什么要求，处理方式是批处理还是联机处理。新系统的功能必须能够满足用户的信息要求和处理要求。

安全性与完整性要求用来确定用户的最终需求，这其实是一件很困难的事，这是因为一方面用户缺少计算机知识，他们所提出的需求往往不断地变化；另一方面，设计人员缺少用户的专业知识，不易理解用户的真正需求，甚至误解用户的需求。此外，新的硬件、软件技术的出现也会使用户的需求发生变化。因此，设计人员必须与用户不断地进行深入交流，才能逐步确定用户的实际需求。

❏ **概念结构设计**

通过对用户的需求进行综合、归纳与抽象，形成一个独立于具体数据库管理系统的概念模型，这是整个数据库设计的关键。

概念结构设计通常有 4 类方法：从上向下、从下向上、逐步扩张、混合策略。无论采用哪种设计方法，一般都以 E-R 模型为工具来描述概念结构。

❏ **逻辑结构设计**

将概念结构转换为某个数据库管理系统所支持的数据模型并对其进行优化。设计逻辑结构时一般分为 3 步，即将 E-R 模型转换为关系模型，对数据模型进行优化。

❏ **物理结构设计**

为逻辑数据模型选取一个最适合应用环境的物理结构（包括存储结构和存取方法）。通常物理设计分为两步，即确定数据库的物理结构和对物理结构进行评价，其中，评价的重点是时间和空间效率。

❏ **数据库实施**

运用数据库管理系统提供的工具及宿主语言，根据逻辑结构设计和物理结构设计建立数据库，组织数据入库，编制与调试应用程序，并进行试运行。

❏ **数据库运行和维护**

数据库应用系统经过试运行后即可投入正式运行。在数据库系统运行过程中，应根据实际情况对其进行评价、调整与修改。

3.1.2 创建数据库

了解数据库的设计之后，下面具体创建 Visual FoxPro 数据库。在 Visual FoxPro 中，数据库是以文件形式存在的，用来组织和管理数据库中对象之间的关系。数据库的创建方法有以下几种。

1. 使用向导创建

利用向导只需选择一些选项或输入必要的信息，就可以创建一个基本符合要求的数据库文件。例如，执行【文件】|【新建】命令，在弹出的【新建】对话框中选择【数据库】单选按钮，并单击【向导】按钮，如图 3-2 所示。

在弹出的【向导】对话框中，可以根据需求选择系统提供的数据库模板，或者单击 Select 按钮，选择创建的自定义数据库模板。例如，选择 Books 数据库模板，单击 Next 按钮，如图 3-3 所示。

图 3-2 【新建】对话框

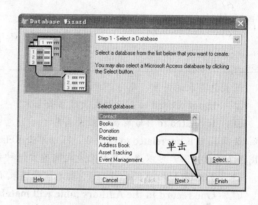

图 3-3 向导对话框

在弹出的对话框中选择数据库所包含的对象，如图 3-4 所示。在模板中包含有 Books 数据库中必需的数据表、字段和视图等对象供用户使用，这里选择默认选项单击 Next 按钮。

在弹出的对话框中，如图 3-5 所示设置数据库中为数据表创建的索引项。在 Select table 列表框中选择需要设置索引的数据表，在 Field Name 列表框中选择字段前面的复选框，系统将自动为数据表创建索引。

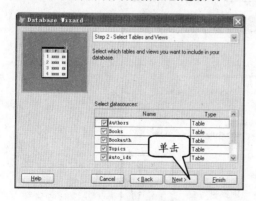

图 3-4 选择对象

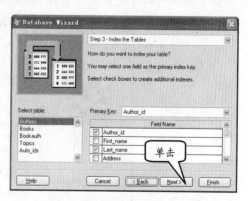

图 3-5 设置索引

单击 Next 按钮，在弹出的【创建表关系】对话框中，如图 3-6 所示。当选择 Select table 列表框中的某个数据表时，在右侧的列表框中将显示该表与其他表的关系，如图 3-7 所示。

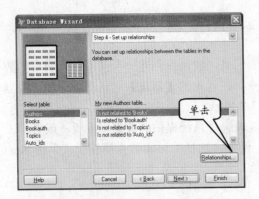

图 3-6 【创建表关系】对话框

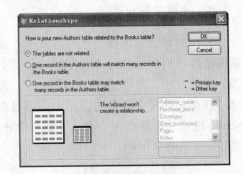

图 3-7 【关系】对话框

 提 示

设置数据表的关系，有以下两种方法。

❑ **Is not related to**　与某表未建立关系。

❑ **Is related to**　与某表建立了关系。

选择其中 Is not related to 选项后，可以单击 Relationships 按钮，将弹出【关系】对话框，如图 3-7 所示。用户可以选择在两个表之间建立何种关系。两个表中的关系有如下 3 种情况。

❑ **The tables are not related**　表示该数据表不建立表关系。

❑ **One record in the Authors table will match many records in the Books table**　表示 Authors 表中的一条记录将匹配 Books 表中的多条记录。

❑ **One record in the Books table may match many records in the books table**　表示 Books 表中的一条记录将匹配 Authors 表中的多条记录。

同样，选择 Is related to 选项后，单击 Relationships 按钮，在弹出的对话框中可以修改两个数据表之间的关系。

在弹出的对话框中，用户可以选择保存并关闭创建的数据库，也可以选择保存数据库并在【数据库设计器】窗口中对其进行修改操作，如图 3-8 所示。

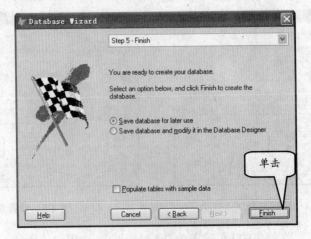

图 3-8　完成数据库的创建

提 示

如果用户需要向数据库中添加数据，则可以在图 3-8 中启用 Populate tables with sample data 复选框，即向数据库中添加示例数据。

单击 Finish 按钮，弹出【另存为】对话框，选择保存数据库的路径和命名数据库，单击【保存】按钮，即创建完一个数据库。

提 示

在使用向导创建数据库的过程中，如果输入有误或者修改先前的设置，可以单击 Back 按钮返回到前面的对话框进行修改；单击 Cancel 按钮将放弃当前向导产生的结果。

图 3-9 项目管理器和【新建数据库】对话框

2．使用设计器创建

使用数据库设计器创建数据库，其操作性较为灵活。可以根据实际数据表的需求创建合适的数据库。例如，执行【文件】|【新建】命令，在【新建】对话框中选择【数据库】单选按钮，然后单击【新建】按钮。

或者在项目管理器中选择【数据】选项卡，在显示的目录中选择【数据库】选项，单击【新建】按钮，如图 3-9 所示。在弹出的【新建数据库】对话框中单击【新建数据库】按钮。

通过上述操作，均可以打开【创建】对话框。在该对话框中，选择保存数据库的路径以及命名数据库，单击【保存】按钮，如图 3-10 所示。

在打开的【数据库设计器】窗口中即可看到所创建的空数据库，如图 3-11 所示。

数据库创建后生成 3 个文件，它们分别是基本文件，其后缀名为.dbc；索引文件，其后缀名为.dcx；数据库备份文件，其后缀名为.dct。此外，在【数据库设计器】窗口中，数据库工具栏的作用如表 3-1 所示。

图 3-10 保存数据库

图 3-11 【数据库设计器】窗口及其工具栏

表 3-1　数据库工具栏的作用

图标	名称	作用
	新建表	通过向导或设计器向数据库中创建新数据表
	添加表	向数据库中添加数据表，一个数据表只能添加到一个数据库中，不可以重复添加
	删除表	从数据库中删除指定的数据表
	新建远程视图	使用向导或设计器创建一个远程视图
	新建本地视图	使用向导或设计器创建一个本地视图
	修改表	使用表设计器打开所选择的数据表，并可以对其进行修改
	浏览表	使用浏览窗口打开所选的数据表并用于编辑
	编辑存储过程	在编辑窗口中显示一个存储过程
	连接	显示"连接"对话框，连接其他数据源

3．使用命令创建

使用命令创建数据库，即在 Visual FoxPro 的【命令】窗口中输入"CREATE DATEBASE 数据库名"语句，按回车键，即可创建一个新的数据库。

例如，创建一个名称为"教务信息"的数据库，可以在【命令】窗口中输入如下语句。

```
CREATE DATEBASE 教务信息
```

这样，将创建一个文件名为"教务信息"的数据库。所创建的数据库并没有被打开，而是在【常用】工具栏内显示打开的数据库名称，如图 3-12 所示。

如果用户需要对所创建的数据库进行操作，则也可以在【命令】窗口中通过输入 MODIFY DATABASE 语句，直接打开【数据库设计器】窗口，如图 3-13 所示。

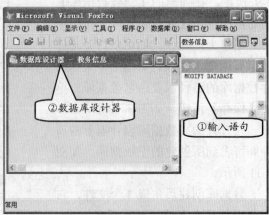

图 3-12　使用命令创建数据库　　　　图 3-13　打开数据库

3.2 创建数据表

创建完数据库之后，就可以创建数据表了。在创建数据表之前，需要明确数据表中所要包含的内容。针对数据表的内容，确定字段及其数据类型，同时还要确定表之间的关系，便于以后确定生成数据库的查询以及其他操作。

在 Visual FoxPro 中，数据表分为自由表和数据库表两种。自由表不属于任何数据库，可以添加到任何数据库中。由于自由表是独立的，所以不具备数据库表的一些功能，如建立主索引等。相对来说，数据库表的功能更强大一些，使用更广泛。虽然这两种表有些区别，但是创建的方法都是一样的。

3.2.1 字段类型

数据是反映客观事物属性的记录，而数据类型是字段接收数据的基本属性。Visual FoxPro 中的数据都有一个特定的数据类型，它定义数据的允许值和取值范围以及操作运算，如表 3-2 所示。

表 3-2　字段类型

字段类型	大小	说明	范围
二进制型（Blob）	表中 4 个字节	不确定长度的二进制数据	受可用内存和/或 2GB 文件大小范围的限制
字符型	每字符从 1 字节到 254 个字节	文字及数字文本	任何字符
二进制字符型	每个字符从 1 个字节直到总数 254 个字节	用二进制存储的字符型数据	任何字符
货币型	8 个字节	货币的数量	–$922 337 203 685 477.5807～$922 337 203 685 477.5807
日期型	8 个字节	按年代顺序排列的数据，由年、月、日组成	当使用严格日期格式时 {^0001-01-01}，公元 0001 年 1 月 1 日～{^9999-12-31}，公元 9999 年 12 月 31 日
日期时间型	8 个字节	按年代顺序排列的数据，由年、月、日、小时、分、秒组成	当使用严格日期格式时，{^0001–01–01}，公元 0001 年 1 月 1 日上午 00:00:00～{^9999–12–31}，公元 9999 年 12 月 31 日下 11:59:59
双精度型	8 个字节	双精度浮点数字	+/-4.94065645841247E-324～+/-8.9884656743115E307
浮点型	在内存中 8 个字节；在表中 1 到 20 个字节	单精度浮点数字	- .9999999999E+19～.9999999999E+20
通用型	表中 4 个字节	引用一个 OLE 对象	受可用内存限制
整型	4 个字节	不带小数的数字值	–2 147 483 647～2 147 483 647

字段类型	大小	说明	范围
整型（自动增量）	4 个字节	同整型，但有一个自动增量值，只读	值受自动增量 Next 和 Step 值的限制
逻辑型	1 个字节	"真"或"假"的布尔值	"真"（.T.）或 "假"（.F.）
备注型	表中 4 个字节	不确定长度的字符、数字、文本	受可用内存的限制
二进制备注型	4 个字节	任意二进制数据	受可用内存的限制
数值型	在内存中 8 个字节；在表中从 1 个字节到 20 个字节	整数或十进制的数字	− .9999999999E+19~.9999999999E+20
二进制型 (Varbinary)	每个十六进制值从 1 个字节直到总数 255 个字节	任意二进制数据	任何十六进制的值
varchar	每个字符从 1 个字节直到总数 254 个字节	文字及数字文本	任何字符
二进制型 varchar	每个字符从 1 个字节直到总数 254 个字节	用二进制存储的字符型数据	任何字符

48

3.2.2　建立数据表

Visual FoxPro 的数据表包括两部分：表结构和记录数据。要创建数据表，首先需要设计和建立表结构，然后再输入具体的记录数据。表结构的设计与建立就是定义表中各个字段的属性，包括字段名、字段类型、字段宽度和小数位数等。

数据表的创建有以下几种方式。

1. 使用表设计器创建

使用表设计器创建数据表，需要打开【表设计器】对话框。例如，执行【文件】|【新建】命令。在弹出的【新建】对话框中选择【表】单选按钮，并单击右侧【新建】按钮。

然后，在弹出的【创建】对话框中选择创建新表的位置，并输入表名称，单击【保存】按钮，如图 3-14 所示。

此时，将弹出【表设计器】对话框，如图 3-15 所示。在【字段】选项卡中，可以创建数据表的字段并对其进行一些设置，其详细内容如下。

❑　字段

字段即指字段名，是数据表的属性或表的列名。一个数据表由若干个字段构成，每个字段必须有一个唯一的名字，可以通过字段直接引用数据表中的数据。

❑ **类型**

类型即字段类型，它决定字段接收数据的基本属性。用户可以单击下拉按钮，选择赋予该字段的字段类型。

❑ **宽度**

宽度是用来指定允许字段存储的最大字符个数，即对于字符型、数值型和浮点型字段来说是最大位数，其他类型都是系统固定值。

❑ **索引**

索引是一个数据表中所包含的值的列表，其中注明了数据表中包含各个值的行所在的存储位置。可以为数据表中的单个列建立索引，也可以为一组列建立索引。

❑ **小数位数**

只有数值型、浮点型、双精度型才能指定其小数位数。小数点和正负号各占字段宽度的一位。

❑ **NULL**

用于指定数据表中的字段是否允许输入 NULL（空值）。

在【表设计器】对话框中输入各个字段的属性，即字段、类型、宽度、小数位数等，如图 3-16 所示。单击【确定】按钮，保存建立的数据表。

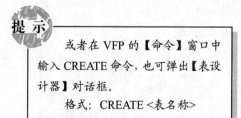

提示

或者在 VFP 的【命令】窗口中输入 CREATE 命令，也可弹出【表设计器】对话框。

格式：CREATE <表名称>

2. 使用向导创建

除了使用表设计器创建数据表的方法以外，Visual FoxPro 还提供了方便的创建方法，即使用向导进行创建。

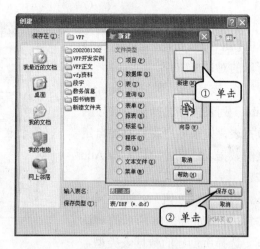

图 3-14 创建新表

图 3-15 【表设计器】对话框

49

图 3-16 创建数据表

例如，在【新建】对话框中单击【向导】按钮，弹出如图 3-17 所示的对话框。

在该对话框的 Sample Tables 列表框中选择作为向导的数据表，如果用户需要添加自定义的数据表结构，可以单击 Add 按钮。

在选择完字段后，单击 Next 按钮，弹出如图 3-18 所示的对话框。选择所创建的数据表类型，选择 Add my table to the following database 单选按钮，将创建的数据表添加到数据库中。此时，还可以设置要添加的数据库名称和数据表名称。

单击 Next 按钮，在弹出的对话框中可以修改所创建数据表的结构，如图 3-19 所示。

接着单击 Next 按钮，在弹出的对话框中设置数据表的索引，如图 3-20 所示。设置完索引之后，单击 Next 按钮，在弹出的对话框中设置表关系，如图 3-21 所示。

提 示

如果用户需要设置数据表之间的关系类型，可以单击 Relationships 按钮，在弹出的对话框中选择数据表之间的关系类型，该设置和使用向导创建数据库中设置表之间的关系类似。

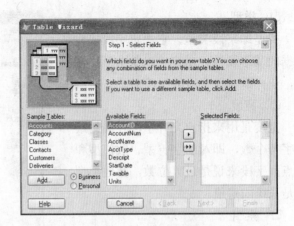

图 3-17　向导创建

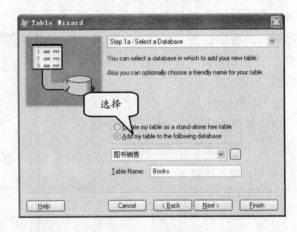

图 3-18　选择表类型

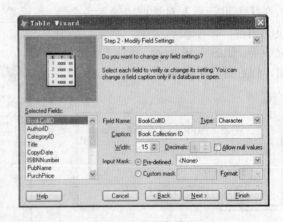

图 3-19　修改表结构

单击 Next 按钮，在弹出的对话框中设置保存数据表后的操作，如图 3-22 所示。所有设置完成后，单击 Finish 按钮，即可完成对数据表的创建。

利用向导创建的数据表不仅包括数据表本身，还包括表结构，有利于初学者掌握数据表的操作及定义。

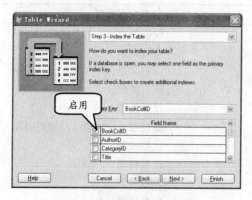

图 3-20　设置数据表的索引

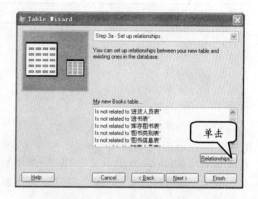

图 3-21　设置表关系

3.2.3　设置数据表属性

在创建数据表时，不仅可以定义字段的名称、数据类型和宽度等信息，而且还可以设置不同字段的属性。而字段的属性约束了该字段所接收的数据范围，更准确地规范了数据的内容。

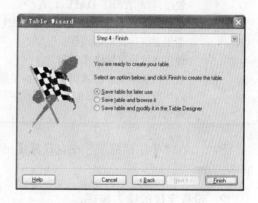

图 3-22　设置保存数据表后的操作

1．设置字段的显示格式

在【表设计器】对话框中，选择需要修改的字段名，然后，在右侧的【显示】栏的【格式】文本框中输入格式码，如图 3-23 示。

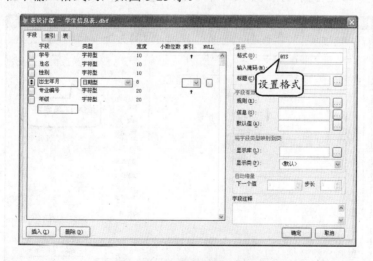

图 3-23　设置字段显示格式

输入的格式码用来表示该字段中数据的格式类型。如表 3-3 所示为常用的格式码表。

表 3-3　常用的格式码表

字符	功能	应用数据类型
！	强制转换大写	仅字符型
B	左对齐	所有类型
J	右对齐	所有类型
I	居中	所有类型
L	前导零	仅数值型
Z	为零时置空	数值型，日期型，日期时间型
(	用 () 括住负数	仅数值型
C	正数后面加 "CR" 字符，零不加	仅数值型
X	正数后面加 "DB" 字符，零不加	仅数值型
$	使用货币符号	仅数值型
D	使用当前的 SET DATE 设置	所有类型
E	在结果中显示 SET DATE BRITISH 设置	所有类型
YL	使用系统长日期格式显示	日期型
YS	使用系统短日期格式显示	日期型
R	放置模板中的非格式码字符替换字段表达式值中的对应字符。当使用"@R"时，模板字符串使用插入方式替代覆盖方式	字符和数值型

例如，在"学生信息表"中，设置【出生年月】字段格式为 YS，即显示为系统短日期格式。

2．设置字段的输入掩码

输入掩码是限制字段的输入格式，屏蔽非法格式的输入，减少人为数据输入的错误，提高输入速度。即在【输入掩码】文本框中输入掩码字符，如图 3-24 所示。

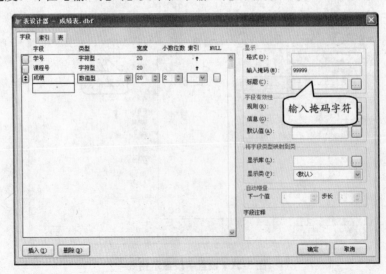

图 3-24　设置字段的输入掩码

其中，掩码字符及功能说明如表 3-4 所示。

表 3-4　掩码字符及功能说明

掩码字符	功能说明
!	将小写字母转换为大写字母
#	允许数字、空格和符号，如减号（–）数据
$	在固定的位置上显示货币符号，符号由 SET CURRENCY 命令指定
$$	显示位置浮动的货币符号，在微调器和文本框中，其位置在靠近数字的地方
,	显示当前 Windows 控制面板中区域和语言选项中设置的数字分组，或者分隔符、标记符
.	显示当前由 SET POINT 命令设置的小数点符号（默认为句号 (.))
9	允许数字和符号数据
A	只允许字母数据
H	放置在指定的位置输入非十六进制的符号
L	只允许逻辑型数据
N	只允许字母和数字数据
U	仅允许字母表中的字符并将它们转换为大写（A～Z）
W	仅允许字母表中的字符并将它们转换为小写（a～z）
X	只允许任何数据

3．设置字段的标题

在数据库环境下，若想显示数据表中的数据，可以在数据表的【浏览】窗口中进行。在进行浏览时，如果用户不设置字段的标题，则显示该数据表的字段名。这样，当浏览数据的时候将会带来不便。因此，为了更清晰、方便地浏览数据，用户可以自定义字段的标题，增强字段的可读性。

例如，在"学生信息表"中，设置字段【姓名】的标题为"学生姓名"，如图 3-25 所示，然后单击【确定】按钮保存设置。这样，在浏览数据表时，【姓名】字段的标题显示为"学生姓名"，如图 3-26 所示。

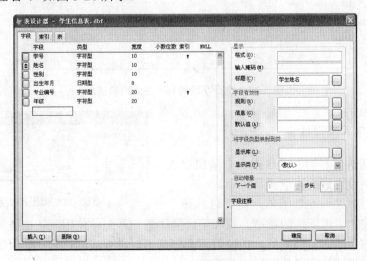

图 3-25　设置标题

4. 设置字段的有效性规则和信息

有效性规则是检查输入数据是否满足某些条件的过程,即当插入或修改字段的值时,有效性规则被激活,然后对输入数据进行检查。在 Visual FoxPro 中,可以通过设置字段的显示格式来防止非法数据的输入,但是它不能判断输入字符的合法性和逻辑性,解决这个问题可以使用字段的有效性规则,它也是数据表字段的属性之一。

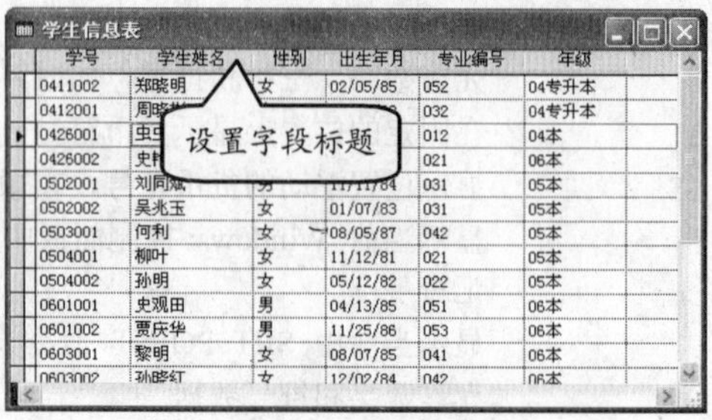

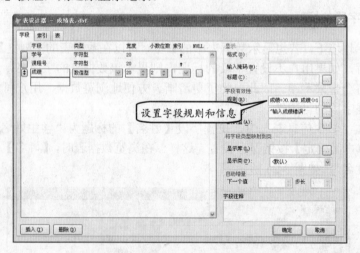

例如,在"成绩表"中,要求学生的成绩必须是 0~100 的数字。如果输入错误,就会产生错误提示,要求用户重新输入。

图 3-26 设置字段标题后的数据表

在"成绩表"的【表设计器】对话框中,选择要建立有效性规则的【成绩】字段,然后在【规则】文本框中输入表达式"成绩=>0.AND.成绩<=100",再在【信息】文本框中输入违反有效性规则时显示"输入成绩错误"的提示信息,如图 3-27 所示。

在设置完字段的有效性规则后,如果输入的数据不符合有效性规则,则会弹出如图 3-28 所示的提示框。如果单击对话框中的【确定】按钮,则重新输入【成绩】字段,如果单击【还原】按钮,则还原整条记录。

图 3-27 设置字段的有效性规则和信息

5. 设置字段的默认值

字段的默认值是指在向数据表中添加记录时,字段预先设定好的数值或字符串。

图 3-28 弹出的提示框

默认值可以是一个数据值,也可以是一个表达式,但表达式返回值的类型必须和字段的类型相匹配。使用默认值能够加快数据的输入速度。除了通用型数据外,任何数据类型都可以设置成默认值。如果该字段允许使用空值,可以设置该字段的默认值为 NULL。

创建数据库及数据表

在【表设计器】对话框的【默认值】文本框中输入字段的默认值，或者使用表达式生成器建立默认值表达式。

例如，可以将"图书销售"数据库中的"进书表"中的【进书日期】字段的默认值设置为"DATE()"，如图 3-29 所示。

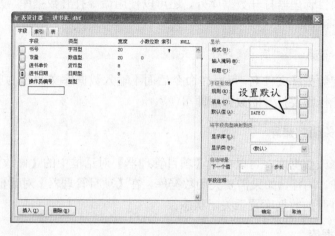

图 3-29 设置字段的默认值

此时，在数据表的【浏览】窗口中，当添加记录时，其【进书日期】字段默认为当前日期，如图 3-30 所示。

3.3 数据库操作

一个数据库包含有多个数据表，并且数据表之间具有一定的关系。在管理数据库的过程中，该数据库中的数据表都存储于数据库文件时，可以随时进行查看及修改操作。

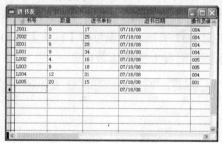

图 3-30 添加记录时字段出现默认值

3.3.1 管理数据库

数据库是管理和控制使用各个相关联的数据表，以及查询、视图等。使用数据库包括打开、修改、关闭数据库，向数据库添加、删除数据表等操作。

1. 打开数据库

通过【项目管理器】对话框可以对数据库进行打开、修改以及关闭等一些简单的操作。

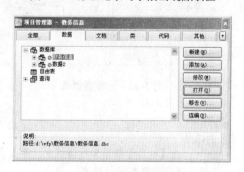

图 3-31 打开数据库

例如，在 VFP 主界面中，执行【文件】|【打开】命令，打开数据库所在的项目。

然后，在【项目管理器】对话框中，展开【数据】选项卡中的"数据库"选项，并选择"教务信息"数据库，再单击【打开】按钮，如图 3-31 所示。

55

注 意

一般，当数据库处于打开状态时，则当再次启动 VFP 后，该数据库还处于打开状态。

除了使用项目管理器打开数据库外，还可以使用命令打开数据库，方法是在【命令】窗口中输入如下语句。

```
OPEN DATABASE <数据库文件名|?>
```

如果不确定数据库文件名，可以在命令后面不输入数据库文件名，则此时会弹出【打开】对话框，选择需要打开的数据库即可。

2．修改及关闭数据库

如果需要修改数据库，可以单击【项目管理器】对话框中的【修改】按钮，对数据库进行修改操作。同样，如果需要关闭数据库，在【项目管理器】对话框中单击【关闭】按钮，可以将打开的数据库置于关闭状态。

3．删除数据库

对于已经创建好的数据库，若不再使用，可以将其删除。例如在【项目管理器】对话框中，选择需要删除的数据库，并单击【移去】按钮，如图 3-32 所示。

此时，将弹出信息提示框，并提示"把数据库从项目中移去还是从磁盘上删除？"，如图 3-33 所示。如果单击【移去】按钮，将从项目中移去该数据库；单击【删除】按钮，即可从磁盘上删除该数据库。

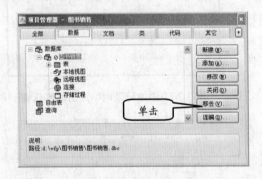

图 3-32　删除数据库　　　　　　　　　　图 3-33　信息提示框

提 示

在【项目管理器】对话框中，单击右侧的【添加】按钮，则可以在弹出的【打开】对话框中选择要添加的数据库。

利用命令 DELETE DATABASE 也可以删除数据库。例如，删除"教务信息"数据库，在【命令】窗口中输入如下语句。

```
DELETE DATABASE 教务信息
```

创建数据库及数据表

这样，将"教务信息"数据库彻底删除。如果不确定数据库的名称，可以在命令后跟问号，即"DELETE DATABASE?"，这样将弹出【删除】对话框，选择需要删除的数据库，单击【删除】按钮，如图 3-34 所示。

然后，在弹出的信息提示框中单击【是】按钮，将数据库删除，如图 3-35 所示。

技巧

使用命令 CLOSE DATABASES，可以关闭当前使用的数据库，或者按 Ctrl+F4 键也可以关闭数据库。

4．查看数据库文件

数据库文件用于显示数据表及表中的字段内容，以便查看整个数据库中每个表中的内容。在【命令】窗口中使用 USE 命令，可以查看一个处于关闭状态的数据库。例如，查看"教务信息"数据库中的数据库文件内容，在【命令】窗口中输入如下语句。

```
USE 教务信息 EXCLUSIVE
BROWSE
```

这样，以数据表的形式显示"教务信息"数据库内容，如图 3-36 所示。

提示

不要更改.dbc 文件中已存在的字段，因为对其进行的任何改动都有可能影响到数据库的完整性。

5．查看和编辑数据库属性

如果需要设置数据库属性，可以打开【数据库设计器】窗口，执行【数据库】|【属性】命令，弹出【数据库属性】对话框，在【显示】栏中设置数据库中显示的对象，如图 3-37 所示。

在列表框中显示操作数据库的事件，单击【编辑代码】按钮，编辑数据库事件。

图 3-34 【删除】对话框

图 3-35 删除数据库

图 3-36 显示的数据库内容

图 3-37 【数据库属性】对话框

57

技巧

使用 DBGETPROP( )函数 和 DBSETPROP( )函数，也可以设置数据库和数据库对象的属性。

技 巧

如果用户需要检测数据库的完整性，可以使用 VALIDATE DATABASE 命令进行检查。

3.3.2　管理数据表

除了上述对数据库环境的一些设置外，还可以对其中保存的数据表进行操作。毕竟，数据库用于管理数据表，所以对数据表的一些操作是必然的。通过设置这些属性，可以完善数据库，方便用户使用。

1．添加、删除数据表

一个数据库可以包含多个数据表，同时还可以向数据库中添加已经创建的数据表。在添加数据表时，所添加的数据表均为自由表，即该数据表不属于任何数据库。

例如，在【项目管理器】对话框的【数据】选项卡中，展开"数据库"选项，然后选择其中的"表"选项，单击【添加】按钮，如图 3-38 所示。在弹出的【选择表名】对话框中选择需要添加的数据表，单击【确定】按钮，将数据表添加到数据库中，如图 3-39 所示。

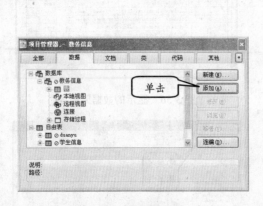

图 3-38　添加数据表

图 3-39　选择添加的数据表

同样，打开【数据库设计器】窗口，执行【数据库】|【添加表】命令，在弹出的【选择表名】对话框中也可以添加数据表；或者在【数据库设计器】窗口中，右击空白处，执行【添加表】命令，也可以弹出【选择表名】对话框，添加数据表。

 提 示

使用 "ADD TABLE <数据表名>" 语句，可以直接将数据表添加到数据库中。

另外，对于已经创建好的数据表，若不再使用，则可以将其删除，该操作与添加数据表的操作方法类似，即在【项目管理器】对话框中选择需要删除的数据表，单击【移去】按钮，将其删除；或者在【命令】窗口中输入如下语句。

格式：

```
REMOVE TABLE <表名称> | ?
```

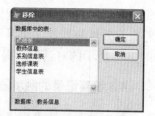

如果指定了需要删除的数据表名称，则可直接删除该数据表。如果不指定数据表名称，则弹出【移除】对话框，选择需要移除的数据表，如图 3-40 所示。

图 3-40 【移除】对话框

2. 设置长表名与注释

在 Visual FoxPro 中，表名可以由字母、数字、下划线或汉字组成，但表名的第一个字符必须是字母、下划线或汉字。对于一个数据表，可以建立一个最多包含 128 个字符的长表名来代替短表名以标识数据表，并在数据库、查询、视图等设计器中显示出来。而表的注释可以使数据表的功能更加易于理解，尤其是对于一个大型的应用项目来说，注释给数据表的使用带来极大的方便。

使用长表名和注释，可以在【表设计器】对话框的【表】选项卡中，分别在【表名】文本框中输入长表名，在【表注释】文本具框中输入该表的有关注解内容，如图 3-41 所示。

3. 设置记录的有效性

这里，记录的有效性设置与字段的有效性规则类似，都是对记录进行规则化的一个标准。记录的有效性规则可以控制用户输入到记录中的信息类型。记录的有效性规则检查不同字段在同一记录中的限制，从而保证不违反数据库的有效性规则。例如，为保证数据表中的起始日期在终止日期之前，可以设置一个记录的有效性规则。

设置记录有效性规则，可以在【表设计器】对话框中选择【表】选项卡，然后，在【记录有效性】栏的【规则】文本框中输入数据遵循的记录有效性规则，或者单击【表达式生成器】按钮，在【表达式生成器】对话框中建立记录有效性规则表达式。同时，可以在【信息】文本框中输入违反记录有效性规则时所显示的提示信息。

例如，在"销售图书表"中，图书的金额都是大于 0 的数值，可以在【表设计器】对话框的【规则】文本框中输入"金额>0"；在【信息】文本框中输入"金额为负，请重新输入"，该信息需用引号括起来，如图 3-42 所示。

设置完记录有效性规则后，当输入新的

图 3-41 输入长表名和注释

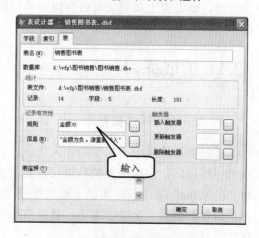

图 3-42 设置记录有效性规则

记录时，系统将执行该规则，判断记录是否符合有效性规则，如果不符合，则会弹出如图3-43所示的对话框，提示错误信息。

4. 设置记录的触发器

触发器是在数据表进行插入、更新、删除操作之后运行的记录事件。即当对数据进行操作时，触发器可以执行数据库应用程序要求的任何操作。不同的事件激活不同的操作，触发器在有效性规则之后运行。触发器只存在于数据表中，如果从数据库中移去一个表，则同时删除与该表相关联的触发器。

在【表设计器】对话框的【表】选项卡中，可以在【触发器】栏中的插入、更新、删除触发器文本框中输入内容。例如，在"学生信息表"中，设置【姓名】字段不能为空，可以在【插入触发器】文本框中输入"LEN(ALLTRIM(姓名))>0"，如图3-44所示。

从【表设计器】对话框中可以看出，一个数据表最多只能有3个触发器，而且触发器表达式必须为一个逻辑表达式，即只返回真（.T.）或假（.F.）。

还可以单击其后的【表达式生成器】按钮，并在弹出的【表达式生成器】对话框中输入表达式，如图3-45所示。

然后，将设置好触发器的数据表保存起来。这样，当在【姓名】字段中输入的数据为空时，则会弹出和记录有效性规则类似的提示，如图3-46所示。

3.4 扩展练习

1. 使用命令操作数据库

在数据库应用中，为了防止人为原因造成数据库损坏，应对主要的数据进行备份操作。在 Visual FoxPro 中提供了对文件进行多种备份操作，例如，将数据库中的记录全部或部分复制到另一个数据库中；复制数据库结构；将数据库的结果信息保存在一个数据库中等。

图 3-43　判断记录的有效性规则

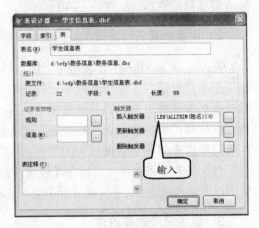

图 3-44　设置触发器

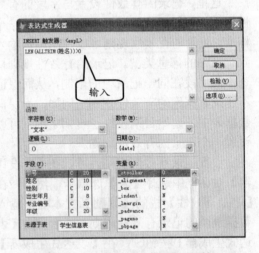

图 3-45　【表达式生成器】对话框

图 3-46　显示提示

格式：

```
COPY TO<数据库名>[<范围>][FOR|WHILE<条件>][FIELDS<字段名>]
```

使用该命令可以将“教务信息”数据库中的“学生信息表”备份到“信息表”中。在【命令】窗口中，输入如下语句。

```
USE 学生信息表
COPY TO 信息表
LIST
```

这样，就创建了和“学生信息表”一样的“信息表”数据表，如图3-47所示。

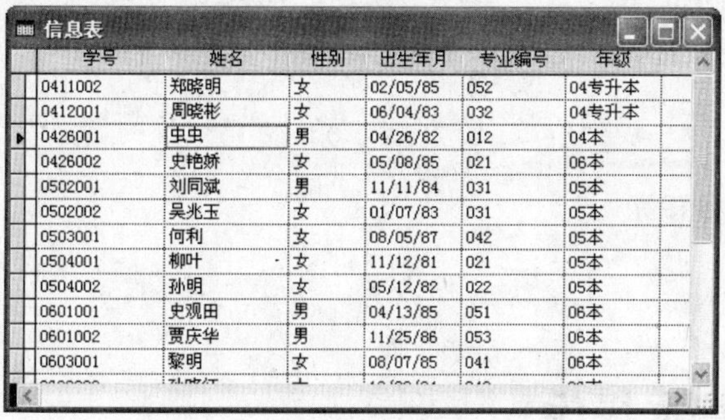
信息表

学号	姓名	性别	出生年月	专业编号	年级
0411002	郑晓明	女	02/05/85	052	04专升本
0412001	周晓彬	女	06/04/83	032	04专升本
0426001	虫虫	男	04/26/82	012	04本
0426002	史艳娇	女	05/08/85	021	06本
0502001	刘同斌	男	11/11/84	031	05本
0502002	吴兆玉	女	01/07/83	031	05本
0503001	何利	女	08/05/87	042	05本
0504001	柳叶	女	11/12/81	021	05本
0504002	孙明	女	05/12/82	022	05本
0601001	史观田	男	04/13/85	051	06本
0601002	贾庆华	男	11/25/86	053	06本
0603001	黎明	女	08/07/85	041	06本

图3-47　创建的“信息表”数据表

除了可以将数据保存为表的形式外，还可以保存成其他格式。例如，将“学生信息表”保存为“学生.txt”文件，在【命令】窗口中输入如下语句。

```
USE 学生信息表
COPY TO 学生 TYPE DELIMITED
TYPE 学生.txt
```

这样，就创建了一个TXT文件，将数据表保存到TXT文件中。

2. 使用命令创建临时关系

如果需要查看“图书信息表”和“库存图书表”创建之间的临时关系，可以在【命令】窗口中输入如下语句。

```
SELECT A
USE 图书信息表 ALIAS XX ORDER 书号
SELECT B
USE 库存图书表 ALIAS KC ORDER 书号
SELECT XX
SET RELATION TO 书号 INTO KC
SET SKIP TO KC
```

第4章　数据表操作

内容摘要 | Abstract

　　关系数据库管理系统都是基于数据表进行数据操作的。数据表是存储及管理数据的容器，是其他对象进行操作的基础。数据表中数据的冗余、共享性以及完整性的高低，直接影响数据表的质量。

　　本章介绍数据表操作，引导用户掌握熟练操作数据表的知识。

学习目标 | Objective

➢ 数据表基本操作
➢ 索引与排序
➢ 数据表关联

4.1　数据表基本操作

　　数据表主要由字段和记录组成，并且对记录进行的操作较为频繁。例如，添加记录、删除记录等。另外，用户也可以设置数据表的格式以及定位记录等。

4.1.1　记录操作

　　所谓记录操作，就是指在创建完数据表之后，对数据表中的记录进行追加、更新、删除和浏览的过程。下面介绍在 Visual FoxPro 中对数据表中记录的操作。

1. 追加记录

　　在数据表中，追加记录是指向该数据表中添加数据。对数据表记录进行追加，首先创建或者打开要进行追加操作的数据表，例如，对"学生信息表"进行追加记录。

❑　在【浏览】窗口中操作

　　首先，在【项目管理器】对话框的【数据】选项卡下展开【数据库】选项，然后在"教学管理"数据库中选择"学生信息表"，单击左侧的【浏览】按钮，打开【浏览】窗口。

　　然后，执行【显示】|【追加模式】命令，在【浏览】窗口中添加一条新的空记录，其记录指针指向第一行，如图 4-1 所示。然后，在数据表的第一行中输入数据，如图 4-2 所示。

　　输入完第一条记录后，可以继续输入下一条记录。当记录输入完毕后，关闭【浏览】窗口，Visual FoxPro 将自动保存输入的记录。

在输入记录的时候，需要注意以下几点。

➢ 数据表的记录在【浏览】窗口中应逐个字段输入。

➢ 如果字段类型是逻辑型时，只能输入 T、F、Y、N 中的任意一个。

图 4-1　添加一条空记录 　　　　　　　　　图 4-2　输入数据

➢ 如果字段类型是日期型时，输入时必须符合日期格式。

➢ 如果字段类型是备注型数据时，按 Ctrl+Pgdn 键或双击字段打开【编辑】窗口输入数据，如图 4-3 所示。

➢ 如果字段类型是通用型数据时，同备注类型字段一样，打开【编辑】窗口输入。执行【编辑】|【插入对象】命令，弹出【插入对象】对话框，选择需要插入的对象类型，将其插入到数据表中，如图 4-4 所示。

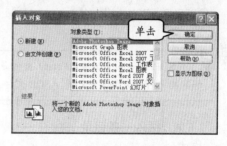

图 4-3　【编辑】窗口 　　　　　　　　　图 4-4　【插入对象】对话框

技巧

在浏览数据表时，可以通过执行【表】|【追加新记录】命令来添加新记录。而执行【表】|【追加记录】命令，是将已经存在的数据导入到表中。当然，数据结构和类型必须匹配。

❑ **在【命令】窗口中操作**

在【命令】窗口中，用户可以直接输入命令语句，并按回车键，添加数据表中的记录。

➢ **添加新记录**

格式：

```
APPEND [BLANK]
```

该命令是指在当前的数据表末尾添加新记录。需要注意的是，命令省略 BLANK 时，

将打开【记录编辑】窗口,由用户在当前数据表的末尾输入新记录的值;若使用 BLANK
时,则不出现【记录编辑】窗口,由系统自动在数据表的末尾添加一条空记录。

➤ 添加符合条件的记录

格式:

```
APPEND FORM<表文件名>
[<范围>][FOR<条件>]
[WHILE<条件>]
[FIELDS<当前表字段列表>]
[TYPE<文件类型>]
```

指定表中的符合条件的记录将自动添加到当前数据表的末尾。需要注意的是,指定
表与当前表的表结构是相同的(字段名、类型、宽度);若选择 FIELDS<当前表字段列
表>短语,则只有对指定的字段进行追加;TYPE 短语用来追加来自文本文件的数据,其
中<文件类型>可以是 SDF 或 DELIMITED<分隔符>等。

例如,打开"学生信息表",将"学生信息表"的表结构复制到"学生信息备用"表
中,并且打开"学生信息备用表",然后将"学生信息表"中的记录追加到"学生信息备
用表"中,则在【命令】窗口中输入如下语句。

```
USE d:\vfp\教务信息\学生信息表.dbf
COPY STRUCTURE TO 学生信息备用   &&创建学生信息备用表,表结构如学生信息表
USE 学生信息备用
APPEND FROM 学生信息表     &&复制学生信息表数据到当前数据库中
```

提示

SDF(System Data Format)文件是一种 ASCII 文本文件,DELIMITED 指定源文件为分
隔数据文件,分隔文件也是 ASCII 文件。详细内容可在帮助文件中查看

➤ 插入一条记录

格式:

```
INSERT [BLANK][BEFORE]
```

在当前数据表指定的位置处插入一条新记录。当默认为 BLANK 短语时,将打开【记
录编辑】窗口,否则插入一条空记录而不打开该窗口;当选用 BEFORE 短语时,则在当
前记录前插入,否则在当前记录后插入。

2. 更新记录

Visual FoxPro 提供了 EDIT、CHANGE、BORWSE 命令供用户以交互方式修改记录
数据,并提供了 REPLACE 命令对记录数据做有规律的成批修改。同时也可以直接以图
形界面的方式对数据表的记录进行修改。

一般可在【项目管理器】对话框中打开数据表的【浏览】窗口,并对需要修改的字
段指定新值,关闭窗口即可完成对数据字段的修改。如果当前数据表中的记录过多时,
这种方式就不适用了。此时可以在【命令】窗口中修改记录。

❑ 交互修改记录

格式：

```
EDIT | CHANGE [<范围>]
[FOR<条件>]
[WHILE<条件>]
[FIELDS<字段表>]
```

检索指定的条件，并打开编辑窗口，以交互方式对数据字段进行修改。上述两条命令除命令动词之外，格式和功能完全一样。

例如，修改"学生信息表"中"学号"为"0411002"的学生记录，在【命令】窗口中输入如下语句。

```
USE d:\vfp\教务信息\学生信息表.dbf
EDIT FOR 学号='0411002'
```

此时，将弹出"学生信息表"的编辑窗口，窗口中显示的字段为学号是"0411002"的记录，如图 4-5 所示。修改后关闭编辑窗口即可。

❑ 浏览修改命令

格式：

```
BROWSE[FIELDS<字段表>]
[LOCK<expN>]
[FREEZE<字段名>][NOAPPEND][NOMODIFY]
```

打开浏览窗口，显示当前数据表的数据供用户修改。本命令同执行【显示】|【浏览】命令的结果相同，当使用 NOAPPEND 短语时不允许追加记录；若使用 NOMODIFY 短语时，只能供用户对数据进行浏览，而不能操作记录数据；若选择 LOCK<expN>短语时，将锁定窗口左端的<expN>个字段；若选择 FREEZE<字段名>短语时，将光标冻结在指定字段上，且只能对该字段进行修改。

例如，浏览修改"学生信息表"中的字段"学号"、"姓名"、"年级"这 3 个字段的信息。在【命令】窗口中输入如下语句。

```
USE d:\vfp\教务信息\学生信息表.dbf
BROWSE FIELDS 学号,姓名,年级
```

此时，在弹出的浏览编辑窗口中只显示"学生信息表"中的"学号"、"姓名"、"年级"这 3 个字段，如图 4-6 所示。修改后关闭编辑窗口即可。

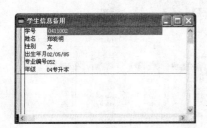

图 4-5　编辑窗口　　　　　　　　　图 4-6　浏览修改表记录

❑ 成批替换修改命令

格式：

```
REPLACE[<范围>]
[FOR<条件>]
[WHILE<条件>]
<字段1>WHTH<表达式1>[,<字段2>WITH<表达式2>……]
```

对指定范围内符合条件的记录，用指定表达式的值替换指定字段的内容。本命令仅在系统内部执行替换字段；当省略范围短语和条件短语时，仅对当前记录进行替换；替换时先计算表达式，再替换字段的值，表达式与字段的数据类型必须一致；可以同时对多个字段进行替换。

例如，在"学生信息表"中，将姓名为"郑晓明"的性别字段更新为"男"，在【命令】窗口中输入如下语句。

```
USE d:\vfp\教务信息\学生信息表.dbf
REPLACE 性别 WITH '男' FOR 姓名='郑晓明'
```

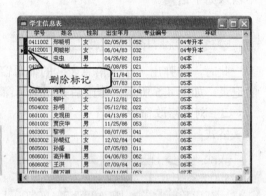

图 4-7　删除记录

3．删除记录

在 Visual FoxPro 中删除记录时，需要先对记录做删除标记，然后再移去要删除的记录。在移去这些做了删除标记的记录之前，它们仍然保存在数据表中，只是它们不能被使用。用户可以撤销这些删除标记，将记录恢复到原来的状态，如图 4-7 所示。

❑ 使用图形界面

执行【表】|【删除记录】命令，在弹出的【删除】对话框中设置需要删除的记录。其中，在【作用范围】列表框中选择删除范围，如图 4-8 所示。

在 For 文本框中可以输入条件表达式，或是单击⊡按钮。在弹出的【表达式生成器】对话框中设置被删除记录必须满足的条件，如图 4-9 所示。

设置完成之后，单击【删除】按钮，可以对满足删除条件的记录做上删除标记。

图 4-8　【删除】对话框

图 4-9　【表达式生成器】对话框

技巧

如果用户需要恢复这些做了标记的记录，可以执行【表】|【恢复记录】命令，在弹出类似于【删除】对话框的【恢复记录】对话框中，设置需要恢复记录的条件，即可恢复需要的记录。如果需要彻底删除记录，执行【表】|【彻底删除】命令，将这些记录从数据表中删除。

❑ **使用命令删除**

在【命令】窗口中，也可以通过命令删除指定条件的记录。删除后的记录将添加删除标记"*"。

格式：

```
DELETE [<范围>][FOR<条件>][WHILE<条件>]
```

还可以使用 PACK 命令，对当前数据表中有删除标记的记录进行物理删除；使用命令 ZAP 可删除当前数据表中的所有记录，执行后表中记录清空，保留表和表结构。

例如，删除"学生信息表"中的学号为"0411002"的学生，在【命令】窗口中输入下语句。

```
USE d:\vfp\教务信息\学生信息表.dbf
DELETE FOR  学号="0411002"
LIST
```

此时，可以看到在删除的记录前标记有星号（*），如图 4-10 所示。如果需要从数据表中移除记录，还需要使用 PACK 命令。

❑ **恢复逻辑删除**

格式：

```
RECALL [<范围>][FOR<条件>][WHILE
<条件>]
```

除去当前数据表中指定范围内符合条件记录的删除标记。若事先使用 SET DETELED ON 命令将记录的删除标记"屏蔽"时，本命令不起作用。

4．浏览数据表

在输入记录后，可以通过【浏览】窗口来浏览数据表。与添加记录的方法相同，其操作也可以浏览表中的记录。除了这种浏览方式外，Visual FoxPro 还提供了在编辑方式下浏览，即在浏览方式下执行【显示】|【编辑】命令，将浏览方式切换到编辑方式，如图 4-11 所示。

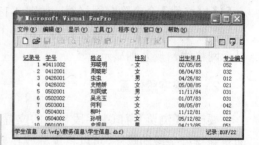

图 4-10　显示结果

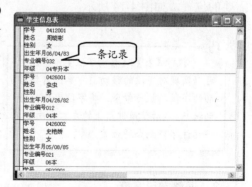

图 4-11　编辑窗口

在编辑窗口中，可以直接对数据进行修改、删除操作。如果查看要显示的记录，可以通过窗口旁边的垂直滚动条来显示。

除了这两种浏览数据表的方式外,还可以通过命令在主窗口中显示记录。利用 LIST、DISPLAY 或 BROWSE 命令来查看数据表,例如,显示"学生信息表"内容,在【命令】窗口中输入如下语句,如图 4-12 所示。

```
USE d:\vfp\教务信息\学生信息表.dbf
LIST
```

4.1.2 设置数据表格式

有时根据实际情况,需要对【浏览】窗口的显示方式进行修改,这样可以便于用户浏览及查看,或者通过拆分【浏览】窗口来查看数据表中的数据变化等。

1. 显示与隐藏网格线

在默认状态下,【浏览】窗口中是有网格线的。如果需要隐藏网格线,可以执行【显示】|【网格线】命令隐藏网格线,如图 4-13 所示,即【网格线】命令前没有对号时,不显示网格线,反之则显示。

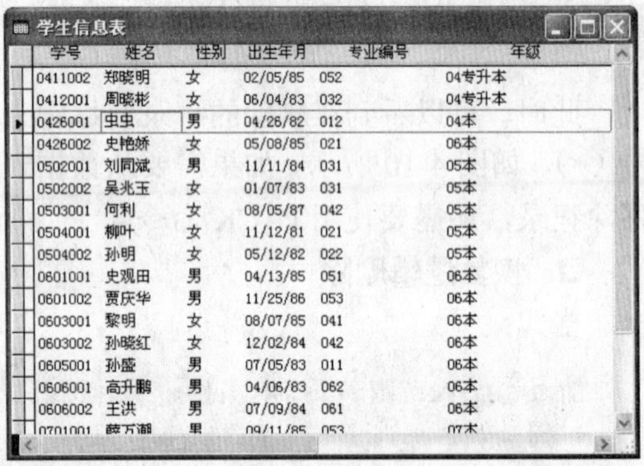

2. 调整字段位置

要改变【浏览】窗口中字段显示的位置,即重新排列字段的顺序,可以将鼠标放在要移动字段的字段名上,单击并拖动该字段到需要的位置,如图 4-14 所示。

技巧

执行【表】|【移动字段】命令,也可以实现对字段的移动。即单击需要移动的字段,执行命令,将字段变为可移动状态,然后使用键盘上的左右方向键,移动该字段到合适位置。

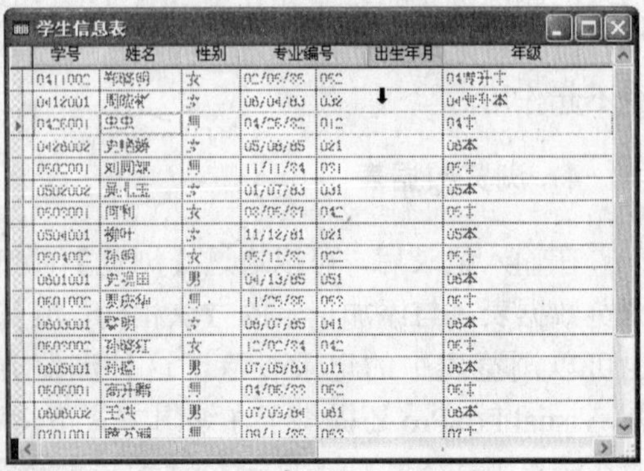

3. 调整字段宽度

字段默认显示的宽度是由其字段宽度决定的,要修改字段的显示宽度,即将鼠标移动到两个字段名的交界处,这时光标变为

图 4-12 显示的记录

图 4-13 隐藏网格线

图 4-14 改变字段位置

十字形状，拖动网格线即可对字段的宽度进行调整，或者执行【表】|【调整字段大小】命令也可以调整字段宽度。其方法与调整字段位置类似。

4．替换字段

有时需要批量修改字段值时，就要用到替换功能。在浏览数据表时候，执行【表】|【替换字段】命令，弹出对话框，如图 4-15 所示，在【字段】列表框中选择需要替换的字段，在【替换为】文本框中输入需要替换的字段值或是表达式。其他选项设置替换的范围和条件。

图 4-15　【替换字段】对话框

5．拆分【浏览】窗口

在【浏览】窗口的左下角有一个黑色小方块，称为窗口分割器，拖动它可以将窗口分为两个窗口。两个窗口显示同一表中的数据，显示的格式可以相同也可以不同，如图 4-16 所示。

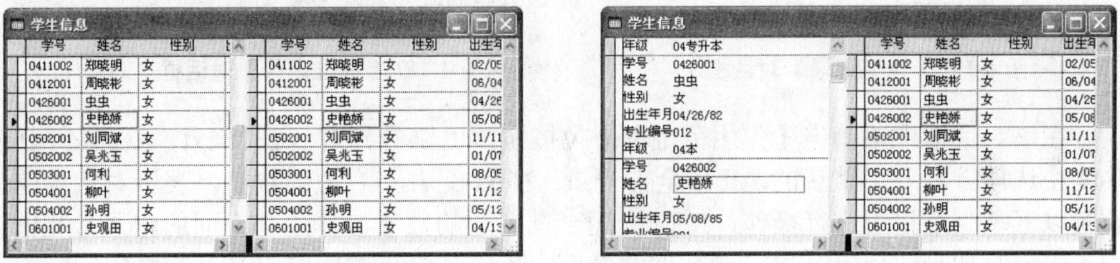

图 4-16　显示相同格式或不同格式

通过执行【表】|【调整区块大小】命令也可以对【浏览】窗口进行拆分。

技巧

默认情况下，【浏览】窗口分离的两个窗口是被链接的。当选择并修改一个窗口中的记录时，同时也改变另一个窗口中的记录。如果需要两个窗口独立运行，可以执行【表】|【链接分区】命令进行设置。

4.1.3　查找与定位记录

当数据表中的记录很多时，可以通过下列操作来查找指定的记录，将记录指针定位在需要查询的某一行记录上，以便对该记录进行编辑操作。

1．菜单操作

在定位记录时，可以先打开数据表的【浏览】窗口。执行【表】|【转到记录】命令，在该菜单下选择记录指针的移动方式。详细命令功能介绍如下。

————基础篇

- ❑ **第一个** 确定第一条记录为当前记录，即记录指针转到第一条记录上。
- ❑ **最后一个** 确定最后一条记录为当前记录，即记录指针转到最后一条记录上。
- ❑ **上一个** 确定当前记录的前一个记录为当前记录，即将记录指针移到当前记录的上一条记录上。
- ❑ **下一个** 确定当前记录的下一条记录为当前记录，即将记录指针移到当前记录的下一条记录上。
- ❑ **记录号** 如果需要转到某一条记录，可以执行【表】|【转到记录】|【记录号】命令，在弹出的如图 4-17 所示的对话框中输入指定的记录号，然后单击【确定】按钮，记录指针将转到指定的记录上。
- ❑ **定位** 除了将指针转到指定的记录上外，还可以将记录指针转到满足条件的记录上，执行【表】|【转到记录】|【定位】命令，在弹出如图 4-18 所示的对话框中输入条件，单击【定位】按钮，即可定位到满足条件的记录上。

图 4-17 【转到记录】对话框　　　　图 4-18 【定位记录】对话框

在该对话框中，单击【作用范围】下拉按钮，可以看到有 All、Next、Record、Rest 共 4 个选项。其中，默认的 All 指全部记录；Next 配合其右边的数字，表示对从当前记录起以下多少个记录进行操作；Record 配合其右边的数字，作用与上面的记录号相同；Rest 表示对从当前记录开始，到文件的最后一条记录为止的所有记录进行操作。

而 For 和 While 文本框是可选项，可以输入或选择表达式，表示操作的条件。其右边的按钮是【表达式生成器】按钮，单击它会弹出【表达式生成器】对话框，以方便选择操作条件。

2. 命令操作

在 Visual FoxPro 中，使用命令可以很快地定位或查找出需要的记录。其命令有以下几种。

- ❑ **定位记录**

格式：

```
GOTO|GO <记录号><TOP>|<BOTTOM>
```

定位记录到指定的记录号，或是定位到第一条或最后一条记录。

例如，将"学生信息表"的当前记录定位到第三条记录上，语句如下。

```
GO 3
```

- ❑ **移动记录指针**

格式：

```
SKIP<记录号>
```

向前或向后移动表中的记录指针,记录号可以是正或负的整数,即正数是向后移动,负数是向前移动。

例如,将当前记录定位到上一条记录,语句如下。

```
SKIP -1
```

❑ **条件定位记录**

格式:

```
LOCATE FOR<表达式>
```

按照条件定位记录位置,即满足输入的表达式,并显示记录。

例如,在"学生信息表"中,查找出性别为女的学生信息。

```
LOCATE FOR '女'$ 性别
```

3. 查找记录

要在数据表中快速查找所需要的记录,可以执行【编辑】|【查找】命令,在弹出的对话框中输入所要操作的内容,在【选项】栏中设置查找的方式和范围,如图4-19所示。这样就查找到所需要的记录了。

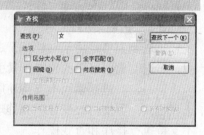

图4-19 【查找】对话框

4.2 索引与排序

索引是进行快速显示、快速查询数据的重要手段。通过建立索引文件,在浏览数据时可以提高数据查看、查找的速度。而排序则是按照一定的规则从高到低、从大到小的显示方式。

4.2.1 索引概述

数据表在索引文件中只记入索引表达式(又称关键字)的值及其记录地址。例如,要从一本书中查找内容,一种方法是从头到尾逐页查找,直到找到为止;另一种方法是从书的目录中得到要查找内容的页号,可迅速找到该内容。

索引就如同图书的目录,根据关键字值及地址,可迅速定位到该记录。表文件在使用索引文件后,加快了查询的速度,当有记录增删时还能自动对索引文件进行调整。

索引文件分为两类,即独立索引和复合索引。独立索引文件是一个索引存放在一个索引文件中,其扩展名为.idx;而复合索引文件是若干个索引存放在同一个索引文件中,其扩展名为.cdx。

在VFP中,每个索引文件都包含有多种索引类型,如主索引、候选索引、二进制索引和普通索引等。

❑ **主索引**

主索引中每个索引关键字是唯一的,每个表只能创建一个主索引。主索引禁止为产生索引关键字所指定字段或索引表达式中的重复值。

主索引包含数据表中每条记录的索引关键字，并且当未指定任何其他索引时作为数据表主索引的默认索引。如果从数据库中删除一个表，主索引随之被移除。另外，主索引主要用于数据表之间实施永久关系中的参照完整性。

❑ **候选索引**

候选索引类似于主索引，包含表中每条记录的索引关键字，并且禁止为产生索引关键字所指定字段或索引表达式中的重复值。每个数据表可以创建多个候选索引。同样，也不可以在任何包含重复数据的字段上指定候选索引。

❑ **普通索引**

普通索引是包含表中每条记录的索引关键字，允许为产生索引关键字所指定字段或索引表达式中的重复值。可以为一个数据表创建多个普通索引，但是不能使用普通索引来强制记录中数据的唯一性。

❑ **二进制索引**

二进制索引是用于创建基于逻辑表达式的索引，每个数据表可以创建多个二进制索引。二进制索引可以改善维护索引的速度。

但是，二进制索引不支持使用值为 NULL 的索引表达式；不支持使用 FOR 子句筛选表达式；不支持改变显示和处理记录的顺序；不支持设置二进制索引作为主控索引；不支持执行排序和查找操作。

4.2.2 索引操作

在 Visual FoxPro 中，创建索引的方法有两种，即使用表设计器创建或使用命令创建。

1. 使用【表设计器】对话框创建

在【表设计器】对话框的【索引】选项卡中，可以设置索引。这里创建的索引均为结构化的复合索引。

在【索引】选项卡的【索引】文本框中，输入索引名作为索引的标识名。Visual FoxPro 利用标识名来引用索引并对数据表进行检索，如图 4-20 所示。

还可以在【类型】下拉列表框中选择索引的类型；在【表达式】文本框中输入索引关键字。如果是多字段表达式，则需要符合命名规则，即字段的数据类型需要匹配。

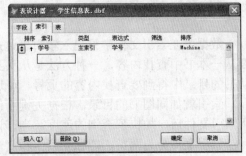

图 4-20 【索引】选项卡

也可以在【表达式】文本框内直接输入字段索引值，或者单击【表达式】按钮，在弹出的【表达式生成器】对话框中设置索引表达式，如图 4-21 所示。如果要筛选记录，则可以在【筛选】文本框中输入表达式，或者利用【表达式生成器】对话框进行筛选设置。

技 巧

通过单击【表达式生成器】对话框中的【检验】按钮,可以检查输入的表达式是否正确。

图 4-21 【表达式生成器】对话框

在默认情况下,Visual FoxPro 按照升序来显示记录,即【排序】按钮为⬆向上箭头。也可以在创建索引时或创建索引之后指定以降序显示记录。单击【排序】按钮⬇将其变为向下箭头。在建立索引的过程中,可以根据需要建立多个索引,但主索引只能创建一个。如果需要添加索引,可以单击【插入】按钮,即插入一行新的索引。

2.使用命令创建

除了使用设计器来创建索引外,还可以使用命令来创建索引,所创建的索引文件可以是独立索引或复合索引。

格式:

```
INDEX ON<索引表达式> TO <索引文件名>TAG<索引标识名>
```

例如,在创建"学生信息表"中,以学生的"姓名"和"性别"为索引关键字,按降序排列。在【命令】窗口中输入以下命令,结果如图 4-22 所示。

```
USE 学生信息表
INDEX ON 性别+姓名 TAG 编号 DESCENDING
LIST
```

注 意

使用 INDEX 命令创建索引时,不能创建主索引。若要使用命令创建主索引,则需要使用 SQL 命令来创建,这些将在以后的章节中详细叙述。

在 Visual FoxPro 中使用索引查询,需要专门的命令来设置索引的打开、关闭和删除,并且利用索引可以进行查询操作。

3.打开和关闭索引文件

在【命令】窗口中,通过命令语句可

图 4-22 显示的结果

以直接打开或者关闭索引文件。

□ **打开表的同时打开索引并指定主控索引**
格式：

```
USE 表名 INDEX <索引文件名> ｜ ORDER TAG <索引标识名>
```

其中，INDEX 项用于指定打开独立索引文件名；ORDER 指定主控索引，当未指定使用时，索引顺序为物理顺序。例如：

```
USE 学生信息表 ORDER TAG 学号
BROWSE        &&数据记录按学号排列
```

□ **打开表后打开索引**
格式：

```
SET INDEX TO <索引文件名>或
SET ORDER TO|TAG<索引标识名>
```

例如：打开"学生信息表"的标识为"编号"的索引。

```
USE 学生信息表
SET ORDER TO TAG 编号
BROWSE       &&窗口记录按性别和姓名排列
```

□ **关闭索引文件**
数据表文件关闭后，与之相关的索引文件将自动随之关闭，如果要在不关闭数据表的情况下关闭索引文件，可使用如下命令。
格式：

```
CLOSE INDEXES    或
SET INDEX TO
```

4．删除索引

删除索引可以在表设计中删除，也可以使用【命令】窗口进行删除。例如，在【表设计器】对话框中，选择需要删除的索引，单击【删除】按钮。

而通过在【命令】窗口中，可以输入"DELETE TAG<索引文件名>"语句对指定的索引进行删除操作。如果需要删除全部索引，可以使用 DELETE TAG ALL 命令语句。

5．使用索引查询

当数据表中的记录很多时，利用索引可以提高查询的速度，快速定位在要找的记录上。类似地，使用 FIND 命令也可以进行查询操作，即使用 SEEK 命令，格式如下：
格式：

```
SEEK <表达式>
[ORDER<记录号>| TAG<索引标识名>]
[ASCENDING][DESCENDING]
```

例如，查找学号为"0426002"的记录，可以输入如下语句。

```
SEEK '0426002' ORDER 学号
```

6．更新索引

当数据表中的数据发生变化时，所有已打开的索引文件都会随之变化，实现索引文件的自动更新。若未确定主控索引时，在数据变化时索引文件不会自动更新。

如果需要自动更新，可以在【命令】窗口中直接输入 REINDEX 命令语句，按回车键即可更新索引文件。

4.2.3　字段排序

在实际工作中，数据表中的各种记录经常需要对某个字段值的大小或按照某种指定的规则进行排序，Visual FoxPro 提供了物理排序和逻辑排序两种方法。物理排序是指建立一个与原数据表结构相同的已排好序的新数据表；逻辑排序又称索引方法，是将排好序的记录生成简单的索引列表。使用索引排序可以提高对表、数据库的操作效率。下面具体介绍排序操作。

1．字段排序

在使用索引排序前，需要在浏览数据表的情况下执行【表】|【属性】命令，弹出【工作区属性】对话框，如图 4-23 所示。

在该对话框的【索引顺序】下拉列表框中选择索引名。例如，在"学生信息"表中，选择【学生信息：学号】选项，单击【确定】按钮，这时，在【浏览】窗口中将按照学生的学号进行升序排列，如图 4-24 所示。

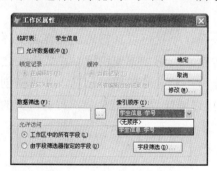

图 4-23　【工作区属性】对话框　　　　　图 4-24　排序后的结果

2．表达式排序

为了提高多个字段的查询速度，可以在索引表达式中指定多个字段对记录进行排序。如果建立表达式进行排序，将按照表达式返回的值进行排序，而不是其中某个字段。

使用多个字段对记录排序，可以在【表设计器】对话框的【索引】选项卡中，输入需要设置的索引名称和类型。单击表达式文本框后的【表达式】按钮，弹出【表达式生成器】对话框。例如，在"学生信息"表中按照姓名和性别进行排序，则在【表达式】文本框中输入表达式，如图4-25所示。

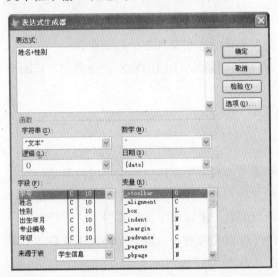

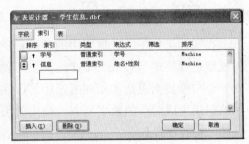

图 4-25 【表达式生成器】和【表设计器】对话框

当按照上面设置的关键字进行排序时，数据表中的记录将先按照第一个字段进行排序，如果这两个记录的第一个字段值相等，则这两个记录之间的顺序将由它们的第二个字段值决定，如果还是相等，则按第三个字段的值决定，依次类推。

4.3 数据表的关联

对数据表之间进行关联，创建它们之间的关系，不仅可以真实地反映客观实体间的联系，而且还可以提高数据存储的效率，使数据查询更加方便快捷。在数据表之间定义了关系之后，可以利用这些关系来查找数据库中相关联的数据信息，并且在创建关系的过程中，还可以设置其参照完整性，这样可以降低数据的冗余度，提高数据的利用率。

4.3.1 创建表之间的关系

在创建关系之前，首先决定两个数据表之间，哪个表中的记录为主记录，哪个表中的记录为关联记录。设置主关键字段为主索引，外部关键字段为普通索引。设置完索引后，即可创建关系。

创建关系需要先打开【数据库设计器】窗口，然后再对数据表进行关联。例如，打开"教务信息"数据库，如图4-26所示。单击"系别信息表"的主索引字段【专业编号】，并拖动鼠标到"学生信息表"的普通索引字段【专业编号】上，如图 4-27 所示。

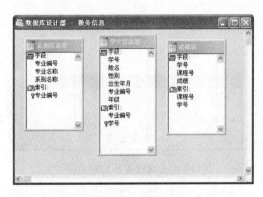

图 4-26　打开数据库

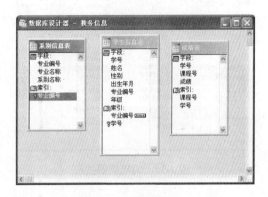

图 4-27　设置关系

此时，出现一条关系连线，这表明在两个数据表之间创建了一个关系，如图 4-28 所示。同样，为其他数据表之间创建表关系，创建好关系的数据库如图 4-29 所示。

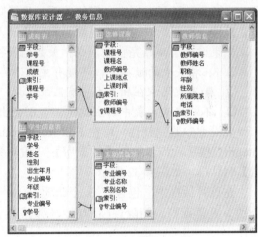

图 4-29　创建好关系的数据库

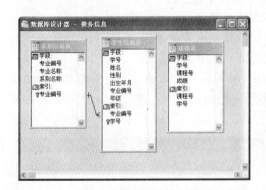

图 4-28　表关系线

4.3.2　编辑表间关系

当创建完两个数据表之间的关系后，还可以编辑此关系。在【数据库设计器】窗口中，选择需要编辑的关系线（该关系线变粗），执行【数据库】|【编辑关系】命令。

或者右击该关系线，执行【编辑关系】命令，如图 4-30 所示。可以在弹出的对话框中修改列表框中的字段名，以此来更改数据表之间的关系，如图 4-31 所示。

如果删除表关系时，可以右击该关系线，执行【删除关系】命令，或者单击该关系线，按 Del 键进行删除。

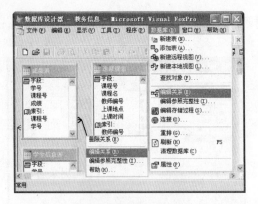

图 4-30 编辑表间关系

图 4-31 【编辑关系】对话框

4.3.3 设置参照完整性

参照完整性可以用来控制数据的一致性。例如，在"教务信息"数据库中，删除"学生信息表"中的某一条记录时，与之相关的"成绩表"中将会出现找不到对应记录的情况，这样就破坏了数据表之间的关系。为了防止这种情况的发生，可以建立数据表的参照完整性，即数据表记录的更新、删除和插入规则。

如果设置了参照完整性，则相关数据表将遵循以下规则。

- ❏ 在相关表的数据中，不能有主表不存在的记录。
- ❏ 如果某记录在相关表中有匹配记录，则不能从主表中删除它。
- ❏ 不能更改主表中的主键值，否则会出现孤立记录。

要设置参照完整性，可在 Edit Relationship（编辑关系）对话框中，单击 Referential Integrity 按钮，或者执行【数据库】|【编辑参照完整性】命令，弹出【参照完整性生成器】对话框，如图 4-32 所示。

在该对话框中，包含有 3 个选项卡，分别为更新规则、删除规则和插入规则等操作。

- ❏ **更新规则**

在【更新规则】选项卡中，可以选择"级联"、"限制"或者"忽略"单选按钮，用来设置更新数据时该表与其关联之间的关系。例如，选择【级联】单选按钮，则在父表中进行的修改会在相应的子表中反映出来，即当更新父表中的关系字段时，

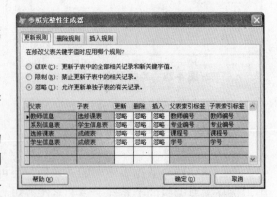

图 4-32 【参照完整性生成器】对话框

子表中的相关记录也会随之更新；选择【限制】单选按钮，表示当子表中有相关记录时，禁止更新父表相应记录的关系字段值；选择【忽略】"单选按钮，则是忽略表之间的关系，不限制更新父表记录。

- ❏ **删除规则**

在【删除规则】选项卡中，与更新规则类似，删除规则也分为 3 种。例如，选择【级

联】单选按钮，在删除父表记录时，子表中的相关记录也会随之删除；选择【限制】单选按钮，表示当子表中有相关记录时，禁止删除父表中的记录；而选择【忽略】单选按钮，则是不限制删除父表记录。

❑ **插入规则**

【插入规则】选项卡可以设置当数据插入到数据库时，有应用的完整性规则。如选择【限制】单选按钮，则当父表中没有匹配的字段时，禁止在子表中插入记录；而【忽略】单选按钮表示不限制在子表中插入记录。

4.4 多数据表的操作

在 Visual FoxPro 中引入了工作区功能，可以同时使用多个数据表。工作区是一个编号的区域，用它来识别一个打开的数据表，在每个工作区中只能打开一个数据表。在 Visual FoxPro 中，用户可以使用创建的 32 767 个工作区。工作区除了能用编号区分外，也可以使用数据表名称或表的别名来标识该工作区。

4.4.1 浏览工作区

在 Visual FoxPro 中，【数据工作期】对话框是指浏览工作区。例如，执行【窗口】|【数据工作期】命令，打开【数据工作期】对话框，如图 4-33 所示。

使用该对话框可以打开并显示表或视图，建立临时关系，也可以设置工作区属性。其中，各个选项的含义如下。

❑ **当前工作期**　显示当前操作的工作期名称。

❑ **别名**　显示不带扩展名的数据表名或视图。

❑ **关系**　工作区内临时关系。

❑ **属性**　设置当前工作区的属性。

❑ **浏览**　打开【浏览】窗口。

❑ **打开**　打开表或视图到新工作区。

❑ **关闭**　将表或视图移出工作区。

❑ **一对多**　显示【一对多】对话框，如图 4-34 所示，从而可以在表之间建立一对多的临时关系。

图 4-33 【数据工作期】对话框

图 4-34 【一对多】对话框

技巧

利用 SET 命令也可以打开【数据工作期】对话框，即在【命令】窗口中输入 SET 命令即可。

1．在工作区中打开和关闭表

在 Visual FoxPro 中，用户可以使用多种方式在工作区中打开数据表。

❑ **数据工作期**

在【数据工作期】对话框中，单击【打开】按钮，在弹出的【打开】对话框中选择要打开的数据表或视图，如图 4-35 所示。

❑ **命令方式**

格式：

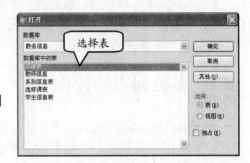

图 4-35　【打开】对话框

```
SELECT<工作区号/别名>
```

选择工作区为当前工作区，用于打开一个表。工作区号通常用数字来表示，对于前 10 个工作区还可以用字母 A~J 中的一个表示；别名是指打开数据表的简写名称；执行 SELECT 0 命令，表示选择编号最小的工作区号。下面的语句在工作区 1 中打开"学生信息表"。

```
SELECT 1
USE 学生信息表
```

❑ **菜单方式**

执行【文件】|【打开】命令，也可以在工作区中打开数据表。

同样，关闭工作区中打开的表也有多种方法。从【数据工作期】对话框中选择要关闭的数据表，单击【关闭】按钮，关闭打开的数据表；或者在【命令】窗口中输入 USE 命令来关闭表。

技巧

如果需要关闭指定工作区的数据表，使用 USE 命令的 IN 子句来实现。例如，关闭学生信息表。

USE IN 学生信息表

2．使用表的别名

表的别名是用来引用工作区中数据表的，当打开一个数据表时，系统将自动以表名作为默认的别名，这样就可以使用别名来标识打开的数据表，并在使用数据表的命令或函数中使用别名。同时，别名也可以用来标识打开数据表的工作区。

除了系统默认的别名外，在打开一个数据表时，也可以自定义一个表的别名。

格式：

```
USE <数据表名> [IN <工作区号>] ALIAS <别名>
```

为数据表设置别名，使用别名时可以当作数据表名使用，如以下命令。

```
USE 学生信息表 IN 1 ALIAS 信息
```

为"学生信息表"指定了别名"信息"。而在【数据工作期】对话框中可以看到打开的数据表，如图 4-36 所示。

一个数据表的别名最多可以有 254 个字符，并且别名必须是由一个字母或下划线字符开始，后面是由字母、数字和下划线组成的标识符。

如果引用工作区中数据表的字段时，则在字段名前加上要引用数据表所在的工作区别名，用"."或者"->"连接起来即可。

图 4-36　打开的数据表

4.4.2　表之间的临时关系

在使用多个数据表时，如果移动一个数据表中的记录指针时，其他相关表中的记录指针能自动调整到对应的位置上，则说明表之间相关联。

由于一个数据表的记录指针移动而导致与它相关表中记录指针移动的表称为父表，与之相关联的表则称为子表。为了实现这样的自动调整，在 Visual FoxPro 中提供了在父表与子表间建立关联的方式即临时关系。通常，在父表和子表间建立关联有以下两种方法。

1.【数据工作期】对话框

利用【数据工作期】对话框建立关联。例如，为"学生信息表"和"成绩表"建立关联，在【数据工作期】对话框中，选择表别名为"学生信息表"的数据表，单击【关系】按钮，将"学生信息表"添加到【关系】列表框中，如图 4-37 所示。

再选择别名为"成绩表"，弹出如图 4-38 所示的对话框，选择"学号"索引。单击【确定】按钮，此时在弹出表达式生成器，在表达式生成器中设置表之间所对应的字段。

图 4-37　创建关系

图 4-38　设置索引

再选择别名为"成绩表",弹出如图4-38所示对话框,选择"学号"索引。单击【确定】按钮,在弹出的【表达式生成器】对话框中显示表之间所对应的字段,单击【确定】按钮,在【数据工作期】窗口中可以显示出两个表之间临时关系,如图4-39所示。

2. 使用 SET RELATION 命令

该命令用于在当前数据表和一个指定表之间通过它们共同的字段建立关联。为了使表间能顺序建立关联关系,需要在共同字段或者关联表达式上对这两个表使用索引,"关键字表达式"必须是两表中都具有的字段。

格式:

```
SET RELATION TO <关键字表达式/数值表达式>
INTO<工作区号/别名>[ADDITIVE]
```

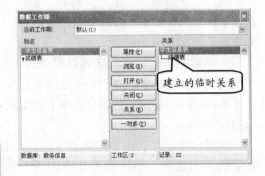

图 4-39　建立关联

按照指定的<关键字表达式>或<数值表达式>的值,将当前工作区的主表与另一工作区的<别名>表建立临时关系。例如,将"学生信息表"与"成绩表"建立关系的命令如下。

```
USE 成绩表 IN 1 ORDER 学号
USE 学生信息表 IN 2 ORDER 学号
SELECT 2
SET RELATION TO 学号 INTO 成绩表 ADDITIVE
```

3. 创建一对多关系

在 Visual FoxPro 中,实用的关联关系有一对一和一对多两种。为了实现一对一和一对多的关系,在父表中一般采用主索引类型,而在子表中则根据关联类型可以选择主索引或者普通索引。

例如,在上面的例子中建立一对多关系。单击【一对多】按钮,在弹出的对话框中,选择 Child aliases 列表框中的"成绩表"选项,将其添加到 Selected aliases 列表框中,这样,这两个表之间就建立了一对多关系,如图4-40所示。这样,当"学生信息表"中的记录指针移动时,相对应的"成绩表"的记录指针也随之变动,如图4-41所示。

图 4-40　建立一对多关系

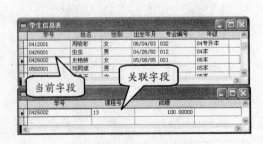

图 4-41　一对多关系

技 巧

使用命令 SET SKIP 也可以建立一对多关系，例如上面的例子可以这样写，SET SKIP TO 成绩表，其结果和利用窗口设置一样。

当临时关系不再需要时可以取消，即在【数据工作期】对话框中，选择需要关闭的数据表，单击【关闭】按钮，关系随之取消；或者在退出 Visual FoxPro 时所有临时关系也被取消。也可以在【命令】窗口中使用 SET RELATION TO 命令，取消所选的临时关系。

4.5 扩展练习

1. 使用命令创建数据表

数据表是数据库中重要的组成部分。创建数据表有很多方法，利用命令创建是比较简单和实用的方法。例如，创建一个名为"教师信息表"的数据表，如图 4-42 所示，在【命令】窗口中输入"CREATE 教师信息表"语句。

此时，弹出【表设计器】对话框，选择【字段】选项卡，在【字段】文本框中设置需要的字段名称，如教师编号。其他字段设置如表 4-1 所示。单击【确定】按钮，即可创建一个数据表。

图 4-42 【命令】窗口

表 4-1 字段设置

字段	类型	宽度	小数位数	索引	NULL
教师编号	字符型	10	无	升序	否
教师姓名	字符型	20	无	无	否
性别	字符型	4	无	无	否
年龄	数值型	3	0	无	否
职称	字符型	30	无	无	否
所属院系	字符型	30	无	无	否
电话	字符型	20	无	无	否

2. 建立索引

创建完数据表之后，在输入数据记录时，常常按照数据来源的先后顺序输入，这样在浏览数据表时，其排列顺序也会按输入时的顺序显示。按照这样的方式显示出来的数据，不便于用户查找需要的信息。如果使用索引，数据表就能按照索引的规则进行排列，这样可以大大方便用户的使用。

在创建索引之前，打开需要建立索引的数据表，如"图书信息表"，然后执行【显示】|【表设计器】命令，选择【表设计器】中的【索引】选项卡。

在其中的【索引】文本框中输入索引名"书号";在【类型】下拉列表框中选择"主索引"选项;在【表达式】文本框中输入"书号";在下面的【索引】文本框中输入"类别编号",类型为【普通索引】,表达式为"类别编号",在其后的【排序】下拉列表框中选择 Pinyin 选项,如图 4-43 所示。

然后,执行【显示】|【浏览"图书信息表"】命令,打开【浏览】窗口,接着执行【表】|【属性】命令,在弹出的【工作区属性】对话框的【索引顺序】下拉列表框中选择"书号"选项,如图 4-44 所示。单击【确定】按钮,即可对记录进行排序。

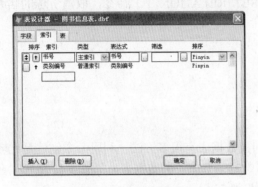

图 4-43　设置索引字段

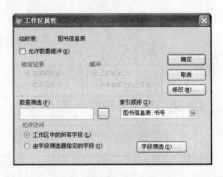

图 4-44　对记录进行排序

列表框中，如图 5-3 所示。

在弹出的对话框中设置查询条件，如查询出 1985 年后出生的学生信息，则在 Field 下拉列表框中选择"学生信息表.出生年月"字段；在 Operator 下拉列表框中选择 More than 选项，该选项等于 ">" 运算符；在 Value 文本框中输入 "{^1985-01-01}" 日期，如图 5-4 所示。

单击 Next 按钮，弹出排序字段向导对话框。从左侧列表中选择进行排序的字段，如【学号】，单击 Add 按钮，添加至 Selected fields 列表中。再选择 Ascending 单选按钮进行升序排列，如图 5-5 所示。

提示

> 如果在 Selected fields 列表中有多个字段，那么查询结果将先依据第一字段排序，如果第一字段相同，再按第二字段排序。

单击 Next 按钮，在弹出的对话框中可以设置记录的输出范围，也可以限制查询结果中的记录数，如图 5-6 所示。

提示

> Percent of records 单选按钮指定在 Portion Value 文本框中输入的数字代表记录的百分比。Number of records 单选按钮用于指定在 Portion Value 文本框中输入的数字所代表的记录数。

单击 Next 按钮，在弹出的完成对话框中选择单击 Finish 按钮后要执行的操作，如图 5-7 所示。

在弹出的【另存为】对话框中输入查询的名称并选择保存路径，单击【保存】按钮运行该查询，如图 5-8 所示为查询的结果。

提示

> 在 Query Wizard 对话框中，可以选择 Select an option and click Finish 中的任一选项，如 Save query（指保存查询）、Save query and run it（指保存后运行）或者 Save query and modify it in the Query Designer（指保存后在查询设计器中设置）。

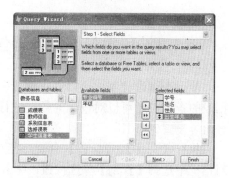

图 5-3　选择字段

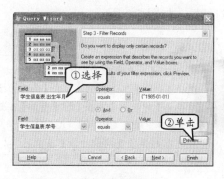

图 5-4　设置条件

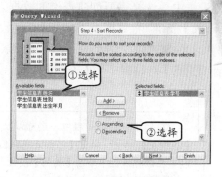

图 5-5　设置显示顺序

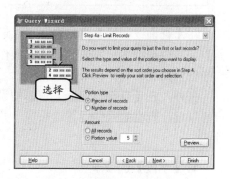

图 5-6　设置记录输出范围

5.1.3 利用查询设计器创建查询

使用查询设计器，可以创建基于多个相连接的数据表的查询，还可以对查询的数据进行筛选、排序、分组等设置。

执行【文件】|【新建】命令，在弹出的【新建】对话框中选择【查询】单选按钮，单击【新建】按钮，打开【查询设计器】窗口以及叠加的【添加表或视图】对话框，如图5-9所示。

> **提示**
>
> 在【项目管理器】对话框的【数据】选项卡下选择【查询】单选按钮，单击【新建】按钮，在【新建查询】对话框中单击【新建查询】按钮，或在【命令】窗口中输入 CREATE QUERY 命令后按回车键，也可以打开【查询设计器】窗口。

在【添加表或视图】对话框的【数据库中的表】列表框中，选择需要创建查询的数据表或视图，单击【添加】按钮，将数据表添加到【查询设计器】窗口中。例如，添加"学生信息表"和"成绩表"，单击【添加表或视图】对话框中的【关闭】按钮，如图5-10所示。

> **提示**
>
> 在创建查询的过程中，还可以执行【查询】|【添加表】命令，弹出【添加表或视图】对话框。
>
> 在该对话框中单击【其他】按钮，可以添加其他数据库的数据表或自由表。

在【查询设计器】窗口中，可以通过【查询设计器】工具栏帮助用户完成对查询的操作，其中按钮的详细信息如表5-1所示。

另外，在【查询设计器】窗口的设计区域中，用户可以设计查询的一些设置选项等，共包含有6个选项卡。

1.【字段】选项卡

在该选项卡中，用户可以添加需要在查询结果表中显示的字段内容。所添加的字段必须从用户添加的数据表中选择，如在【可用字段】

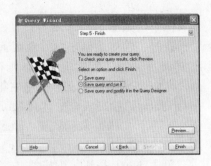

图 5-7　完成操作

图 5-8　查询的结果

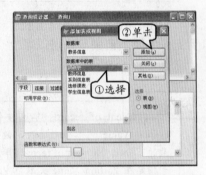

图 5-9　【查询设计器】窗口和
　　　　【添加表或视图】对话框

图 5-10　所添加的数据表

列表框中，分别选择【学号】、【姓名】和【成绩】字段，分别单击【添加】按钮，将其添加到【已选择字段】列表框中，如图 5-11 所示。

表 5-1　工具栏按钮的详细信息

图标	名称	作用
	添加表	弹出【添加表或视图】对话框，向查询中添加数据表
	移除表	从查询中移去指定的数据表
	添加连接	弹出 Join Condition 对话框，增加连接
	显示 SQL 窗口	显示 SQL 窗口，可以编辑 SQL 命令
	最大化表观察窗口	只显示数据表结构，不显示查询设计器的选项卡
	查询去向	可以将查询结果发送到不同的输出目的地

提 示

在【可用字段】列表框中，列表项末尾带有 "*" 字符的，表示该选择代表一个表。

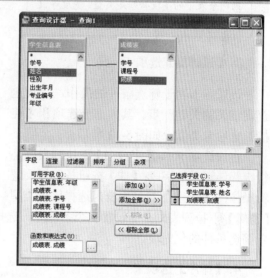

图 5-11　字段设置

2.【连接】选项卡

该选项卡用于设置查询的数据表之间的连接类型或条件。例如，对列表中的对应数据表的对应字段和操作符进行设置，如图 5-12 所示。

其中，在【左侧的表】和【右侧的表】下拉列表框中，分别选择需要进行连接的字段。然后，再在【连接类型】下拉列表框中选择字段之间连接的类型，并设置其他参数内容。

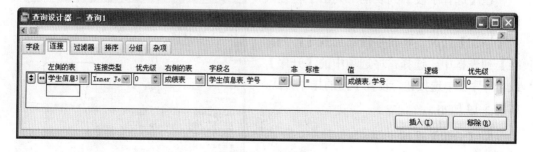

图 5-12　连接设置

在【查询设计器】窗口中，字段之间的连接类型包含多种，其详细内容如表 5-2 所示。

表 5-2　连接类型

连接类型	说明
Inner Join 内部连接	仅检索出匹配连接条件的记录。内部连接是最常用的连接类型
Left outer Join 左外连接	检索出匹配条件的记录或连接条件左侧数据表中的不匹配记录
Right outer Join 右外连接	检索出匹配条件的记录或连接条件右侧数据表中的不匹配记录
Full Join 完全连接	检索出所有记录，无论是否匹配连接条件
Cross Join 交叉连接	检索出左侧数据表中与右侧数据表中每个都匹配的记录

提 示

如果两个数据表之间要建立连接，则两个表中的字段必须是类型、宽度等设置均一样的。

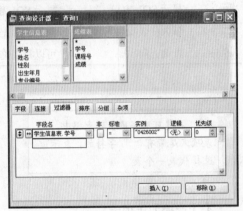

图 5-13　筛选设置

3.【过滤器】选项卡

该选项卡用于筛选条件的操作，是决定查询结果的关键一步。其大部分选项和【连接】选项卡类似，如图 5-13 所示。

在该选项卡中，【字段名】下拉列表框是指定筛选记录的字段；【非】按钮是取相反逻辑操作；【标准】下拉列表框是选择比较类型；【实例】选项主要是用来指定比较的条件；【逻辑】下拉列表框是当设置多个条件时，选择条件的逻辑关系；【优先级】选项用来设置筛选条件的优先级。

4.【排序】选项卡

该选项卡用来设置查询结果的排序字段，该字段必须是【字段】选项卡中指定输出的字段，这样才能作为排序的关键字段。

在【选择字段】列表框中列出了将在查询结果中出现的字段，选定某一字段后，单击【添加】按钮，将该字段添加到【排列标准】列表框中。选择排序选项中的【升序】或【降序】单选按钮，设置字段的排序方式，如图 5-14 所示。

5.【分组】选项卡

该选项卡可指定将查询结果分组的字段。分组实际上是将某个字段中具有相同值的多个记录作为一组，计算成一个结果记录，

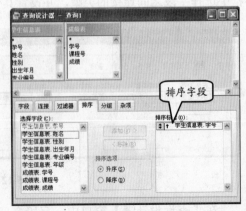

图 5-14　排序设置

通常是与聚合函数 SUM、AVG、COUNT 等结合使用，完成基于一组记录的计算，如图 5-15 所示。

单击【所有】按钮，在弹出的如图 5-16 所示的对话框中可以设置分组的选择条件，同样可以建立多个条件。

6.【杂项】选项卡

该选项卡可以指定是否对重复记录进行查询，是否对输出的记录进行限制，还可以输出记录的最多个数和最大百分比等，如图 5-17 所示。

其中，启用【不要副本】复选框，则禁止重复记录；而启用【强制连接】复选框，将强制建立数据表之间的连接关系。

单击【交叉列表】按钮，设置数据表连接类型为"交叉连接"；单击【报表】按钮，弹出输出报表的设置对话框；而单击【标签】按钮，则弹出输出标签的对话框。

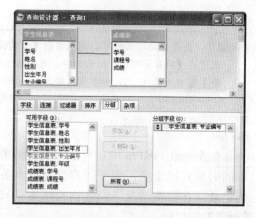

图 5-15 分组设置

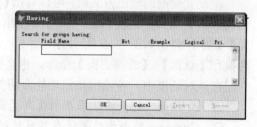

图 5-16 Having 对话框

5.1.4 使用查询

在创建完查询后，用户可以根据实际情况，指定查询结果的输出方式、运行查询以及定制查询等。

1. 运行查询

在【查询设计器】窗口中，设置查询选项后，可以执行【查询】|【运行查询】命令，或者单击工具栏上的【运行】按钮![]，查看查询结果，如图 5-18 所示。

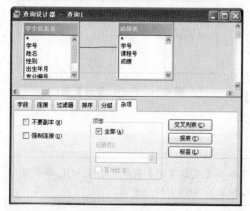

图 5-17 杂项设置

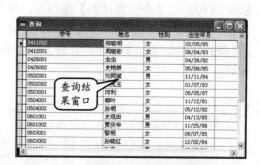

图 5-18 查询结果

2．设置输出方式

在 Visual FoxPro 中，可以将查询结果以不同的形式输出来，便于用户查询符合条件的记录。在默认情况下，查询的结果显示在【浏览】窗口中。

在设置查询的输出方式时，可以右击【查询设计器】窗口中的空白处，执行【输出设置】命令，弹出如图 5-19 所示的对话框；或者执行【查询】|【查询去向】命令，也会弹出该对话框。

图 5-19　设置查询的输出形式

在该对话框中，各输出按钮功能介绍如下。

- ❑ **Browse**　将查询结果显示在浏览窗口中。
- ❑ **Cursor**　将查询结果保存在只读的临时表中。
- ❑ **Table**　将查询结果以数据表的形式显示。
- ❑ **Screen**　将查询结果直接显示在主窗口或当前活动窗口中。

3．修改查询

如果需要修改查询，可以在【项目管理器】对话框中选择需要修改的查询，单击【修改】按钮，打开【查询设计器】窗口，对该查询进行修改。修改完成后，单击【保存】按钮，或者直接关闭该窗口，将弹出提示信息，单击【是】按钮，保存修改结果，如图 5-20 所示。

图 5-20　确认对话框

4．【SQL 查询】窗口

在创建查询时，可以查看查询中所用到的SQL 语句。在【查询设计器】窗口中，单击工具栏中的【显示 SQL 语句】按钮，或者执行【查询】|【查看 SQL】命令，打开【SQL 查询】窗口，如图 5-21 所示。

图 5-21　【SQL 查询】窗口

5．添加查询注释

如果创建的查询较多时，为了让用户了解该查询的目的和结果，可以为每个查询设置注释，来帮助用户正确使用查询。即打开【查询设计器】窗口，执行【查询】|【备注】命令，弹出【备注】对话框，在对话框中输入所需要的注释即可，如图 5-22 所示。

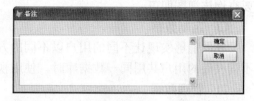

图 5-22 【备注】对话框

5.2 创建视图

使用查询可以很方便地从数据表中检索出所需的数据，但不能修改所查出的结果。如果既要查询又要修改数据，可以使用视图来实现。

5.2.1 视图的概念

视图是数据库的一部分，与数据库表有很多相似的地方。视图是一个虚拟表，其中存放的不是数据内容，而是数据表的定义。视图与数据表有着相同的特性，如给字段设置标题等。

在 Visual FoxPro 中，有两种类型的视图：本地视图和远程视图。本地视图能够更新存放在本地计算机上的数据表，远程视图能够更新存放在远程服务器上的数据表。

视图是从一个或多个数据表或其他视图中导出的数据表，其结构和数据是建立在查询基础上的，它与查询的区别如表 5-3 所示。

表 5-3 视图与查询的区别

功能	查询	视图
数据来源	查询的数据源可以是本地表或视图	视图的数据源不仅包括查询所使用的，还可以是远程数据源
文件功能	查询是一个独立于数据库的文件	视图是数据库的一部分
引用数据	查询只能输出结果，不可引用	视图可以作为数据源被引用
更新数据	查询得到的结果，不可以更改	视图可以更新字段内容并返回源数据表
访问方式	查询可以通过打开或使用【命令】窗口来访问	视图只能以打开方式访问
输出格式	查询可以作为数据表、报表、标签等多种格式输出	视图只能作为数据表来使用

视图所对应的数据并不存储在数据库中，而是存储在视图所引用的数据表中。通过视图看到的数据只是存放在所引用的数据表中的数据。对视图的操作与对表的操作相同，可以对其进行查询、修改、删除等。

当通过视图对数据进行修改时，相应的数据表的数据也会发生变化，同时，若相关数据表的数据发生变化时，则这种变化也自动地反映到视图中。因此，视图有以下优点。

❑ **操作简化**

视图简化了用户对数据的直接操作。因为在创建视图时，如果视图本身就是一个复杂查询的结果集，这样在每一次执行相同的查询时，不必重新创建这样复杂的查询，只要查询该视图即可。

❑ **定制数据**

视图能够实现让不同的用户以不同的方式看到不同或相同的记录。因此，当有许多不同权限的用户共用同一数据库时，使用视图有利于其管理和维护。

❑ **管理数据**

当数据表中的数据过多时，数据表结构的变化对应用程序会产生不良的影响。这时，使用视图就可以重新保持原有的结构关系，从而使其结构保持不变，原有的应用程序仍可以通过视图来获取数据。

❑ **安全性**

视图可以作为一种安全机制。通过视图只能查看和修改所显示的数据，而对于其他数据库或数据表既不可见也无法访问。如果想要访问视图的结果集，必须有其访问权限。视图所引用数据表的访问权限与视图权限的设置互不影响。

●--- 5.2.2 创建本地视图 ---

创建本地视图可以利用视图向导来完成，也可以在【视图设计器】窗口中完成。创建本地视图和创建查询的过程非常类似。

1. 使用向导创建本地视图

执行【文件】|【新建】命令，在弹出的【新建】对话框中选择【视图】单选按钮，单击【向导】按钮。

或者，打开【数据库设计器】窗口，执行【数据库】|【新建本地视图】命令。弹出【新建本地视图】对话框，如图 5-23 所示。在该对话框中，单击【视图向导】按钮，即弹出【本地视图向导】对话框，如图 5-24 所示。

使用【本地视图向导】对话框创建视图与使用向导创建查询步骤类似，用户可以参照使用向导创建查询对视图向导进行设置。

2. 使用【视图设计器】窗口创建本地视图

使用【视图设计器】窗口可以创建更新数据的视图，打开【视图设计器】窗口和打开视图向导类似。例如，执行【文件】|【新建】命令，在弹出的【新建】对话框中选择【视图】单选按钮，单击【新建】按钮，即打开【视图设

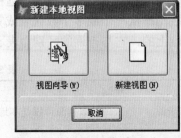

图 5-23 【新建本地视图】对话框

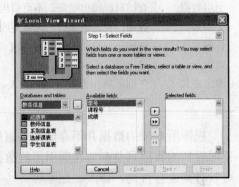

图 5-24 【本地视图向导】对话框

计器】窗口以及叠加的【添加表或视图】对话框，如图 5-25 所示。通过【添加表或视图】
对话框，可以向视图设计器中添加需要的数据表或其他视图。

在【视图设计器】窗口中，可以看到该设计器与【查询设计器】窗口的选项卡在功
能上比较相似，比【查询设计器】多了一个【更新条件】选项卡，如图 5-26 所示。

图 5-25 【视图设计器】窗口和【添加表或视图】对话框　　　图 5-26 【更新条件】选项卡

该选项卡可以为视图中的记录设置更新参数，并将更新的数据返回给源数据表。该
选项卡中的各选项的说明如表 5-4 所示。

表 5-4 【更新条件】选项卡

选项	说明
Table 下拉列表框	指定视图所使用的哪些表可以修改。此列表中所显示的表包含了【字段】选项卡中【已选择字段】列表框中的字段
Reset Key 按钮	指定从每个数据表中选择主关键字作为视图的关键字
Update All 按钮	选择除了关键字以外的所有字段来进行更新
Send SQL updates 复选框	指定是否将视图记录中的修改值传送给源数据表
Field name 列表	显示所选的、用来输出即可更新的字段
钥匙符号列和铅笔符号列	分别指定该字段是否为关键字段和指定该字段是否可编辑，即前面打上对号
Key fields only 单选按钮	如果在源数据表中有一个关键字被改变，设置 WHERE 子句来检测冲突。对于由另一用户对表中原始记录的其他字段所做的修改则不进行比较
Key and updatable fields 单选按钮	如果另一用户修改了任何可更新的字段，设置 WHERE 子句来检测冲突
Key and modified fields 单选按钮	如果从视图首次检索以后，关键字或源数据表记录的已修改字段中某个字段做过修改，设置 WHERE 子句来检测冲突
Key and timestamp 单选按钮	如果自源数据表记录的时间戳首次检索以后，它被修改过，设置 WHERE 子句来检测冲突。只有当远程数据源有时间戳列时，此选项才有效
SQL DELETE then INSERT 单选按钮	指定删除源数据表记录，并创建一个在视图中被修改的记录
SQL UPDATE 单选按钮	用视图字段中的变化来修改原始表的字段

> **提 示**
>
> 使用 CREATE VIEW 命令也可打开【视图设计器】窗口。

● 5.2.3 创建远程视图

当需要使用其他数据源时，可以创建远程视图。要创建远程视图，首先要创建一个连接。连接是在 Visual FoxPro 数据库中定义和保存对远程数据源的连接，以便创建和使用远程视图时引用连接的名称。

1. 创建连接

要创建连接，可以在【项目管理器】对话框的【数据】选项卡中，选择【连接】选项，单击【新建】按钮，打开【连接设计器】窗口，如图 5-27 所示。

在该窗口的【数据源】下拉列表框中，选择数据源类型，并设置用户名、密码和远程数据库名称。例如，连接一个 Access 数据库，在【数据源】下拉列表框中选择 MS ACCESS DATABASE 选项，单击【验证连接】按钮，弹出【选择数据库】对话框，选择一个 Access 数据库，如图 5-28 所示。

此时，弹出连接成功提示信息框。关闭并设置连接名称，将连接保存到数据库即可。

2. 创建远程视图

在创建完数据源或连接之后，可以使用【项目管理器】对话框创建远程视图。选择【项目管理器】对话框中的【数据】选项卡，选择【远程视图】选项，单击【新建】按钮，弹出【选择连接或数据源】对话框，如图 5-29 所示。

在该对话框中，选择已创建的连接，单击【确定】按钮，打开【视图设计器】窗口以及叠加的【打开】对话框，如图 5-30 所示。

使用设计器创建远程视图与创建本地视图的方法一样，即向【视图设计器】窗口

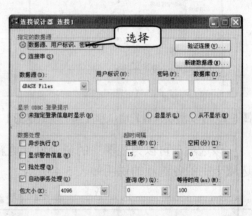

图 5-27 【连接设计器】窗口

图 5-28 【选择数据库】对话框

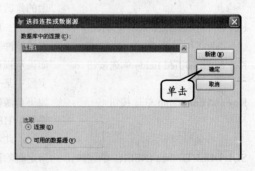

图 5-29 【选择连接或数据源】对话框

中添加数据表。在【字段】选项卡中选择输出的字段；在【连接】选项卡中设置表之间的关系；在【筛选】选项卡中设置输出的条件；在【排序依据】选项卡中设置记录的排序；在【分组依据】中设置分组字段；在【更新条件】选项卡中设置更新字段；在【杂项】选项卡中设置显示输出的方式和限制输出的记录。

利用向导创建远程视图，可执行【文件】|【新建】命令，选择【远程视图】单选按钮后，单击【向导】按钮，弹出【远程视图向导】对话框，如图 5-31 所示。

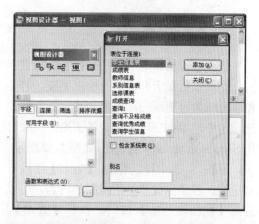

图 5-30 【视图设计器】对话框和【打开】对话框

在向导对话框中可以选择使+用数据源或连接的方式，来设置连接远程数据库的连接类型。其他设置和用向导创建本地视图相同。

提 示

除了使用向导和设计器来创建远程视图外，还可以在【命令】窗口中输入"CREATE SQL VIEW<视图名称>REMOTE"语句来创建远程视图。

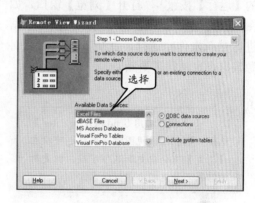

图 5-31 【远程视图向导】对话框

3. 使用命令创建视图

在 Visual FoxPro 的【命令】窗口中可以输入以下命令创建视图。

格式：

```
CREATE SQL VIEW <视图名称> [REMOTE]
[CONNECTION <连接名称> [SHARE] | CONNECTION <数据源名>]
[AS <SQL 语句>]
```

其中，REMOTE 将创建一个远程视图；CONNECTION 则在打开视图时，指定一个之前定义的连接名或一个现有的数据源连接；AS 是为视图指定一条 SELECT-SQL 语句。

例如，创建远程视图，使用名为"远程连接"的连接，其命令如下：

```
CREATE SQL VIEW 查询视图 REMOTE CONNECTION 远程连接
```

5.2.4 使用视图

创建完视图后，就可以运行视图，并使用视图来更新数据以及对视图进行设置。

1. 设置可更新字段

视图可以更新所引用的数据表的指定字段，也可以更新所有选定的输出字段。若要使字段成为可更新的，需要在【更新条件】选项卡中，单击字段名旁边的☑按钮，并启用 Send SQL updates 复选框，如图 5-32 所示。

从图 5-32 中可以看出，【姓名】字段可被更新。若要浏览和更新视图的内容，可以打开【视图设计器】窗口，执行【查询】|【运行查询】命令或单击【常用】工具栏中的【运行】按钮!，打开【浏览】窗口，如图 5-33 所示，在该窗口中可以直接对数据进行更新操作。这样，在更新的同时，对源数据表也进行了更新。

提示

如果没有启用 Send SQL updates 复选框，则在运行视图时，虽然也可以在【浏览】窗口中更新这个字段，但更新的结果不会返回给源数据表。

2. 定制视图

通过设置视图中的有关选项，可以使视图的操作更加灵活。可以在运行视图时，动态地输出数据，即提示输入参数，根据输入的参数来筛选源数据表。设置视图参数，可以在【视图设计器】窗口的【筛选】选项卡中的【实例】文本框中输入一个问号和参数名。例如，根据姓名来查询该学生的成绩，在该文本框中输入"?姓名"，如图 5-34 所示。

除了设置参数外，还可以对视图使用数据库提供给数据表的一些特殊功能。例如，设置字段显示标题、注释或控制数据输入的有效性规则等。要设置这些功能，可以选择【视图设计器】窗口中的【字段】选项卡，并在 Selected fields 下拉列表框中选择需要设置的字段，单击【属性】按钮，在弹出如图 5-35 所示的对话框中可以对字

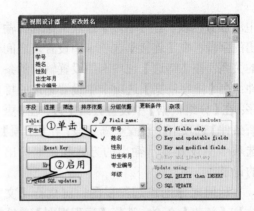

图 5-32　设置更新字段

图 5-33　显示结果

图 5-34　带参数的视图

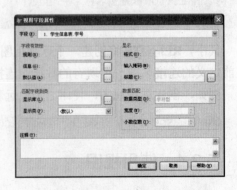

图 5-35　【视图字段属性】对话框

段进行设置，设置方法与表设计器中的设置方法相同。

5.3 扩展练习

1．创建交叉表查询

使用查询向导除了可以创建一般查询外，还可以创建交叉表查询，下面利用向导创建一个交叉表查询。可以执行【工具】|【向导】|【查询】命令，在弹出如图 5-36 所示的对话框中选择"交叉表向导"选项，单击【确定】按钮，弹出【交叉表向导】对话框，如图 5-37 所示。

在该对话框中，选择需要查询的字段，单击 Next 按钮，弹出【交叉表布局】对话框。在该对话框中，右侧空白区分别代表交叉表的列、行和数据内容。可以选择 Available Fields 列表框中的字段名，拖至右侧的列、行或数据空白区域，如图 5-38 所示，把字段拖放到合适的位置上。此时，空白区域中将显示出该字段的名称，如图 5-39 所示。

单击 Next 按钮，弹出如图 5-40 所示的对话框，设置字段汇总、求和。在这里可以为查询添加运算的结果，系统默认为求和运算。设置完成后，最后弹出【完成】对话框，在该对话框中可以单击 Preview 按钮预览查询的结果，如图 5-41 所示。单击 Finish 按钮将弹出【另存为】对话框，在该对话框中设置保存位置和文件名称，即保存该查询。

2．创建远程视图

利用远程视图可以获取远程计算机上的数据，下面通过向导创建一个远程视图。与创建交叉表查询类似，执行【工具】|【向导】|【查询】命令，弹出【向导选择】对话框，在该对话框中选择"远程视图向导"选项，单击【确定】按钮，弹出【远程视图向导】对话框，如图 5-42 所示。在该对话框中选择

图 5-36 【向导选择】对话框

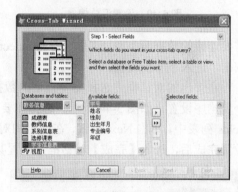

图 5-37 【交叉表向导】对话框

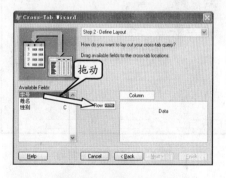

图 5-38 设置交叉表布局

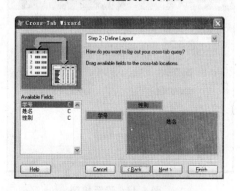

图 5-39 设置好的布局

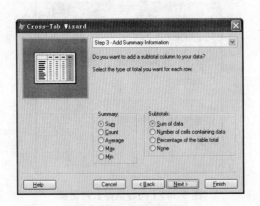

图 5-40　设置汇总信息

学号	男	女	Count
0411002	.NULL.	郑晓明	1
0412001	.NULL.	周晓彬	1
0426001	虫虫	.NULL.	1
0426002	.NULL.	史艳娇	1
0502001	刘同斌	.NULL.	1
0502002	.NULL.	吴兆玉	1
0503001	.NULL.	何利	1
0504001	.NULL.	柳叶	1
0504002	.NULL.	孙明	1
0601001	史观田	.NULL.	1
0601002	贾庆华	.NULL.	1
0603001	.NULL.	黎明	1
0603002	.NULL.	孙晓红	1
0605001	孙盛	.NULL.	1
0606001	高升鹏	.NULL.	1
0606002	王洪	.NULL.	1
0701001	薛万潮	.NULL.	1
0703001	刘志国	.NULL.	1
0705001	王田林	.NULL.	1
0705002	李斯	.NULL.	1
0705003	.NULL.	高飞	1
0708004	麦克	.NULL.	1

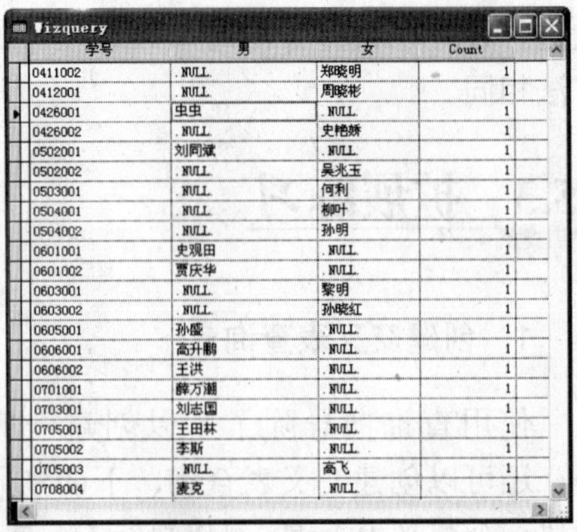

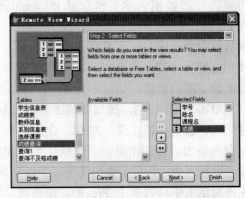

图 5-41　预览查询的结果

需要连接的数据源类型。这里选择 Connections 单选按钮，选择已创建的连接，单击 Next 按钮，进入下一步设置。

在弹出的对话框中选择需要查询的数据表字段或查询，如图 5-43 所示，然后进行下一步排序设置，如图 5-44 所示。选择需要排序的字段，单击 Add 按钮，添加到 Selected fields 列表中，单击 Next 按钮，在弹出的对话框中设置筛选记录的条件，如图 5-45 所示。设置完成后，进入【完成】对话框，设置其视图名称，单击【确定】按钮，保存该视图。

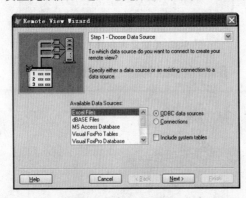

图 5-42　远程视图向导

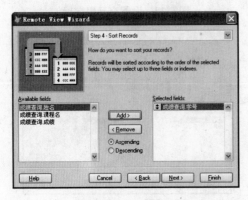

图 5-43　选择字段或查询

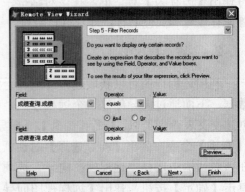

图 5-44　设置排序

图 5-45　设置筛选条件

第6章 结构化查询语言

内容摘要 |Abstract

在前面的章节中，已经介绍了数据库查询及视图的功能。除此之外，Visual FoxPro 还支持 SQL（即结构化查询语言）进行查询，从而使得查询更加方便、快捷。

对于用户来说，在查询中使用 SQL 语句，可以完成查询向导或查询设计器难以完成的查询，如嵌套查询，条件查询等。同样，SQL 不仅可以更改数据表的结构，还可以对数据表的内容进行操作，使其符合用户的要求，而且通过 SQL 语句还可以对数据进行计算或汇总。

本章主要介绍运用 SQL 语句对数据表或数据进行的操作。通过学习本章，掌握在 Visual FoxPro 中 SQL 的使用。

学习目标 |Objective

- ➢ 数据定义
- ➢ 数据操纵
- ➢ 数据基本查询
- ➢ 数据高级查询

6.1 SQL 语言概述

SQL（Structured Query Language）语言是数据库系统的通用语言，它只利用一些简单的关键字（如 SELECT、UPDATE、DELETE 等）来完成对数据表结构的定义或者操作数据表内容。例如，利用 SELECT 语句可以对数据进行查询操作，使得操作数据库变得更加容易和快捷。

6.1.1 SQL 语言的特点

SQL 语言最早是 IBM 的圣约瑟研究实验室为其关系数据库管理系统 SYSTEM R 开发的一种查询语言。由于它具有功能丰富、使用方便灵活、语言简捷易学等突出的优点，所以，自从 IBM 公司 1981 年推出 SQL 语言以来，它得到了广泛的应用。除了 Visual FoxPro 外，像 Oracle、Sybase、Informix、SQL Server 等一些大型的数据库管理系统都支持 SQL 语言作为查询语言。

SQL 语言之所以得到广泛的应用，与其特点密不可分，主要包括以下几点。

- ❑ SQL 是一种一体化的语言，它包括了数据定义（DDL）（如 CREATE、DROP、ALTER 等语句）、数据操纵（DML）（如 INSERT、UPDATE、DELETE 语句）、数据查询（如 SELECT 语句）和数据控制（如 GRANT、REVOKE 等语句）。

- SQL 是一种高度非过程化的语言，它没有必要告诉计算机"如何"去做，而只需要描述清楚用户想要"做什么"，SQL 语言就可以将要求交给系统，自动完成工作。

- SQL 语言非常简捷。虽然 SQL 语言功能很强，但它只有为数不多的几条指令。另外，SQL 语言也非常简单，它很接近英语自然语言，容易学习和掌握。

- SQL 语言不仅可以以命令方式直接交互使用，即用户可以在数据库管理系统中输入 SQL 命令来操作数据库，也可以嵌入到程序设计语言中使用。此外，尽管 SQL 的使用方式不同，但 SQL 语言的语法基本是一致的，为用户在使用的过程中提供了极大的灵活性与方便性。

Visual FoxPro 在 SQL 方面支持数据定义、数据查询和数据操纵功能，但在具体实现方面存在一定的差异。另外，由于 Visual FoxPro 自身在安全控制方面的缺陷，所以它不支持数据控制功能。

6.1.2 SELECT 查询语句

SQL 的查询语句主要使用 SELECT 关键字，从一个或更多的表中返回记录行。

格式：

```
SELECT [ALL | DISTINCT][TOP<数值表达式>[PERCENT]]<检索项>[,...]
FROM [FORCE]<表名>[,...]
[[<连接类型>]JOIN<数据库名称>!]<表名>[[AS]<别名>]
[ON<连接条件>[AND|OR[<连接条件>]|<筛选条件>]...]
[WITH (BUFFERING=<逻辑数据类型>)]
[WHERE<连接条件>|<筛选条件>[AND|OR<连接条件>|<筛选条件>]...]
[GROUP BY<列名>[,...]][HAVING<筛选条件>[AND|OR...]]
[UNION [ALL] SELECT 语句]
[ORDER BY<排序项>[ASC|DESC][,...]]
[INTO<目的地>|TO<文件名>]
[PREFERENCE <浏览名称>][NOCONSOLE][PLAIN][NOWAIT]
```

其中，SELECT 命令中各个参数值的含义如下。

- **ALL** 用来指定输出查询结果的所有行；DISTINCT 用来指定消除输出结果中的重复行；TOP <数值表达式>和 PERCENT <检索项>用来指定输出的行数或行数百分比，默认为 ALL。

- **FROM <表名>** 指明要查询的数据来自哪个表或哪些表。如果来自多个表，则表名之间要用逗号分开。

- **[WHERE<连接条件>|<筛选条件>[AND|OR<连接条件>|<筛选条件>]...]** 用来指定查询的筛选条件。如果是多表查询，则还可以在此指定表之间的连接条件。

- **GROUP BY<列名>** 指明对查询结果进行分组输出。其中使用 HAVING 子句用来指定每一个分组应满足的条件。

- **ORDER BY<排序项>** 指明对查询结果进行排序后输出。其中 ASC 为升序，DESC 为降序，默认为升序。

- **INTO<目的地>** 指明查询结果的输出目的地。例如，INTO ARRAY 表示输出到数组；INTO CURSOR 表示输出到临时游标中；INTO DBF 或 INTO TABLE 表示输出到数据表。默认输出到名为"查询"的浏览窗口。
- **TO FILE** 指定将结果输出到指定的文件。TO PRINTER 指定将结果输出到打印机；TO SCREEN 指定将结果输出到屏幕。

使用 SELECT-SQL 命令可以实现对表的选择、投影和连接这 3 种关系的操作，SELECT 短语对应投影操作，WHERE 短语对应选择操作，而 FROM 和 WHERE 配合则对应连接操作。因而用 SELECT-SQL 命令可以实现对数据库的任何查询要求。

6.2 数据表定义

SQL 语言是一个综合的、通用的、功能极强的关系数据库语言，它的数据定义功能包括数据库定义、数据表定义、视图定义等。下面主要介绍 SQL 语言对数据表结构的创建与修改功能。

6.2.1 表的定义

在前面的章节中介绍了通过表设计器创建数据表和修改数据表结构的方法，除了这种方法之外，用户还可以利用 SQL 语言的 CREATE TABLE 命令来创建表结构。

格式：

```
CREATE TABLE | DBF<表名 1>[NAME<长表名>][FREE]
(<字段名><字段类型>[(字段宽度[,小数位数])]
[NULL]|[NOT NULL]
[CHECK<逻辑表达式 1>，[ERROR<文本信息 1>]]
[DEFAULT<表达式 1>]
[PRIMARY KEY|UNIQUE]
[REFERENCES<表名 2>[TAG<标识名 1>]]
[NOCPTRANS]
[,<字段名 2>]
[,PRIMARY KEY<表达式 2>TAG<标识名 2>
[,UNIQUE<表达式 3>TAG<标识名 3>]
[,FOREIGN KEY<表达式 4>TAG<标识名 4>[NODUP]
REFERENCES<表名 3>[TAG<标识名 5>]]
[,CHECK<逻辑表达式 2>[ERROR<文本信息 2>]])
|FROM ARRAY<数组名>
```

其中，该命令包含的各个参数的含义如下。

- **PRIMARY KEY<表达式 2>TAG<标识名 2>** 设置数据表的主索引。
- **CHECK<逻辑表达式 1>，[ERROR<文本信息 1>** 设置约束及出错提示信息。
- **DEFAULT<表达式 1>** 定义默认值。
- **FOREIGN KEY<表达式 4>TAG<标识名 4>和 REFERENCES<表名 3>[TAG<标识名 5>]** 设置数据表之间的关系。

103

同样，利用"CREATE DATABASE <数据库名称>"语句可以创建数据库。

例如，创建一个"图书销售"数据库，在【命令】窗口中可以输入如下语句。

```
CREATE DATABASE 图书销售
```

然后，再使用 CREATE 命令创建数据表，如创建"进货人员表"，它包含有整型的【员工 ID】字段、字符型 20 位的【员工姓名】、整型的【年龄】、字符型 4 位的【性别】和字符型 12 位的【联系方式】，其中【员工 ID】字段取值范围在 1～999 之间，并且为主索引，代码如下：

```
CREATE TABLE 进货人员表(员工 ID I CHECK(员工 ID>=1 AND 员工 ID<=999);
ERROR "员工 id 取值范围在 1-999 之间!" PRIMARY KEY,;
员工姓名 C(20),年龄 I,性别 C(4),联系方式 C(12))
```

除了利用该命令创建数据表外，还可以设置数据表之间的关系。例如，创建一个"进书表"，包括字符型 10 位的【书号】、货币型的【进书单价】、日期型的【进书日期】、数值型的【数量】、整型的【进货员编号】，其中，【书号】为主索引，设置【进书单价】字段的约束必须是大于 0 的整数，【进书日期】默认为系统日期，并且以【进货员编号】与"进货人员表"中的【员工 ID】主索引建立关系，代码如下：

```
CREATE TABLE 进书表(书号 C(10) PRIMARY KEY,;
进书单价 Y CHECK (进书单价>0) ERROR "单价必须大于零",;
进书日期 D DEFAULT DATE(),;
数量 N(10) CHECK (数量>0) ERROR "数量必须大于零",;
进货员编号 I,;
FOREIGN KEY 进货员编号 TAG 员工 ID REFERENCES 进货人员表)
```

在以上所创建数据表的命令执行完毕后，可以在【数据库设计器】窗口中看到如图 6-1 所示的结果，从中不仅可以看到创建的数据表，同时还可以看到所创建的数据表间建立的关系。

除了上述例子中用到的关键字外，在 CREATE TABLE 语句中还包含有其他经常使用的参数。其参数的详细含义如下。

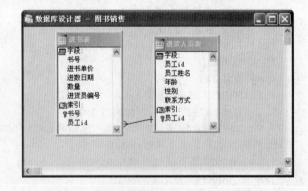

图 6-1　创建的数据库和数据表及表间关系

❑ **NAME<长表名>** 为创建的数据表指定一个长表名。

❑ **FREE** 创建自由表。

❑ **NULL 或 NOT NULL** 设置字段是否为空值。

❑ **NOCPTRANS** 用来禁止转换为其他代码页，仅用于字符型或备注型字段。

❑ **UNIQUE<表达式 3>TAG<标识名 3>** 创建候选索引。

❑ **FROM ARRAY <数组名>** 用指定的数组内容创建数据表。

> **提 示**
>
> 在使用 CREATE 命令创建数据表时，系统将自动在最低可用工作区中打开，并可以通过别名引用。而在创建自由表时，很多关键字在命令中不能使用，如 NAME、CHECK、DEFAULT、FOREIGN KEY、PRIMARY KEY 等，这些关键字只有在创建数据库表时可以使用。

6.2.2 表结构的修改

通过 SQL 语句同样也可以修改数据表结构，即 ALTER TABLE 语句。

1. 修改字段

使用 ALTER TABLE 命令可以添加新字段或修改已有的字段。

格式：

```
ALTER TABLE<表名 1> ADD|ALTER [COLUMN] <字段名 1>
<字段类型>[(<字段宽度>[,<小数位数>])]][NULL|NOT NULL][CHECK <表达式 1>[ERROR
<文本信息 1>]]
[AUTOINC[NEXTVALUE<下一个值> [STEP <步长>]]] [DEFAULT <表达式 1>]
[PRIMARY KEY | UNIQUE [COLLATE <序列>]]
[REFERENCES <表名 2> [TAG 标识名 1]] [NOCPTRANS] [NOVALIDATE]
```

其中，各个参数的功能含义如下。

- ❑ **ADD 或 ALTER [COLUMN] <字段名 1>** 指定要添加或修改的字段名。
- ❑ **AUTOINC[NEXTVALUE<下一个值>]** 启用字段的自动增量，其范围是–2 147 483 647～2 147 483 647 之间的整型值，默认值为 1。
- ❑ **STEP<步长>** 指定字段的增量值，其范围是 1～255 之间的非零正整数，默认值为 1。
- ❑ **COLLATE <序列>** 指定一个非默认设置 MACHINE 的比较序列。
- ❑ **NOVALIDATE** 指定在修改表的结构时不受数据表中数据完整性的约束。

例如，在"图书销售"数据库中，将"进货人员表"中增加一个【家庭住址】字段，并设置其不允许为空，语句如下：

```
ALTER TABLE 进货人员表 ADD 家庭住址 C(50) NOT NULL
```

从格式中可以看出，这里只能对字段进行修改，即重新定义字段的所有内容，而不能单独修改字段的有效性规则、错误信息、默认值、主索引及关系等，必须重复给出。如果只需要修改字段的某项属性，可以使用下面的命令格式来修改。

2. 设置字段属性

这种格式主要用于定义、修改或删除字段的有效性规则和默认值等属性。

格式：

```
ALTER TABLE<表名 1>ALTER[COLUMN]<字段名 2>
```

```
[NULL][NOT NULL]
[SET DEFAULT<表达式 2>]
[SET CHECK<逻辑表达式 2>EERROR<文本信息 2>]]
[DROP DEFAULT]
[DROP CHECK]
[NOVALIDATE]
```

其中包含的各个参数的含义如下。

- **SET DEFAULT<表达式 2>** 用于定义或修改字段的默认值。

- **SET CHECK<逻辑表达式 2>EE-RROR<文本信息 2>]** 定义或修改字段的有效性规则和出错提示信息。

- **DROP DEFAULT 和 DROP CHECK** 用于删除字段的默认值和有效性规则。

例如，设置"进货人员表"的【员工姓名】的有效性规则，如图6-2所示。

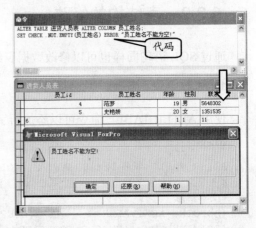

图 6-2　设置有效性规则

输入代码如下：

```
ALTER TABLE 进货人员表 ALTER COLUMN 员工姓名;
SET CHECK .NOT.EMPTY(员工姓名) ERROR "员工姓名不能为空!"
```

3．设置索引

指定数据表中的字段，设置或删除字段的约束条件，增加或删除主索引、候选索引、外索引，以及对字段重新命名等。

格式：

```
ALTER TABLE <表名1> [DROP [COLUMN] <字段 3>]
[SET CHECK<逻辑表达式 3>[ERROR<文本信息 3>]]
[DROP CHECK]
[ADD PRIMARY KEY<表达式 3>[FOR <表达式 4>] TAG <标识名 2>
[COLLATE 序列]]
[DROP PRIMARY KEY]
[ADD UNIQUE<表达式 4>[[FOR<表达式 5>] TAG <标识名 3>
[COLLATE <序列>]]]
[DROP UNIQUE TAG <标识名 4>]
[ADD FOREIGN KEY [<表达式 5>] [FOR<表达式 6>] TAG<标识名 4>
REFERENCES<标识名 4>[TAG<标识名 4>][COLLATE<序列>]
REFERENCES<表名 2>[TAG<标识名 5>]]
[DROP FOREIGN KEY TAG<标识名 6>[SAVE]]
[RENAME COLUMN<字段名 4>TO<字段名 5>]
[NOVALIDATE]
```

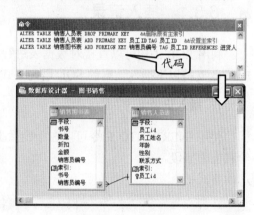

其中，各个参数的含义如下。

❑ 对于自由表而言，只能使用 DROP 删除指定的字段，以及用 RENAME COLUMN 对字段重新命名，其他短语只能应用于数据库表。

❑ **ADD PRIMARY KEY <表达式 3>[FOR <表达式 4>] TAG <标识名 2>** 用来为该数据表建立主索引，而 DROP PRIMARY KEY 用来删除该数据表的主索引。

❑ **ADD UNIQUE<表达式 4>[[FOR<表达式 5>] TAG <标识名 3>** 用来为该数据表建立候选索引，而 DROP UNIQUE TAG 用来删除指定的候选索引。

❑ **ADD FOREIGN KEY <表达式 5>] [FOR<表达式 6>] TAG<标识名 4>** 用来定义两个数据表之间的关系。

❑ **DROP FOREIGN KEY TAG <标识名 6>** 用来删除两个数据表之间的关系。

❑ **NOVALIDATE** 指明在修改表结构时允许违反数据完整性规则。省略此参数则禁止违反数据完整性规则。

在创建数据表时，包含一个主索引字段，但是在实际使用中，如果该字段不适合作为主索引，则可以将其删除。例如，在"销售人员表"中删除原有的主索引，并可以将【员工 ID】字段设置为主索引，同时可以与"销售图书表"建立关系，如图 6-3 所示。

输入代码如下：

图 6-3 建立关系

```
ALTER TABLE 销售人员表 DROP PRIMARY KEY    &&删除原有主索引
ALTER TABLE 销售人员表 ADD PRIMARY KEY 员工 ID TAG 员工 ID    &&设置主索引
ALTER TABLE 销售图书表 ADD FOREIGN KEY 销售员编号 TAG 员工 ID REFERENCES 进货
人员表    &&与"销售图书表"建立关系
```

从以上各种格式的 ALTER TABLE 语句的例子中可以看出，用 SQL 可以很方便地修改数据表的结构，它的使用要比在表设计器中进行修改便捷得多。

4．数据表的删除

除了可以用 SQL 语句创建和定义数据表外，也可以使用语句来删除已创建的数据表。
格式：

```
DROP TABLE <表名>
```

DROP TABLE 语句是直接从磁盘上删除指定的数据表。
例如，删除"图书销售"数据库中的"进书表"，输入代码如下：

```
OPEN DATABASE 图书销售    &&打开数据库
DROP TABLE 进书表    &&删除进书表
```

> **提　示**
>
> 　　如果删除的是数据库表，应注意在打开相应数据库的情况下进行删除，否则本命令仅删除数据表本身，而该数据表在数据库中的信息并没有被删除，从而造成对该数据库操作的失败。

6.3　数据操纵

SQL 语言的数据操纵功能主要包括对数据表中记录的插入、更新和删除，对应的 SQL 语句分别为 INSERT-SQL、UPDATE-SQL 和 DELETE-SQL。

6.3.1　插入记录

利用 SQL 语句可以直接对数据表进行插入数据的操作，以方便用户的使用。Visual FoxPro 支持以下插入数据的 SQL 语句格式。

1．插入记录

使用 INERT INTO 命令可以在指定数据表的尾部插入一条新记录，并将指定的值赋给相应的字段。

格式：

```
INSERT INTO <表名> [(字段名 1[,字段名 2,...])] VALUES (表达式 1[,表达式 2,...])
```

在 VALUES 短语后各表达式的值即为插入记录的具体值。各表达式的类型、宽度和先后顺序要与指定的各字段相对应，并且当插入一条记录的所有字段时，表名后的各字段名可以省略，但插入的数据必须与表的结构完全吻合，即数据类型、宽度和先后顺序必须一致。若只插入某些字段的数据，则必须列出插入数据对应的字段名。

例如，利用 INSERT 命令向"进书表"中插入一条记录。

```
INSERT INTO 进书表 VALUES ("A001",10,{^2008/08/08},10,1)
```

其中，插入日期型字段时的格式必须符合输入日期格式。如果数据表中的【进货员编号】字段尚未确定，那么只插入其他字段的值，可以改写如下：

```
INSERT INTO 进书表(书号,进书单价,进书日期,数量);
VALUES("A001",10,{^2008/08/08},10)
```

2．通过变量插入记录

这种格式是将数组元素内容、内存变量或对象属性插入到数据表中相匹配的字段。

格式：

```
INSERT INTO<表名>FROM ARRAY<数组名> | FROM MEMVAR | FROM NAME<对象名>
```

FROM ARRAY 短语是用指定的一维数组元素值作为插入记录的数据，而 FROM MEMVAR 短语是用同名的内存变量值作为插入记录的数据。如果同名的内存变量不存在，则对应的字段为默认值或空。**FROM NAME** 短语指插入包含对象属性值的新记录，插入时对象属性名与数据表中的字段名必须匹配。

例如，先创建一个数组，并赋予其值，然后将此数组的值作为新记录插入到"进货人员表"中。

```
DIMENSION a(5)
a(1)=1
a(2)='史艳娇'
a(3)=23
a(4)='女'
a(5)='15536229'
INSERT INTO 进货人员表 FROM ARRAY a
```

从上例中可以看出，使用插入数组可以很方便地添加记录。同样，使用内存变量也可以达到同样的效果。上面的例子还可以这样写，首先创建与字段名相同的内存变量，然后插入到"进货人员表"中。

```
LOCAL 员工 ID,员工姓名,年龄,性别,联系方式
员工 ID=1
员工姓名='史艳娇'
年龄=23
性别='女'
联系方式='15536229'
INSERT INTO 进货人员表 FROM MEMVAR
```

3. 查询方式插入记录

INSERT INTO 语句还可以和 **SELECT** 语句一起使用，这样不仅可以将查询出的数据插入到指定的数据表中，而且还可以对要插入的数据进行筛选。

在插入时应注意，两个数据表之间的字段和数据类型必须匹配，否则查询出的数据不能插入到数据表中。

格式：

```
INSERT INTO 表名 [(字段名 1[,字段名
2,...])]
SELECT <SELECT 子句> [UNION <UNION
子句> SELECT <SELECT 子句>...]
```

即将 **SELECT** 语句的返回值插入到数据表中的指定字段。例如，创建一个和"进货人员表"表结构一样的 tmp 数据表，将"进货人员表"的记录插入到 tmp 表中，如图 6-4 所示是显示的效果。

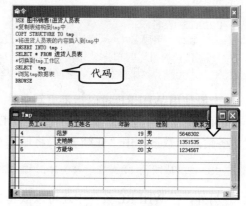

图 6-4 显示效果

其详细代码如下：

```
*打开进货人员表
USE 图书销售!进货人员表
```

基础篇

```
*复制表结构到 tmp 中
COPY STRUCTURE TO tmp
*将进货人员表的内容插入到 tmp 中
INSERT INTO tmp ;
    SELECT * FROM 进货人员表
*切换到 tmp 工作区
SELECT  tmp
*浏览 tmp 数据表
BROWSE
```

执行后可以看到,"进货人员表"中的所有记录添加到 tmp 表中了。

提示

当数据表定义了主索引或候选索引后,不能使用 APPEND 或 INSERT 等命令来插入记录。因为主索引或候选索引字段不允许为空,而 APPEND 或 INSERT 等命令是先插入空记录然后再赋值,所以对这样的数据表进行插入操作时,只能用 INSERT-SQL 语句。

6.3.2 更新、删除记录

使用 SQL 语句,除了可以插入记录外,还可以更新或删除数据表中的记录,即使用 UPDATE 或 DELETE 语句,可以很方便地对数据表中的记录进行操作。

1. 更新记录

在前面章节中介绍过在【浏览】窗口中对数据表中的记录进行更新,但是如果需要更新大量的记录时,这种方法就显得不适用了。此时,用户可以利用 UPDATE 语句,快速更新所需的记录。

格式:

```
UPDATE<表名>
    SET<字段名 1>=<表达式 1>[,<字段名 2=<表达式 2>...]
    [FROM [FORCE]<数据表>[[,...]|[JOIN[<数据表>]]]
    [WHERE  <逻辑表达式 1>[AND|OR<逻辑表达式 2>...]]
```

一般使用 WHERE 短语指定更新条件,以更新满足条件的一些记录的字段值,并且一次可以更新多个字段。如果不使用 WHERE 短语,则视为更新全部记录。例如,修改"教务信息"数据库中"成绩表",将低于 60 分的学生成绩设置为 60。

```
UPDATE 成绩表 SET 成绩=60 WHERE 成绩<60
```

另外,在 WHERE 条件中还可以嵌套 SELECT 子句,即通过相关数据表的条件来修改数据表的记录。例如,修改"成绩表"中的女同学,将成绩追加 10 分。

```
UPDATE 成绩表;
SET 成绩=成绩+10;
WHERE 学号 IN (SELECT 学号 FROM 学生信息表 WHERE  性别='女')
```

2. 删除记录

利用 SQL 语句，除了可以对数据表进行插入、更新操作之外，还可以对数据表进行删除操作，即利用 DELETE 语句来实现对数据表中记录的删除。

格式：

```
DELETE [Target] FROM [FORCE]<数据表>[[,数据表...]|[JOIN[数据表]]]
[WHERE <逻辑表达式 1> [AND | OR <逻辑表达式 2>...]]
```

这里，FROM 指定从哪个数据表中删除数据，而 FORCE 或 JOIN 短语为删除操作指定一个或多个包含数据的表。WHERE 短语用来指定被删除记录所要满足的条件，若省略，则删除所有的记录。

例如，使用 SQL 命令删除"学生信息表"中学号为"0411002"学生的信息。

```
DELETE FROM 学生信息表 WHERE 学号='0411002'
```

同样，在 WHERE 条件中也可以嵌套 SELECT 子句。例如，删除"学生信息表"中成绩小于 60 的学生信息。

```
DELETE FROM 学生信息表
    WHERE 学号 IN (SELECT 学号 FROM 成绩表 WHERE 成绩<60)
```

> **提 示**
>
> 此命令只是对要删除的记录做删除标记。在删除后，可以用 RECALL 命令去掉删除标记，若将这些记录彻底删除，可用 PACK 命令。

6.4 数据查询

SQL 语言的核心就是对数据的查询功能。SQL 语言提供的查询命令具有操作简便、功能丰富、使用灵活等特点。

6.4.1 基本查询

SQL 语句中最基本的查询莫过于查询数据表中某一字段或全部字段。例如，查询"学生信息表"中的所有记录，语句如下：

```
SELECT * FROM 学生信息表
```

或

```
SELECT * FROM 教务信息!学生信息表
```

其中，语句中出现的感叹号"!"前表示数据库名称，其后表示该数据库中的数据表，而"*"是通配符，表示数据表中所有的字段。如果一个数据表中的字段较多，使用"*"可以很方便地查看数据表中所有的数据。如果查询数据表中的某个字段，如只查询"学

基础篇

生信息表"中的【学号】、【姓名】、【出生年月】、【年级】、【专业编号】，则语句如下，如图 6-5 所示为查询的结果。

> SELECT 专业编号,姓名,出生年月,年级,
> 学号;
> FROM 学生信息表

由此可以看出，在一个查询的结果中，字段名的排列顺序与 SELECT 语句中的排列顺序是一致的。即在不指定字段名的情况下，默认显示的字段名顺序和定义表结构顺序是一致的。当然也可以改变字段的显示顺序，以方便用户的查询。

在查询的结果中，有时会出现重复的数据。例如，查询"选修课表"的【教师编号】字段时，由于教师担任的课程不止一门，所以看到有重复的教师编号，如图 6-6 所示。

上述查询的语句如下：

> SELECT 教师编号 FROM 选修课表

在 SELECT 语句中使用 DISTINCT 子句，则在显示的结果中会去除重复的数据。语句如下：

> SELECT DISTINCT 教师编号 FROM 选修课表

这样，在查询出的结果中不会出现重复的数据，如图 6-7 所示。

除了运用保留字对查询结果进行筛选外，还可以更改查询的字段名称，使用户更容易理解查询的结果。更改字段名称就要用到 AS 保留字。例如，查询"学生信息表"中【学号】、【姓名】和【出生年月】这 3个字段的学生信息，并且将字段【出生年月】更名为【日期】，如图 6-8 所示。

上述查询的语句如下：

> SELECT 学号 ,姓名,出生年月 AS 日期
> FROM 学生信息表

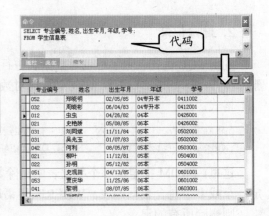

图 6-5　查询的结果

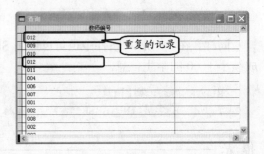

图 6-6　重复的记录

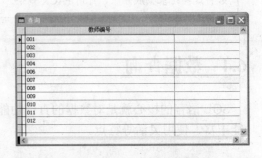

图 6-7　消除重复后的查询结果

图 6-8　查询的结果

注 意

命令中的分号（；）是 Visual FoxPro 的续行，它不是 SQL 语句的成分。

6.4.2 条件查询

在实际情况中，往往需要从数据表中挑选出满足某种条件的数据。这就要使用条件查询，即带有 WHERE 子句的查询，其中，WHERE 子语句中如果是多重条件时，应使用逻辑运算符来连接条件，对于条件为字符型常量时应加入引号。

例如，在"学生信息表"中查找出所有男学生的信息。

```
SELECT * FROM 学生信息表 WHERE 性别='男'
```

通过上面的例子可以看出，在 WHERE 子句中使用了关系运算符来筛选数据，使之满足条件后显示出查询的结果。

在查询数据表的时候，往往会碰见数据中有 NULL 值的，这时候就不能用关系运算符来作为条件了。因为 NULL 值表示不存在或是不确定，这时可以使用 IS 或是 IS NOT 关键字来筛选数据。例如，在"图书信息表"中，查询哪些书没有作者，如图 6-9 所示为查询的结果。

语句如下。

```
SELECT * FROM 图书信息表 WHERE 作者
IS NULL
```

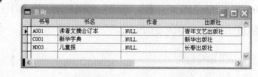

图 6-9 查询的结果

如果需要查询出条件范围内的记录，可以利用 BETWEEN…AND 来实现。例如，查询出"学生信息表"中出生年月在 1982-1983 年的学生信息，即 1982-01-01～1983-12-31 之间的学生，如图 6-10 所示为查询的结果。

图 6-10 显示的结果

语句如下。

```
SELECT * FROM 学生信息表;
WHERE 出生年月 BETWEEN {^1982-01-01} AND {^1983-12-31}
```

上述例子都是在知道条件的情况下查询的，如果知道的条件不完全或不完整。例如，在"学生信息表"中，要查询某个人的信息，但只知道学生名字中有个"王"字，那就需要使用模糊查询来实现。模糊查询就是利用通配符如"%"、"*"、"_"等来实现的查询功能。这样，使用通配符查询出该学生的信息语句如下：

```
SELECT *;
FROM 学生信息表;
WHERE 姓名 LIKE '%王%'
```

从上面的语句可以看出，使用通配符时不能用关系运算符作为条件，而是用 LIKE。

当同一查询语句中出现多个逻辑运算时，3 种逻辑运算按照 NOT、AND、OR 的顺序进行，所以在查询时加上括号以明确表示出顺序。例如：

```
SELECT *
FROM 学生信息表
WHERE (出生年月 >='1982-01-01' AND 性别='女' )AND NOT ( 学号='0411002')
```

上面查询语句的含义是，要查询出 1982-01-01 以后出生的女学生，并且她的学号不是 "0411002"。

6.4.3　排序查询

利用 ORDER BY 子句可以将查询结果进行排序输出。一般情况下，查询结果中数据的顺序是随意的。为了增强查询结果的可读性，可在 SELECT 语句中加入 ORDER BY 子句，使查询结果按照指定的顺序输出。例如，在查询"学生信息表"中的学生信息时，如果不加 ORDER BY 子句，则输出结果如图 6-11 所示。代码如下：

```
SELECT *
FROM 学生信息表
```

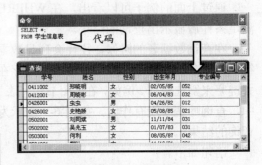

图 6-11　输出结果

如果加入 ORDER BY 子句，则输出结果如图 6-12 所示。代码如下：

```
SELECT *
FROM 学生信息表
ORDER BY 出生年月
```

在默认情况下，按照升序顺序排列（即使用 ASC 保留字）。如果需要降序排序，则要使用 DESC 保留字。例如，按照【出生年月】降序排列"学生信息表"。

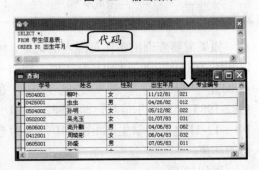

图 6-12　排序后的结果

```
SELECT *;
FROM 学生信息表;
ORDER BY 出生年月 DESC
```

ORDER BY 子句可以用字段在选择列表中的位置号代替字段名，也可以混合字段名和位置号。例如，可以将上面的例子简写为如下形式。

```
*由于字段【出生年月】在第 4 列，所以可以使用数字 4 代替该字段名
SELECT *;
FROM 学生信息表;
ORDER BY 4 DESC
```

ORDER BY 子句是对最终的查询结果进行排序,不可以在子查询中使用该短语。

6.4.4　连接查询

连接查询是一种基于多个相关联数据表的查询,数据表之间的关联通常是按照两个数据表中对应字段的共同值建立关系的。

连接查询是对多表进行的查询。例如,查询出成绩在 90 分以上的女学生信息,并按照成绩从高到低的顺序列出学生的【姓名】、【性别】和【成绩】。

这里要求查询的信息分别出自"学生信息表"和"成绩表"两个数据表,这样可以使用连接查询来实现。

```
SELECT 姓名,性别,成绩;
FROM 学生信息表, 成绩表;
WHERE 成绩>90 AND 性别='女' AND 学生信息表.学号 =成绩表.学号;
ORDER BY 成绩 DESC
```

从上例中可以看出,利用连接条件(学生信息表.学号 =成绩表.学号)将两个表关联起来进行查询。像这样的查询也可以使用以下语句来实现。

```
SELECT 姓名,性别,成绩;
FROM 学生信息表 INNER JOIN 成绩表 ON 学生信息表.学号 = 成绩表.学号;
WHERE 成绩>90 AND 性别='女';
ORDER BY 成绩 DESC
```

在查询语句中使用 INNER JOIN 短语可以实现内连接查询,即查询的数据表之间存在共有的字段值,查询的结果只包括查询的数据表中存在公共值的行。除了 INNER JOIN 短语外,还包括 LEFT、RIGHT 和 FULL 连接类型。

提 示

当对多表进行查询时,如果多个数据表含有相同的字段名时,这时需使用"."来指明字段所属的数据表,在"."前面是数据表名,后面是字段名。

在连接查询中,如果查询的数据表较多时,使用起来比较繁琐,因此,SQL 允许为数据表定义别名,其格式如下:

<表名> <别名>

例如,查询出学生的【学号】、【姓名】、【课程名】、【专业名称】、【教师姓名】、【成绩】。由于这几个字段分别在不同的数据表中,可以使用别名来代替表名进行查询,其查询结果如图 6-13 所示。

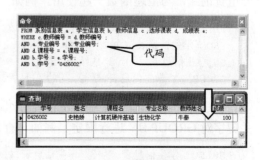

图 6-13　查询结果

115

代码如下：

```
SELECT b.学号,b.姓名,d.课程名,a.专业名称,c.教师姓名,e.成绩;
FROM 系别信息表 a , 学生信息表 b, 教师信息 c ,选修课表 d, 成绩表 e;
WHERE c.教师编号 = d.教师编号 ;
AND a.专业编号 = b.专业编号;
AND d.课程号 = e.课程号;
AND b.学号 = e.学号;
AND b.学号 = "0426002"
```

6.4.5 计算和分组查询

SELECT-SQL 命令同时支持对查询结果数据的计算，这是通过 SQL 自带的统计函数来实现的，如表 6-1 所示，给出了一些常用的函数，并对其功能进行说明。

表 6-1 函数及功能说明

函数名	功能说明	函数名	功能说明
COUNT()	计算查询结果的记录数	MIN()	计算数据最小值
SUM()	计算数据总和	LEN()	计算数据长度
AVG()	计算数据平均值	NVL()	从两个表达式中返回一个非空的值
MAX()	计算数据最大值	DBF()	返回指定工作区中打开的表名

通过这些函数的使用，可以很方便地对查询结果进行计算。例如，查询有多少学生，执行下面语句即可得到。

```
SELECT COUNT(*) AS 人数 FROM 学生信息表
```

或者查询出"军事中的机电技术"课程的总成绩和平均成绩。

```
SELECT SUM(成绩),AVG(成绩);
FROM 成绩表 JOIN 选修课表 ON 成绩表.课程号=选修课表.课程号;
WHERE 课程名='军事中的机电技术'
```

除了利用函数对查询结果进行计算外，使用 GROUP BY 子句可以进行分组查询，将查询出的结果依据数据表中某个字段的值划分为多个组后再予以显示。在实际应用中，分组查询经常与上述函数一起使用。例如，查询出每个学生的总成绩。

```
SELECT 学生信息表.学号, 学生信息表.姓名, SUM(成绩);
FROM 学生信息表 INNER JOIN 成绩表;
ON 学生信息表.学号 = 成绩表.学号;
GROUP BY 学生信息表.学号, 学生信息表.姓名
```

在进行分组查询时，某些情况需要分组满足某个条件再查询，这时就要用到 HAVING 关键字对 GROUP BY 进行限定。例如，查询平均成绩小于 80 的学生信息。

```
SELECT 学生信息表.学号, 学生信息表.姓名, AVG(成绩);
FROM 学生信息表 INNER JOIN 成绩表;
ON 学生信息表.学号 = 成绩表.学号;
```

```
GROUP BY 学生信息表.学号, 学生信息表.姓名;
HAVING AVG(成绩)<80
```

HAVING 子句总是跟在 GROUP BY 子句之后，不可以单独使用。HAVING 子句和 WHERE 子句互不矛盾，在查询中可以联合起来使用。例如，查询平均成绩小于 80 的女学生信息。

```
SELECT 学生信息表.学号, 学生信息表.姓名, AVG(成绩);
FROM 学生信息表 INNER JOIN 成绩表;
ON 学生信息表.学号 = 成绩表.学号;
WHERE 学生信息表.性别='女';
GROUP BY 学生信息表.学号, 学生信息表.姓名;
HAVING AVG(成绩)<80
```

从上例中可以看出，在查询中是先用 WHERE 子句筛选记录，然后用 GROUP BY 进行分组，最后使用 HAVING 子句筛选分组。

6.4.6 多表和嵌套查询

前面讲到连接查询可以使用多个数据表，但是数据表之间必须有相同的字段才可以进行查询。如果数据表之间没有相同的字段，可以使用 SQL 提供的 UNION 短语进行查询。利用 UNION 短语可以将两个 SELECT 语句的查询结果合并成一个查询结果，但前提是两个查询结果具有相同的字段个数，并且对应字段的数据类型也要相同。例如，查询出【年级】是 "04 本" 和 "06 本" 的学生，如图 6-14 所示为查询的结果。

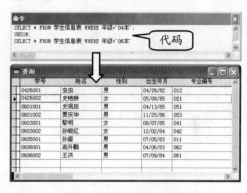

图 6-14 查询的结果

代码如下：

```
SELECT * FROM 学生信息表 WHERE 年级='04 本';
UNION;
SELECT * FROM 学生信息表 WHERE 年级='06 本'
```

利用嵌套查询可以将一个查询的结果作为另一个查询的一部分，这样实现对多个数据表同时进行查询。与连接查询相比，利用嵌套查询形成的查询语句思路更自然，更容易理解。此外，有的复杂查询条件必须利用嵌套查询才能实现。例如，查询出教师 "王华英" 所教授的学生信息。

```
SELECT * FROM 学生信息表;
WHERE 学号=(SELECT 学号 FROM 成绩 WHERE 课程号=(SELECT 课程号 FROM 选修课表;
WHERE 教师编号=(SELECT 教师编号 FROM 教师信息 WHERE 教师姓名='王华英')))
```

从上面的例子中可以看出，嵌套查询的使用其实是在一个 SELECT 语句的条件中包含多个 SELECT 语句。除了使用等号连接外，还可以使用 IN 或 EXISTS 短语。例如，查询没有成绩的学生信息。

```
SELECT * FROM 学生信息表 WHERE 学号 NOT IN (SELECT 学号 FROM 成绩表)
```

或者，也可以写成如下的代码。

```
SELECT * FROM 学生信息表 WHERE NOT exists;
(SELECT * FROM 成绩表 WHERE 学号=学生信息表.学号)
```

6.4.7 其他查询

在 SELECT-SQL 语句中，还包括以下常用的关键字，下面分别介绍它们的使用方法。

1. 使用 TOP 短语

在查询的时候，有时只需要显示前几条记录，这时就用到 TOP n [PERCENT] 短语进行查询。其中，n 为指定的数据行数。而 [PERCENT] 存在时，即 TOP n PERCENT，则 n 表示百分数，指定返回的行数等于总行数的百分之几。例如，查询学生信息表的前 10 行。

```
SELECT  TOP 10 *;
FROM 学生信息表;
ORDER BY 学号
```

如果不输入保留字 PERCENT，那么只查询前 10 行数据。然而输入 PERCENT 保留字后，其总行数为 22，它的 10% 就是 2.2，所以只显示了前 3 行的数据，如图 6-15 所示。

输入语句如下：

```
SELECT  TOP 10 PERCENT *;
FROM 学生信息表;
ORDER BY 学号
```

提示

在使用 TOP 关键字时，TOP 要与 ORDER BY 关键字同时使用才有效。

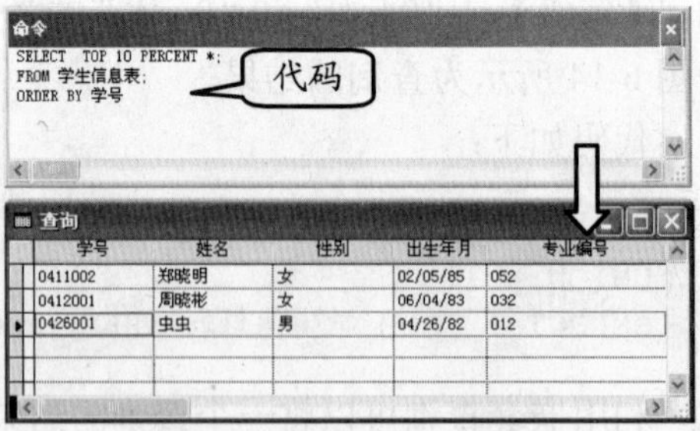

图 6-15 显示前 3 行数据

2. 使用 INTO 短语

可以使用 INTO 短语将查询的结果存放到数组、游标或另一个数据表中。例如，将"学生信息表"分别存储在数组、游标和数据表中。

```
SELECT * FROM 学生信息表 INTO ARRAY tmp    &&存储到数组中
SELECT * FROM 学生信息表 INTO CURSOR tmp   &&存储到游标中
SELECT * FROM 学生信息表 INTO TABLE tmp    &&存储到数据表中
```

3. 使用 TO 短语

使用 TO 短语可以将查询的结果以其他形式输出，即使用 TO FILE 将查询结果保存为 TXT 文件；而使用 TO PRINTER 则将查询结果输出到打印机，如果使用 PROMPT 选项，则在开始打印之前会打开"打印机设置"对话框，确认打印。

6.5 扩展练习

1. 在查询设计器中使用 SQL

在前面的章节中介绍过如何在查询设计器中设置查询，这种方法对初学者来说很方便。利用查询设计器对 SQL 的支持，用户可以直接编写 SQL 语句，并在查询器中运行，这样有利于对 SQL 的学习。

首先打开【查询设计器】窗口，执行【查询】|【查看 SQL】命令，打开 SQL 窗口，如图 6-16 所示。在 SQL 窗口中输入 SQL 语句，单击【运行】按钮 ，即可查看查询结果，与在【命令】窗口中运行的效果相同。

例如，可以在 SQL 窗口中输入以下语句，查询结果如图 6-17 所示。

```
SELECT *;
FROM ;
学生信息表
```

关闭 SQL 窗口，在【查询设计器】窗口中可以看到，系统自动将查询的内容设置完成，如图 6-18 所示。

在 SQL 窗口中，除了支持数据查询语句外，还支持数据定义、数据操纵语句。使用 SQL 窗口有助于了解和掌握 SQL 语句。

2. 存储过程

存储过程是储存在数据库（.dbc）文件中并在数据库数据上执行特定操作的 Visual FoxPro 代码，它可以帮助用户更好地维护数据库。创建存储过程需要打开"存储过程"窗口，如图 6-19 所示。

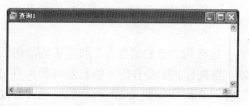

图 6-16　SQL 窗口

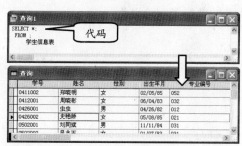

图 6-17　查询结果

图 6-18　设置完成查询的内容

图 6-19　"存储过程"窗口

可以在该窗口中添加存储过程。例如，输入以下语句：

```
PROCEDURE 删除
DELETE FROM 成绩表 WHERE 成绩表.学号
=学生信息表.学号
WAIT WINDOWS '请等待删除!!!'
```

在【命令】窗口中输入如下语句：

```
CREATE TRIGGER ON 学生信息表 FOR
DELETE AS 删除()
```

这样为"学生信息表"创建了删除触发器。当执行删除操作时，触发器将调用存储过程，会出现如图 6-20 所示的结果。在对"学生信息表"进行删除的同时，也对"成绩表"进行了删除操作。

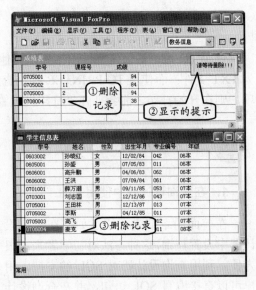

图 6-20　删除操作

第7章 结构化程序设计

 **内容摘要** | Abstract

　　现代程序设计都遵循结构化的程序设计方法，即将一个复杂的程序划分为若干个功能相对独立的程序模块，然后再将每个程序模块进一步划分为更小的子模块，每个子模块能够完成特定的功能，并由上级程序模块在需要时对其进行调用。

　　Visual FoxPro 拥有大量的交互式数据库设计与管理工具，而且还有一整套功能完善的程序语言系统以及过程程序设计和面向对象可视化编写工具。

　　本章主要介绍过程式程序设计基础知识，通过对程序设计的基本概念、结构和流程的介绍，以及自定义函数的使用和程序调试，以帮助用户创建功能强大、灵活方便的应用程序。

学习目标 | Objective

> 创建程序
> 控制结构
> 过程与自定义函数
> 程序调试

7.1 创建及执行程序

　　VFP 中的程序是通过命令来组织和处理数据、完成一些具体任务的。许多任务单靠一条命令是无法完成的，而是要执行一组命令来完成。其中，保存这些程序命令文件的扩展名为.prg。

7.1.1 程序的基本概念

　　程序是一系列有效的命令语句的组合，程序开始执行后将按照自顶向下、由外而内的方式执行语句序列。Visual FoxPro 支持过程化程序设计和面向对象程序设计这两种程序设计与开发的类型。

　　过程化程序设计是采用结构化编程语句来编写程序的。其特点是把一个复杂的程序分解为若干个较小的过程，每个过程都可进行独立调试。

　　面向对象是把构成问题事务分解成各个对象，建立对象的目的不是为了完成一个步骤，而是为了描述某个事物在整个解决问题步骤中的行为。下面是一个完整的 VFP 过程化程序。

```
*功能说明：求圆形的面积。
CLEAR
INPUT "请输入圆的半径, 半径=" TO R
S=PI()*R*R
```

```
?  "半径为"+ALLTRIM(STR(R))+"的圆，面积=",S
RETURN
```

从上面的程序可以看出，Visual FoxPro 的程序是由若干有序的命令行组成，且满足下列规则。

❑ 一个命令行内只能写一条命令，命令行的长度不得超过 2048 个字符，命令行以回车键结束。

❑ 一个命令行可以由若干个物理行组成，即一条命令在一个物理行内写不下时，可以分成几行。

❑ 为便于阅读，可以按一定的格式输入程序，即一般程序结构左对齐，而控制结构内的语句序列需要缩进。

❑ 从功能上看，程序可以分为 3 个部分。

❑ 第一部分是程序的说明部分，在本例中是注释部分，即 "*" 号后面。一般用于说明程序的功能、文件名等需要说明程序的有关信息。

❑ 第二部分是进行数据处理的部分，在本例中是从第二行开始的。通常任何一个有意义的程序总是要有一些原始数据，否则，这个程序就没有处理对象。同样，程序运行的结果也有必要显示或打印出来，否则用户将不知道程序的作用。因此，第二部分程序常包括三个部分，依次为：提供原始数据部分、数据处理部分、输出结果部分。

❑ 第三部分是程序的控制返回部分，在本例中就是最后两条命令，它控制程序返回到调用该程序的调用处。

提　示

换行的方法有两种：一种是在物理行的末尾加符号";"，表示下一行输入的内容是本行的继续；另一种是系统自动换行，即输入程序时，只管逐条命令输入，无需考虑本条语句是否超过屏幕行宽的最大限度，当输入的语句超过屏幕的最大行宽时，系统自动换行。

7.1.2　程序文件操作

程序是完成某项工作的指令的有序集合，它是人与计算机进行信息交流的语言。建立程序文件，可以方便代码的编写与修改，且可以多次运行，完成所需的工作。

1．创建程序文件

在 Visual FoxPro 中，程序文件是通过【程序编辑器】窗口来创建的，由于程序文件是以文本文件的格式进行存储的，因此也可以使用其他文本编辑软件来创建程序文件。

打开【程序编辑器】窗口，可通过在【命令】窗口中输入 MODIFY COMMAND 命令来实现，或执行【文件】|【新建】命令，然后在【新建】对话框中选择【程序】单选按钮，单击【新建】按钮也可实现，如图 7-1 所示。

此时，可以在该窗口中输入需要完成一个或者多个功能的代码。其格式及输入方法

结构化程序设计

与在【命令】窗口中输入代码的方法相同，如图 7-2 所示。

程序文件创建完成后，如果需要保存，可以按快捷键 Ctrl+W 或 Ctrl+S 来实现。

2. 编辑程序文件

如果需要对其中的代码进行修改，需重新打开【程序编辑器】窗口进行编辑修改。例如，可执行【文件】|【打开】命令，弹出【打开】对话框。然后选择【文件类型】为"程序"选项，在文件目录中选择程序文件后，单击【确定】按钮即可。

图 7-1 【程序编辑器】窗口

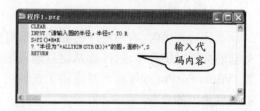

图 7-2 输入代码

 提 示

> 在【命令】窗口中输入命令，打开需要修改的程序文件，格式如下：
> MODIFY COMMAND<文件名>或 MODIFY COMMAND?，执行后弹出【打开】对话框。

3. 运行程序文件

程序创建并保存后就可以运行了，可单击工具栏上的"运行"按钮，或按快捷键 Ctrl+E 来运行程序文件。

也可以在【命令】窗口中输入命令"DO <程序名>"运行程序文件。例如，在【命令】窗口中输入命令，运行名称为"例子"的程序文件，如图 7-3 所示。

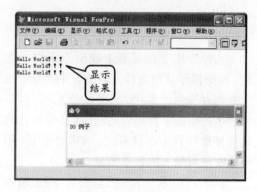

图 7-3 使用命令输出

7.1.3 常用命令

一般在【命令】窗口中执行的各种命令大多数也可以在程序文件中执行。此外，在 Visual FoxPro 的程序中通常还将用到以下一些命令。

1. 输出命令

在前面已经介绍过最简单的输出命令"？"和"？？"。除此以外，还可以使用下列命令定位指定的内容，即利用其中的命令格式选项，从而控制数据的显示方式。

格式：

```
@<行,列> SAY<表达式> [FUNCTION<功能代码>]  [PICTURE<格式代码>][SIZE 高度, 宽度][FONT<字体名称>[,<字体大小>] [STYLE <字体样式> | [COLOR SCHEME<数值表达式>|COLOR<颜色对>]
```

其中，PICTURE 和 FUNCTION 参数允许指定表达式显示的格式，FONT 参数指定显示输出的字体的名称、大小和样式，而 COLOR SCHEME 或 COLOR 表示输出字体的颜色。

例如，在主窗口的第 1 列、第 5 行位置输出字符"ABCDE"，其字体颜色为红色，而背景的颜色为灰色，宽为 10，高也为 10，如图 7-4 所示。

在【命令】窗口中输入如下代码：

```
@1,5 SAY "ABCDE" COLOR r/w SIZE
10,10
```

2. 输入命令

在运行程序时,有时程序需要接收来自外部的数据以供程序运行,如从键盘输入数据。Visual FoxPro 程序运行时提供了 3 种接收键盘输入的命令。

❑ **ACCEPT 命令**（输入字符串）
格式：

```
ACCEPT [<提示信息>] TO <内存变量>
```

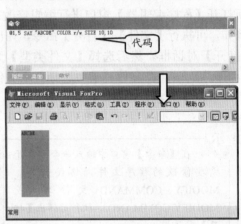

图 7-4　显示效果

该命令用于在屏幕上输出一段提示信息，根据提示从键盘输入数据，并赋值给指定的内存变量。其中，<提示信息>可以是一个字符串或字符型表达式,在命令执行时其值被原样显示在屏幕上；<内存变量>用于接收键盘输入的任务信息。

例如，利用"学生信息表"，根据输入的学生姓名来查询该学生的信息，包括学生的学号、姓名、性别、出生年月等，如图 7-5 所示。

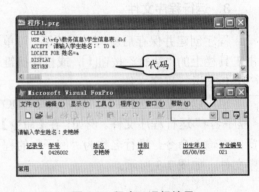

图 7-5　程序及运行结果

其详细的代码如下：

```
USE d:\vfp\教务信息\学生信息表.dbf
ACCEPT '请输入学生姓名: ' TO a
LOCATE FOR 姓名=a
DISPLAY
RETURN
```

❑ **INPUT 命令**（特定类型输入）
格式：

```
INPUT [<提示信息>] TO <内存变量>
```

该命令和 ACCEPT 类似，在屏幕上显示用户设置的提示信息，并等待用户输入表达式，再将表达式的值赋给指定的内存变量。

本命令可输入 N、C、D、L 型表达式，系统先计算表达式的值，然后将其结果赋给指定的内存变量。内存变量的类型将由所输入的表达式的类型所决定。如果输入字符串，应使用定界符括起来；如果输入日期常量，应使用花括号括起来；如果输入逻辑常量，则要用圆点括起来（.T.、.F.）。

例如，先清屏操作，再通过 SET 命令关闭显示结果（关闭人机交互），并通过 INPUT 接收数据，再输入该数据的类型，代码如下：

```
CLEAR
SET TALK OFF
INPUT '请输入常量给变量 A：' TO A
?'变量 A 的类型是：', VARTYPE(A)
```

❑ **WAIT 命令（接收一个字符）**

该命令暂停程序的运行，直到用户按任意键或单击鼠标时继续执行。

格式：

```
WAIT[<提示信息>][TO<内存变量>][WINDOW[AT <行>,<列>]]
[NOWAIT][CLEAR|NOCLEAR][TIMEOUT<数字表达式>]
```

WAIT 命令只接收一个字符。若设置了提示信息，则将显示提示信息。[WINDOW[AT <行>,<列>]]指定在 Visual FoxPro 主窗口右上角的系统消息窗口位置显示提示信息。若设置 AT 选项，则提示信息在指定坐标处显示；[NOWAIT]表示是否显示消息后立即继续运行程序；[NOCLEAR]表示是否关闭提示信息；[TIMEOUT]是设置等待时间。

例如，使用 WAIT 命令，通过其中的 WINDOW、NOWAIT 和 TIMEOUT，来区别它们之间的用法，其代码如下：

```
CLEAR
WAIT '输入数据' TO a
WAIT '输入数据' TO b WINDOW AT 4,4
WAIT '输入数据' TO c NOWAIT
WAIT '输入数据' TO d TIMEOUT 10
?a,b,c,d
```

3. SET 命令

上述程序使用 SET 命令来设置人机交互方式，而 Visual FoxPro 还可以通过该命令设置工作环境，如表 7-1 所示。

表 7-1　常用的 SET 命令

命令	作用
SET CENTURY	确定 Microsoft Visual FoxPro 是否显示日期表达式的世纪部分，以及 Visual FoxPro 指定了两位年的日期
SET CLOCK	确定 Visual FoxPro 是否显示系统时钟，并指定时钟在 Visual FoxPro 主窗口中的位置
SET COLOR SET	装入以前已定义的颜色集合
SET CONFIRM	指定用户是否可以用在文本框中输入最后一个字符的方法退出文本框
SET CURRENCY	定义货币符号，并指定货币符号在数值、货币、浮点和双精度表达式中的显示位置
SET CURSOR	确定 Visual FoxPro 等待输入时是否显示插入点

命令	作用
SET DATABASE	指定当前数据库
SET DATE	指定显示日期和日期时间表达式的格式
SET DEFAULT	指定默认磁盘和目录
SET DELETED	指定 Visual FoxPro 是否处理做了删除标记的记录，以及其他命令是否可以使用它们
SET DEVELOPMENT	使 Visual FoxPro 在运行程序时，对目标文件的编译日期和时间与程序的创建日期和时间进行比较
SET ESCAPE	确定按 Esc 键时，是否中断程序和命令的运行
SET ECHO	为正在调试的程序打开跟踪窗口。包含向后兼容性
SET HEADINGS	确定用 TYPE 显示文件内容时，是否显示字段的列标头，以及是否包含文件信息
SET PATH	指定文件搜索路径
SET TALK	确定 Visual FoxPro 是否显示命令结果
SET SAFETY	确定改写已有文件之前 Visual FoxPro 是否显示对话框，或当用表设计器或 ALTER TABLE 命令修改表结构之后，是否重新计算表或字段规则、默认值以及错误信息
SET PRINTER	允许或禁止输出定向到打印机，或发送输出到一个文件、端口或网络打印机

7.2 程序结构

结构化程序是目前普遍使用的一种编程方法，结构化程序的设计方法主要由顺序结构、分支结构、循环结构 3 种基本逻辑结构组成。采用结构化程序设计方法的程序结构清晰、易于阅读、调试和扩充，从而增加了程序设计的灵活性和可维护性。

7.2.1 顺序结构

顺序结构的程序是严格按照程序中各条语句的先后顺序依次执行的，是最基本、最常见的程序结构形式。程序中的各条命令如果不加特别的说明，将自动按其前后排列顺序执行，因而是一种顺序程序结构。例如，下面程序的执行语句就是顺序结构，如图 7-6 所示。

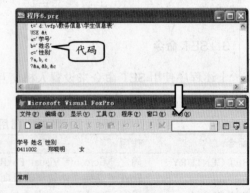

图 7-6 顺序结构

其详细代码如下：

```
t='d:\vfp\教务信息\学生信息表'
USE &t
```

```
a='学号'
b='姓名'
c='性别'
?a,b,c
?&a,&b,&c
```

7.2.2 分支结构

分支结构是在程序执行时，根据所设定条件的成立与否来决定程序的流向。在 Visual FoxPro 中，分支结构程序可分为简单分支、选择分支以及多向分支等几种不同的形式，并且各种分支结构均可自行嵌套或相互嵌套。

1. 简单分支

简单分支结构是由 IF 语句开头、以 ENDIF 语句结束的若干条语句组成。其程序流程控制格式如下：

```
IF <条件表达式>
    <语句行序列>
ENDIF
```

当执行该语句时，首先判断<条件表达式>的逻辑值，当值为真时，执行 IF 和 ENDIF 之间的语句；当值为假时，直接执行 ENDIF 后面的语句。在应用该分支语句时，应注意下列事项。

- ❏ 条件表达式可以是关系表达式、逻辑表达式或各种表达式的组合，但其值必须是逻辑值.T.或.F.。
- ❏ 其中的语句行序列可以是一条语句，也可以是若干条语句。
- ❏ IF 和 ENDIF 必须成对出现。

例如，在"成绩表"中，将学号为"0426002"学生的成绩改为 100，其详细代码如下：

```
USE 'd:\vfp\教务信息\成绩表.dbf' EXCLUSIVE
LOCATE ALL FOR 学号='0426002'
IF 成绩<>100
    REPLACE 成绩 WITH 100
ENDIF
```

修改之前该学生的成绩为 99，而修改之后该学生的成绩为 100，如图 7-7 所示。

2. 选择分支

同样，选择分支结构也是由 IF 语句开头、以 ENDIF 语句结束，但根据用户设置的条件表达式的值，来选择其中的一个语句行序列来执行。

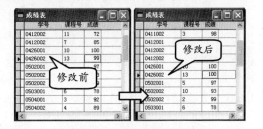

图 7-7　修改成绩前后

格式：

```
IF <条件表达式> [THEN]
    <语句行序列 1>
ELSE
    <语句行序列 2>
ENDIF
```

当执行该语句时，如果条件表达式的值为真，则执行<语句行序列 1>语句体，而跳过<语句行序列 2>语句体，然后执行 ENDIF 后面的语句。如果条件表达式的值为假，则执行<语句行序列 2>语句体，然后执行 ENDIF 后面的语句。例如，通过学生姓名查询出该学生的信息。

```
CLEAR
USE d:\vfp\教务信息\学生信息表
SELECT 学生信息表
ACCEPT  '请输入姓名: ' TO a
LOCATE FOR  姓名=a
IF NOT EOF()
    ?'学号: '+学号
    ?'姓名: '+姓名
    ?'性别: '+性别
    ELSE
        ?"查无此人"
ENDIF
RETURN
```

另外，若进行更复杂的操作时，其分支结构还可以进行嵌套。在嵌套时最重要的是分支结构层次分明。例如，对输入的任意 3 个数按从大到小的顺序输出。

```
CLEAR
SET TALK OFF
INPUT '输入数 1: ' TO a
INPUT '输入数 2: ' TO b
INPUT '输入数 3: 'TO c
MIN=a
MAX=b
IF a>b
    MIN=b
    MAX=a
ENDIF
IF MIN>C
    MIN=c
ELSE
    IF MAX<c
        MAX=c
    ENDIF
ENDIF
? MAX,a+b+c-(MIN+MAX),MIN
SET TALK ON
RETURN
```

3．多向分支

当分支嵌套的分支语句较多时，如果还使用 IF 语句，往往会引起程序结构混乱与层次不清，并使程序的可读性降低。为了解决这个问题，Visual FoxPro 中提供了多向分支结构来解决多种不同情况下的程序选择问题。

格式：

```
DO CASE
    CASE <条件表达式1>
  <语句行序列1>
    CASE<条件表达式2>
  <语句行序列2>
    CASE<条件表达式n>
  <语句行序列n>
    [OTHERWISE<语句行序列n+1>]
ENDCASE
```

当语句执行时，依次判断 CASE 后面的条件是否成立。当某个条件成立时，则执行该语句行序列，然后执行 ENDCASE 后面的语句。如果条件都不成立，则执行 OTHERWISE 与 ENDCASE 之间的语句，然后执行 ENDCASE 后面的语句。另外，多向分支语句还可以和另一个多向分支语句或其他分支语句嵌套使用。

例如，计算 F(X)函数值，其当 X<0 时，通过 2*X+1 表达式进行计算；当 0<X<1 时，通过 2+X*5 表达式进行计算；当 1<X<=10 时，通过 3*X+9 表达式进行计算；当 X>10 时，通过 X*X+10 表达式进行计算。其详细代码如下：

```
SET TALK OFF
INPUT '请输入 X 的值：' TO x
DO CASE
    CASE x<0
        F=2*x+1
    CASE 0<x AND x<1
        F=2+x*5
    CASE 1<x AND x<=10
        F=3*x+9
    CASE x>10
        F=x*x+10
ENDCASE
?'F(',X,')=',F
SET TALK ON
RETURN
```

7.2.3 循环结构

循环结构可以减少源程序重复书写的工作量，它用来描述重复执行某段算法的问题，这是程序设计中最能发挥计算机特长的程序结构。循环结构可以看成是一个条件判断语句和一个向回转向语句的组合。

1. DO 循环结构

DO 循环结构是一种循环次数不确定的语句,只要条件为真,就会重复执行语句。

格式:

```
DO WHILE <条件表达式>
     <语句行序列>
   [LOOP]
     <语句行序列>
   [EXIT]
     <语句行序列>
ENDDO
```

重复判断条件表达式的逻辑值,当其值为真时,反复执行 DO WHILE 与 ENDDO 之间的语句,直到为假时才结束。

❑ **LOOP** 该语句是特殊的循环语句,其功能是终止本次循环执行,返回到 DO WHILE 语句。

❑ **EXIT** 该语句用于强制退出循环体语句,然后执行 ENDDO 后面的语句。

LOOP 和 EXIT 都是一种特殊的语句,因此,在这两个语句前面都需要有一个条件加以限制,否则,该循环语句将毫无意义。

例如,计算 1+2+3+……+100 的值。

```
CLEAR
STORE 0 TO a,b
DO WHILE a<100
    a=a+1
    b=b+a
ENDDO
?'和为: '+STR(b,4)
RETURN
```

DO 循环语句也可以和 IF 语句嵌套使用。例如,一张 0.5mm 的纸,需要折叠多少次可以超过珠穆朗玛峰的高度(8848m)。

```
CLEAR
n=1
h=0.5
DO WHILE .T.
    h=h*2
    IF h>=8848000
        ?'需要折叠',n,'次'
        EXIT
    ENDIF
    n=n+1
ENDDO
```

2. FOR 循环结构

如果事先知道某个事件需要循环的次数，可以使用 FOR 循环结构。

格式：

```
FOR <循环变量> = <初值表达式> TO <终值表达式> [STEP <步长值>]
    <语句行序列>
    [EXIT]
    [LOOP]
ENDFOR|NEXT
```

该循环结构和 DO 循环类似，FOR 循环是在初值与终值之间的有限次循环。

❑ **<循环变量>=<初值表达式>** 用于设置初始值，循环变量也称为循环控制变量。

❑ **<终值表达式>** 当初值等于终值的时候，停止循环。

❑ **[SETP<步长值>]** 步长是描述循环速度的量，可以为正即递增，也可以为负即递减。当步长为 1 时，STEP 可以省略。

例如，输入 10 个数，自动找出其中的最小数。

```
CLEAR
INPUT '输入一个数: ' TO a
FOR i=2 TO 10
    INPUT '输入一个数: ' TO x
    IF x<a
        a=x
    ENDIF
ENDFOR
?'最小数为: '+STR(a,5)
RETURN
```

3. SCAN 循环结构

在 Visual FoxPro 中还提供了一类循环结构，该循环结构的语句往往是一个数据表中建立的循环，并对一组记录进行操作，这类循环结构就是 SCAN 循环结构。

格式：

```
SCAN[<范围>][FOR<条件表达式 1>]|WHILE[<条件表达式 2>]
    <语句行序列>
    [LOOP]
    [EXIT]
ENDSCAN
```

该语句在使用前必须打开相应的数据表。该循环的功能是：在指定的范围内，用记录指针来控制循环次数。该语句每循环一次，就自动将当前数据表的记录指针向下移动一条记录，直到移出记录范围。

例如，查询出男、女学生人数，代码如下：

```
CLEAR
```

```
USE d:\vfp\教务信息\学生信息表
SELECT 学生信息表
STORE 0 TO a
SCAN ALL FOR 性别='男'
    a=a+1
ENDSCAN
STORE 0 TO b
SCAN ALL FOR 性别='女'
    b=b+1
ENDSCAN
?'男学生人数是: '+STR(a,4)
?'女学生人数是: '+STR(b,4)
RETURN
```

4．嵌套循环

为了解决许多复杂的实际问题，有时需要一个循环结构的内部又包含有其他循环结构，这就是循环的嵌套。

前面所介绍的循环结构不仅自身可以实行嵌套，而且相互之间也可实行嵌套。在使用循环嵌套结构时应注意，循环开始语句和循环结束语句必须成对出现；内、外层循环必须层次分明，不得交叉。例如，输出九九乘法口诀表，如图7-8所示。

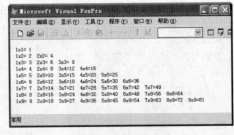

图7-8　乘法口诀表

其详细代码如下：

```
CLEAR
a=1
DO WHILE a<=9
    b=1
    ?
    DO WHILE b<=a
        ??SPACE(2)+STR(b,1)+'x'+STR(a,1)+'='+STR(a*b,2)  &&SPACE(2)输出
        两个空格
        b=b+1
    ENDDO
    a=a+1
ENDDO
RETURN
```

7.3 过程与自定义函数

在程序设计过程中，经常把完成某个特定功能的程序编写成一个单元，以便多次使用时直接调用该程序。这种为完成一个特定功能而编写的程序称为过程或自定义函数。

7.3.1 过程与过程文件

过程是一个功能相对独立的程序，它以定义过程语句开头，以返回命令结束，在使用时用户通过过程名来调用并执行。如果多个过程组合在一起，就形成了过程文件。调用执行一个过程文件的同时，其中包含的每个过程同时也会被调用执行。

1. 过程定义

过程定义的一般语法格式如下：

```
PROCEDURE  <过程名>  [<参数表>]
    <命令序列>
    [RETURN[<表达式>]]
[ENDPROC]
```

建立和编辑过程文件，其扩展名为.prg。在过程文件中的命令序列由 Visual FoxPro 的标准语句、命令以及其他部分组成。

提 示

在程序文件中，还需要经常使用下列语句。

❑ **RETURN TO MASTER** 返回最上级主程序。

❑ **CANCEL** 强制结束当前程序文件的执行。

❑ **RETRY** 将程序控制返回到调用程序，并重新执行调用命令。

❑ **QUIT** 退出 Visual FoxPro 系统。

2. 过程的调用

调用过程文件一般分为两步，首先打开过程文件，然后进行调用。例如，可以通过"SET PROCEDURE TO <过程文件名 1>[,<过程文件名 2>…] [ADDITIVE]"语句来打开指定的程序文件，并通过"DO <过程名>[WITH<参数表>]"命令调用该过程。

例如，已知 3 个过程，分别是程序 1，程序 2，程序 3，编写一个程序，分别调用这些过程。

```
DO WHILE .T.
    WAIT "请选择: (1-3)" TO a
    DO CASE
        CASE a='1'
            DO 程序1
        CASE a='2'
            DO 程序2
        CASE a='3'
            DO 程序3
    ENDCASE
ENDDO
```

7.3.2 自定义函数

在前面的章节中，对数据表记录进行筛选操作时需要使用一些聚集函数。那么，这些函数是如何实现计算操作的呢？下面介绍函数的定义及应用过程。

❑ **定义函数**

下面这个命令用户可以自定义一个函数。

格式：

```
FUNCTION <函数名>[<参数表>]
    <命令序列>
   [RETURN(表达式)]
ENDFUNC
```

例如，通过定义一个 swap 函数，将对 a 和 b 变量所赋的值在该函数中进行交换。代码如下：

```
**交换 a,b 的值
a=1
b=3
swap(@a,@b)
?"a=",a,"b=",b
**定义交换函数
FUNCTION swap(a,b)
i=a
a=b
b=i
ENDFUNC
```

❑ **接受参数命令**

这个命令是过程或函数中的参数传递语句，每个参数之间用逗号隔开。

格式：

```
PARAMETERS<参数表>
```

❑ **返回命令**

返回函数中所计算的变量值。

格式：

```
RETURN[<表达式>|TO MASTER|TO <程序名称>]
```

例如，创建 p.prg 程序文件，设置一个传递参数 a，用于接收调用该程序时所传递的值，执行后返回 a 的值。

在 p.prg 程序文件中的详细代码如下：

```
PARAMETERS a
b=1
DO WHILE a>0
        b=b*a
        a=a-1
ENDDO
RETURN a
```

执行程序，从键盘输入 M 和 N 的值，并调用 p.prg 程序文件，代码如下：

```
CLEAR
STORE 0 TO m,n
INPUT '请输入 M 的值：' to M
INPUT '请输入 N 的值：' to N
?p(m)       &&调用
?p(n)
?p(m-n)
SET TALK ON
RETURN
```

7.3.3 变量作用域

变量的作用域指的是变量在什么范围内是有效或能够被访问的。按照在程序中的范围来划分，变量作用域有以下几种类型。

1. 全局型

用 PUBLIC 命令定义全局型变量，其作用域包括全部的程序、过程和函数，以及调用的程序、过程和函数。即除了通过释放命令来释放外，全局型变量不会因为程序结束而释放。
格式：

PUBLIC <变量名>|[数组]<数组名 1>,[<表达式 1>]…)

2. 局部型

使用 PRIVATE 命令定义局部型变量，它在被定义的程序以及调用的程序、过程中有效。即程序运行完毕，局部型变量将从内存中释放。如果定义它的程序再调用其他子程序，则局部型变量在子程序中继续有效。
格式：

PRIVATE <变量名>|ALL[LIKE<表达式>|EXCEPT<表达式>]

3. 本地型

本地型变量顾名思义，即用 LOCAL 命令定义，只能在定义本地型的程序中使用，程序执行完毕后将被释放。
格式：

LOCAL <变量名>| ALL[LIKE<表达式>|EXCEPT<表达式>]

例如，定义一个全局变量 X、局部变量 Y 和本地变量 Z，分别对这几个变量赋值并显示其结果，代码如下：

```
PUBLIC x &&定义全局变量x
PRIVATE y &&定义局部变量y
*--分别对x，y，z赋值
x=1
y=1
z=1
*--调用自定义过程xyz
DO xyz
?"X=",x &&显示X=2
?"Y=",y &&显示Y=3
?"Z=",z &&显示Z=1

PROCEDURE xyz
    *--定义本地变量z
    LOCAL z
    x=2
    y=3
    z=4
RETURN
```

7.4 扩展练习

1．编写程序

利用编写的程序，可以实现很多所需的功能。下面通过编写程序来求出 5 个质数，它们之间相差 12。程序运行结果如图 7-9 所示。

在编辑器中输入的代码如下：

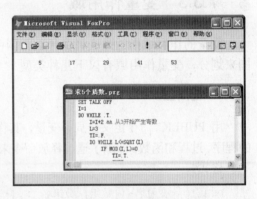

图 7-9　运行结果

```
SET TALK OFF
I=1
DO WHILE .T.
    I=I+2 && 从3开始产生奇数
    L=3
    TI=.F.
    DO WHILE L<=SQRT(I)
        IF MOD(I,L)=0
            TI=.T.
            EXIT
        ENDIF
        L=L+2
    ENDDO && 检验当前的I是否为素数
    IF TI
        LOOP
    ENDIF
    K=I && 这个I已是素数
    J=1
```

```
    DO WHILE J<=4
        K=K+12  && 检验后面 4 个数是否为素数
        L=3
        TK=.F.
        DO WHILE L<=SQRT(K)
            IF MOD(K,L)=0
                TK=.T.
                EXIT
            ENDIF
            L=L+2
        ENDDO
        IF TK
            EXIT
        ENDIF
        J=J+1
    ENDDO
    IF J>4  &&若 J<=4,则必是中途退出循环的,不符合题意
        ? I,I+12,I+12*2,I+12*3,I+12*4
        EXIT
    ENDIF
ENDDO
SET TALK ON
RETURN
```

2. 统计成绩

根据"成绩表"的成绩来统计学生的成绩,其中 90 分以上的为优秀,60~89 分的为及格,60 分以下的为不及格。程序运行结果如图 7-10 所示。

其详细代码如下:

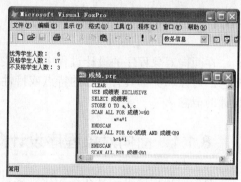

图 7-10 运行结果

```
CLEAR
USE d:\vfp\教务信息\成绩表 EXCLUSIVE
SELECT 成绩表
STORE 0 TO a,b,c
SCAN ALL FOR 成绩>=90
    a=a+1
ENDSCAN
SCAN ALL FOR 60<成绩 AND 成绩<89
    b=b+1
ENDSCAN
SCAN ALL FOR 成绩<60
    c=c+1
ENDSCAN
?'优秀学生人数: ' +STR(a,4)
?'及格学生人数: ' +STR(b,4)
?'不及格学生人数: '+STR(c,2)
```

第8章　面向对象程序设计

内容摘要 | Abstract

　　面向对象（Object Oriented，OO）是当前主流的编程思想，面向对象的概念和应用已经超越了程序设计和软件开发，扩展到更宽的范围，如数据库系统、交互式界面、应用结构、应用平台、分布式系统、网络管理结构、CAD 技术、人工智能等领域。

　　面向对象的程序设计利用人们对事物分类的自然规律，引入了类的概念，利用类使得开发应用程序变得更容易，并且大大缩短了开发的周期，提高了工作效率。

　　本章介绍 Visual FoxPro 数据库设计中的面向对象思想，引导读者掌握在 Visual FoxPro 数据库中熟练使用面向对象的设计方法。

学习目标 | Objective

> ➤ 对象与类
> ➤ 类的设计
> ➤ 对象的创建

8.1　面向对象的基本概念

　　在面向对象程序的设计过程中，最主要的概念就是对象和类以及与它们相关的一些概念。对象和类都具有自己的特点或特性。在了解对象和类之前，先了解面向对象程序设计的概念。

8.1.1　面向对象程序设计概述

　　面向对象程序设计是在结构化程序设计的基础上发展起来的，它吸取了结构化程序设计中最为精华的部分，有人称它是"被结构化了的结构化程序设计"。

　　在面向对象程序设计中，对象是构成软件系统的基本单元，并从相同类型的对象中抽象出一种新型的数据类型——类，对象只是类的实例。类的成员中不仅包含有描述类对象属性的数据，还包含有对这些数据进行处理的程序代码，即事件代码或方法代码。

1．对象

　　客观世界存在的任何实体都可以看作是一个对象。对象可以是具体的事物，也可以指某个概念。例如，一名学生、一台计算机、一张照片、一场比赛等都可以作为一个对象。在计算机的操作系统环境中，桌面、窗口、菜单、图标、对话框等也可以看作是一个个不同的对象。

　　一个对象还可以包含其他对象，这样的对象被称为容器对象。例如，一台计算机可以包含 CPU、内存、主板、硬盘等对象。同样地，在 Visual FoxPro 中，表单（窗口和对话框都是表单的特例）就是一个容器对象，不仅它自身是一个常用的用户界面对象，而且其内部的各种控件（如文本框、编辑框、列表框、单选按钮、命令按钮等）也同样是一个个不同的对象。

每个对象都有自己不同的属性，且有自己不同的行为和方法。例如在 Visual FoxPro 中，某个表单的高为 80、宽为 100、前景色为浅灰、背景色为蓝色，即为此表单的属性；该表单可以被最大化、最小化、关闭和移动等，是这个窗口所具有的行为和方法。

从面向对象编程的角度来看，对象是一个具有各种属性和方法的实体。一个对象被建立后，就可以通过该对象的属性、事件和方法来对其进行描述和操作。

2. 类

对象是可以进行分类操作的。在面向对象编程中，类可以看作是一批相似对象的归纳和抽象，或者说，类是对一批相似对象性质的描述，同一个对象具有相似的属性和方法。而对于一个具体的对象而言，只是其所属的某个类中的一个实例。例如，在现实世界中，可以将所有的电话机看作一个类，它们一般都有话筒和听筒，具有听、说和传送语音的功能，而某一部实际存在的电话机则是该类中的一个对象或实例。

在面向对象编程中，类就像是一批对象的框架或模板，用户可在它的基础上方便地生成具有该类性质的若干个对象。这些对象虽然具有相同的属性和行为方法，但它们在属性上的取值是完全不同的，并且彼此之间是相互独立的。除此之外，在某个类的基础上还可以派生出若干个子类，子类继承了其父类的所有特征并可添加自己新的特征。总之，在面向对象编程中引入类的概念，可以简化程序的设计，并大大提高程序代码的重用性。

8.1.2 对象与类的特性

每个对象都有自身唯一的标识，通过这种标识可以找到相应的对象。在对象的整个生命期中，它的标识都不改变，不同的对象不能有相同的标识。并且在面向对象程序设计的基本概念中，其包含有下列特性。

1. 封装性

封装性是保证软件部件具有优良模块性的基础。面向对象的类是封装良好的模块，类定义将其说明（用户可见的外部接口）与实现（用户不可见的内部实现）显式地分开，其内部实现按其具体定义的作用域提供保护。

对象是封装的最基本单位。封装可以防止因程序相互依赖而带来的变动影响。面向对象的封装比传统语言的封装更为清晰、有力。

2. 继承性

继承是面向对象语言提供的一种重要机制，继承使程序员能在一个比较简单的基础上很快地建立一个新类，而不必从零开始设计每个类。在现实世界中，许多实体或概念不是孤立的，它们具有共同的特征，但也有着细微的区别，人们可以用层次分类的方法

139

来描述这些实体或概念之间的相似之处和不同之处。

由于子类与父类之间存在继承性，所以在父类中所做的修改将自动反映到它所有的子类上，而无需分别去更改每个的子类，这种自动更新的能力在进行程序设计时可节省用户大量的精力和时间。例如，当为某个父类添加一个所需的新属性时，它的所有子类将同时具有该属性；同样，当修改了父类中的一个错误时，这种修改也将自动反映到它的全部子类中。

3．抽象性

对象的抽象性是与其封装性相联系的。对象内部的数据和操作已被封装为一个统一体，用户在对某个对象进行操作时，可忽略其内部的实现细节。因而，在此意义上讲，对象被抽象化了。此外，就类的概念而言，其本身就是对性质相似的一批对象的抽象。

4．多态性

从生物学角度上讲，单个有机体或同类有机体的不同特性的并发表现称为多态性。在面向对象编程中，对象的多态性不仅是指同类的对象可以有不同的属性，还可以指同类对象对于相同的触发事件可以有不同的反应动作，或对于相同的功能具有不同的实现方式等。

在面向对象的程序设计语言中，多态性允许建立一组类，它们的行为视需要而异。更进一步讲，多态性允许用一个函数名调用多个函数。如果调用一个特殊对象的一个成员函数，其调用可以产生一个结果，而如果对另一个对象的一个函数发出相同的调用，结果可能完全不同。

8.1.3　对象的属性、事件与方法

不同的对象具有不同的属性、事件与方法，可以把属性看作是对象的特征，把方法看作是对象的行为，而把事件看作是对象能识别和响应的动作。

1．属性

对象所具有的特征被称为对象的属性。Visual FoxPro 中的每个对象也都有各自不同的属性，并且允许设置或修改其属性值。

一个对象在创建之后，它的各个属性就有了默认值。在面向对象程序设计中，可以通过多种方法对某个对象的属性进行重新设置或赋值，并通过控制某个对象的属性值来操纵这个对象。除了可以在对象的【属性】对话框中为该对象设置属性值外，还可以用命令的方式为对象设置属性值。为对象设置属性的命令格式如下。

```
<引用对象>.<属性>=<属性值>
```

2．事件

对象能识别和响应的动作被称为事件。事件是一些预先定义好的特定动作，事件可由系统引发，但在多数情况下是由用户的操作引发的。当用户单击、双击或移动鼠标，或者按下某个按键时，都会引发一个对应的事件。此外，当创建或释放一个对象时、某

面向对象程序设计

个控件对象获得焦点时、计时器到达设定的时间间隔时、程序运行出现错误时，也都将产生一个对应的事件，如表 8-1 所示。

表 8-1　Visual FoxPro 中的核心事件

事件	说明	事件	说明
Load	表单或表单集载入时触发	Getfocus	对象聚焦时触发
Unload	表单或表单集关闭时触发	Lostfocus	对象失去焦点时触发
Init	创建对象时触发	Keypress	按下或释放键盘时触发
Destroy	从内存中释放对象	Mousedown	单击鼠标时触发
Click	单击对象	Mousemove	在对象上移动鼠标时触发
Dbclick	双击对象	Mouseup	鼠标离开对象时触发
Rightclick	右击对象	Mouseenter	鼠标移进对象时触发
Interactivechange	交互式改变对象的值时触发	Activate	对象激活时触发

3．方法

对象的行为或动作被称为方法，而方法程序则是与对象相关联的程序过程，是对象能够执行并完成相应任务的操作命令代码的集合。在 Visual FoxPro 中，每个对象都具有该类对象所固有的若干种方法，每一个固有的方法对应于一个内在的方法程序。

如果一个对象已经建立，就可以在应用程序的任意位置调用该对象所具有的方法，即执行该方法对应的一个过程。调用方法的命令格式与引用对象属性的命令格式相类似。

格式：

```
<引用对象>.<方法>
```

8.1.4　Visual FoxPro 中的基类

Visual FoxPro 提供了一系列基本对象类，简称基类。用户不仅可以在基类的基础上创建各类相关对象，还可以在此基础上创建用户自定义的新类，从而简化对象和类的创建过程，进而达到简化应用程序设计的目的。

Visual FoxPro 的每个基类都有自己的属性、方法和事件。当在某个基类的基础上创建用户自定义的新类时，该基类就成为自定义类的父类，自定义类同时继承了该基类的所有属性、方法和事件。Visual FoxPro 中的基类可分为控件类与容器类这两大类。

1．控件类

控件通常是指容器类对象内的一个图形化的并能与用户进行交互的对象。表单或对话框中常见的文本框、列表框和命令按钮等就是典型的控件对象。控件类对象也能容纳其他对象。在 Visual FoxPro 中，常用控件类对象的名称及其说明，如表 8-2 所示。

2．容器类

容器类对象能够包含其他对象，用户可以单独访问和处理容器类对象中所包含的任何一个对象。表单是容器类对象的一个典型例子，用户可以向表单中添加标签、文本框、列表框和各种按钮等。

表 8-2　控件类

控件	名称	说明
CheckBox	复选框	创建一个复选框
ComboBox	组合框	创建一个组合框
CommandButton	命令按钮	创建一个命令按钮
OptionButton	选项按钮	创建一个选项按钮
Label	标签	创建一个标签
EditBox	编辑框	创建一个编辑框
Image	图像	创建一个图像
Line	线条	创建一个线条
ListBox	列表框	创建一个列表框
OLEBound	OLE 绑定控件	创建一个 OLE 绑定控件
OLEContainer	OLE 容器控件	创建一个 OLE 容器控件
Shape	形状	创建一个形状
Spinner	微调按钮	创建一个微调按钮
TextBox	文本框	创建一个文本框
Timer	计时器	创建一个计时器

在一个容器类对象中有时还可以包含另一些容器对象。例如，在一个表单集中可包含多个表单，在一个表单中也可以包含一个或多个页框等。Visual FoxPro 中常用的容器类对象的名称及其可包含的对象如表 8-3 所示。

表 8-3　容器类对象的名称及其可包含的对象

容器	名称	所包含的对象
CommandGroup	命令按钮组	命令按钮
Control	控件	任意控件
Container	容器	任意控件
Column	列	表头对象等
FormSet	表单集	表单、工具栏
Form	表单	任意控件
Grid	表格	表格列
OptionGroup	选项按钮组	选项按钮
PageFrame	页框	页面
Page	页面	任意控件、容器和自定义任意对象
ProjectHook	项目	文件
ToolBar	工具栏	任意控件、容器和页框

8.2　类的设计

在需要赋予应用程序统一界面和风格的情况下，即需要为应用程序创建具有独特外观和风格的表单类或控件类时，可考虑创建用户自定义的类。例如，将特殊的背景色、图案和标记等加入到一个自定义的表单类中，然后在此基础上来创建应用程序的所有表单界面对象，以达到界面风格统一的目的。

8.2.1 创建类

可以利用 Visual FoxPro 提供的【类设计器】窗口定义新类。例如，在【项目管理器】对话框中，选择【类】选项卡，单击【新建】按钮，弹出【新建类】对话框，如图 8-1 所示。

图 8-1 【新建类】对话框

此时，在对话框中的【类名】文本框中输入类名称，如"新类"。在【派生于】下拉列表框中选择派生类的类名称。在【存储于】文本框中输入需要保存的位置，也可以单击按钮□选择保存路径。

单击【确定】按钮，打开【类设计器】窗口，如图 8-2 所示。通过单击或拖动，可以将【表单控件】工具栏中的控件添加至容器中。

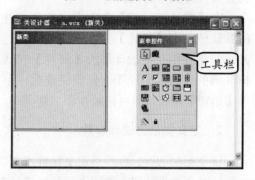

图 8-2 【类设计器】窗口

除此之外，还可以设置控件及窗口的属性，以及在【代码】窗口中输入代码。关闭【类设计器】窗口后，在【项目管理器】对话框中，将自动生成新的类名，如图 8-3 所示。

8.2.2 编辑类

在对类的设计过程中，根据需要有时会为创建的新类增加新的属性、方法或事件。

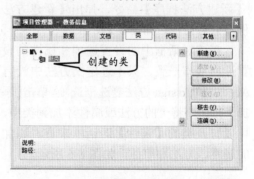

图 8-3 用户自定义类

1．定义类属性

当创建类完成后，新类就已继承了基类或父类的全部属性。为了更符合要求，可以对原有的属性进行重新定义或者增加类的新属性。

在【类设计器】窗口中，执行【类】|【新建属性】命令，弹出【新建属性】对话框，如图 8-4 所示。

在该对话框的【名字】文本框中输入新

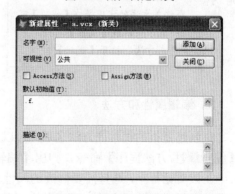

图 8-4 【新建属性】对话框

属性名；在【可视性】下拉列表框中选择属性继承的类型。其包含下列选项。

- ❑ "公共"选项　表示属性可以被子类继承，也可以被对象实例访问。
- ❑ "保护"选项　表示不能被对象实例或子类访问，但可以被其子类和该类定义中的方法程序访问。
- ❑ "隐藏"选项　表示属性不能被对象实例或子类访问、引用，只能被该类中的成员所访问。

该下拉列表框下面的【Access 方法】和【Assign 方法】复选框是指定新属性创建何种方法程序，如果属性创建了 Access 方法或 Assign 方法，则在更改或查询该属性时，就会执行方法中的代码。

在【默认初始值】文本框中指定属性的默认值，而【描述】文本框中说明属性方法，是显示在类设计器的【属性】对话框底部的方法程序说明。设置完成后，单击【添加】按钮，即可将属性添加到类中。

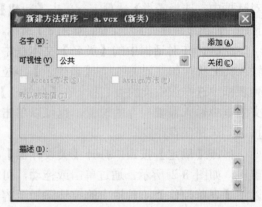

图 8-5　【新建方法程序】对话框

2．定义类的方法和事件

定义类的方法、事件与定义属性类似。例如，在【类设计器】窗口中，执行【类】|【新建方法程序】命令，弹出【新建方法程序】对话框，如图 8-5 所示。

在该对话框中的设置选项和属性的设置过程基本一致，只不过定义方法中没有 Access 和 Assign 方法复选框选项。单击【添加】按钮，将类的方法或属性添加到类中，可以打开类的【属性】对话框来查看添加的属性、方法和事件，如图 8-6 所示。

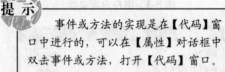

提示
　　事件或方法的实现是在【代码】窗口中进行的，可以在【属性】对话框中双击事件或方法，打开【代码】窗口。

3．编辑属性和方法

图 8-6　【属性】对话框

在创建完类的属性或方法之后，可以对新建的属性或方法进行编辑修改。执行【类】|【编辑属性/方法程序】命令，弹出【编辑属性/方法程序】对话框，如图 8-7 所示。

在该对话框中，选择需要修改的属性名称或方法名称，并在右侧进行选项设置操作。如果需要新建属性或方法，可以单击【新建属性】或【新建方法】按钮，弹出相应的对话框。

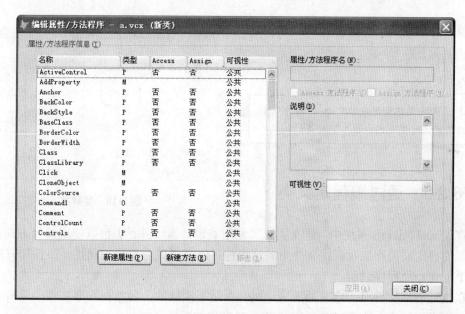

图 8-7 【编辑属性/方法程序】对话框

4．编辑类信息

除了可以编辑类的属性或方法外，还可以对类进行编辑设计。例如，执行【类】|【类信息】命令，弹出【类信息】对话框，如图 8-8 所示。

在该对话框的【类】选项卡中，可以为类指定工具栏图标和容器图标。在【说明】文本框中输入必要的文字说明。而在【成员】选项卡中列出了该类的所有成员，可以单击【修改】按钮对类进行修改，如图 8-9 所示。

5．复制类操作

将类添加到【项目管理器】对话框之后，用户可以很方便地将创建的类从一个类库复制到另一个类库。例如，在【类】选项卡中，展开类库并选择类库中需要复制的类，然后拖动该类到其他类库即可，如图 8-10 所示。

当一个类不再需要时，可以将它从该类库中删除，选择需要删除的类，然后单击【移去】按钮即可；或者通过在【命令】窗口中执行 REMOVE CLASS 命令，也可从类库中删除指定的类。

图 8-8 【类信息】对话框

图 8-9 【成员】选项卡

格式：

REMOVE CLASS AS<类名> OF<类库名>

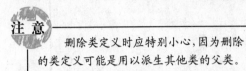

注 意

删除类定义时应特别小心，因为删除的类定义可能是用以派生其他类的父类。

图 8-10　复制类

8.2.3　通过编程定义类

在 Visual FoxPro 系统中，定义类除了使用类设计器以外，也可以使用编程方式。即将编写的自定义类存放在程序文件中，这组程序定义了该类对象的属性、事件和方法，相当于创建一个程序过程。

在执行程序文件时，定义类的这一组命令是不执行的，通常在程序文件的最后。在程序中定义类的命令为 DEFINE CLASS，其格式如下：

```
DEFINE CLASS <类名 1> AS <父类名> [OF ClassLibrary] [OLEPUBLIC]
[[PROTECTED | HIDDEN] <属性名 1>, <属性名 2> ...]
[[[.]Object.]<属性名> = <表达式> ...]
[ADD OBJECT [PROTECTED] <对象名> AS <类名 2>
[NOINIT] [WITH <属性值>]]
[IMPLEMENTS cInterfaceName [EXCLUDE] IN TypeLib|TypeLibGUID|ProgID]
[[PROTECTED|HIDDEN]FUNCTION|PROCEDURE<函数名或过程名>]
[_ACCESS | _ASSIGN]
([<参数名> | <数组名>[] [AS <类型>][@]]) [AS <类型>]
[HELPSTRING <帮助说明>] | THIS_ACCESS(<成员名称>) [NODEFAULT]
<语句序列>
[ENDFUNC | ENDPROC]
ENDDEFINE
```

其中，各个参数及短语的含义如下。

❑ **<类名 1>**　用来指定被定义的类的名称，<父类名>是定义类的父类，可以是 Visual FoxPro 提供的基类，也可以是用户自定义的类。

❑ **OLEPUBLIC**　选择可以通过 OLE 自动化访问某一定制的 OLE 中的类。

❑ **PROTECTED | HIDDEN**　创建类或子类的属性并赋予初值。PROTECTED 是防止从类或子类属性之外访问或更改属性，并且只有类或子类中的方法与事件可以访问受保护的属性。HIDDEN 是防止从类定义的子类访问或更改属性。

❑ **ADD OBJECT**　用于从其他类中添加对象到类定义中。

❑ **PROTECTED、HIDDEN、FUNCTION、PROCEDURE**　用于为类定义指定要创建的事件和方法，被创建的事件和方法可以作为函数或过程。在这里，每个事件或方法都是程序中的一个函数或过程。

❑ **NOINIT**　在添加对象时，不执行 Init()方法。

❑ **WITH**　要添加到类或子类定义中的属性和属性值。

❑ **NODEFAULT**　防止执行默认的事件或方法

例如，定义一个带命令按钮的容器类 myclass，并确定其自身属性和所包含按钮 com 的属性及控件的 Click 事件代码。其详细代码如下：

```
DEFINE CLASS
    *定义该类为可视的
    Visible=.T.
    *定义该类的背景色
    BackColor=RGB(0,128,0)
    *定义该类的名称
    Caption='myform'
    *定义该类的位置和大小
    Left=30
    Top=20
    Height=225
    Width=440
    *设置类的字体
    Fontname='宋体'
    Fontsize=12
    Forecolor=Rgb(255,0,0)
    *在该类中添加按钮对象
    Add Object com AS CommandButton
        With Caption='关闭'
        Visible=.T.
        BackColor=RGB(0,128,0)
        Left=300
        Top=150
        Height=25
        Width=60
        Fontname='楷体'
        Fontsize=16
        Forecolor=Rgb(128,0,0)
    *定义该类的单击事件
        PROCEDURE com.Click
            M=MESSAGEBOX('确定关闭么？',4+16+0,'关闭')
            IF M=6
                RELEASE THISFORM
            ENDIF
        ENDPROC
ENDDEFINE
```

可以单击【表单控件】工具栏的【查看类】按钮来注册一个类库，在出现的快捷菜单中
选择"添加"选项，将类库添加到【表单控件】工具栏中。

8.3 对象的创建

类是对象的抽象，而对象则是类的具体体现。对象的属性、事件和方法可以在类的
基础上派生出来，也可以重新定义。事实上，只有通过具体的对象，才能实现对抽象的
类的事件或方法的访问。

8.3.1 创建对象

用户可以使用函数来创建对象，即在程序文件中利用 CREATEOBJECT()函数，由指
定的类来创建一个对象，其格式如下。

```
CREATEOBJECT(<类名> [, <参数1>, <参数2>,...])
```

在指定的某个类的基础上，创建一个具有该类特性的对象。其中，<类名>是一个已
经创建的类。本函数返回一个对象的引用，它并不是对象本身，而是指向所创建对象的
一个指针。通常可将此引用赋给某个内存变
量，在此之后，即可通过对该内存变量的引
用来实现对该对象的引用。

例如，利用 CREATEOBJECT 函数在自
定义类的基础上定义对象 m1,m2，并显示出
来，其中"程序 23"是程序名，m1 是全局
变量，m2 是本地变量，m3 是私有变量，如
图 8-11 所示为显示的结果。

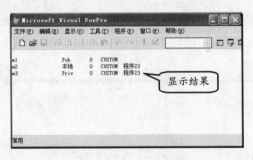

图 8-11　显示的结果

详细代码如下：

```
*定义一个全局变量 m1 和本地变量 m2
PUBLIC m1
LOCAL m2
*定义 m1,m2,m3 为自定义类
m1=CREATEOBJECT('CUSTOM')
m2=CREATEOBJECT('CUSTOM')
m3=CREATEOBJECT('CUSTOM')
*显示变量
DISPLAY MEMORY LIKE m?
```

CREATEOBJECT()函数中的参数必须写在单引号" ' '"中间。

8.3.2 设置对象属性

在 Visual FoxPro 中，可以使用 WITH…ENDWITH 命令直接对对象的属性进行设置。对象属性的设置使用"对象名.属性名＝属性值"的形式。该命令的格式如下：

```
WITH<对象名>[AS <类型>[OF <类库>]]
    [<语句序列>]
ENDWITH
```

其作用是设置对象属性。使用该命令设置对象属性呈现一个结构的样式，如在程序中设置高度、宽度和标题等属性。例如，给一个表单对象 Form 设置属性值。

```
*定义表单属性
Form.Caption='我的表单'
Form.BackColor=RGB(128,128,0)
Form.Name='form'
Form.Left=100
Form.Top=50
Form.Height=100
Form.Width=100
```

或者：

```
*使用 WITH 定义表单属性
WITH Form
    .Caption='我的表单'
    .BackColor=RGB(128,128,0)
    .Name='form'
    .Left=100
    .Top=50
    .Height=100
    .Width=100
ENDWITH
```

8.3.3 对象的引用

除了可以对某个对象的属性进行设置外，还可以对某个对象进行操作，这种操作是通过对该对象的引用来实现的。在 Visual FoxPro 程序中，对象引用方式有绝对引用和相对引用两种。

1.绝对引用

从最高容器开始，逐层向下直到某个对象为止的引用称为绝对引用。绝对引用使用如下的命令格式。

格式：

```
Parent.Object.Method
```

其中，**Parent** 为对象的父类名；**Object** 为当前对象名；**Method** 为引用的方法名。例如，显示一个 Form 表单的方法，其命令为 Form.SHOW。

2. 相对引用

从当前对象出发，逐层向高一层或低一层直到另一个对象的引用称为相对引用。使用相对引用常用的属性或关键字如表 8-4 所示。

表 8-4　相对引用常用的属性或关键字

名称	含义	格式
THIS	表示当前对象	THIS.<对象名>|<属性名>|<方法名>
THISFORM	表示对当前表单的引用	THISFORM.<属性名>|<对象名>
THISFORMSET	表示对当前表单集的引用	THISFORMSET.<属性名>|<对象名>
PARENT	引用控件所属的容器	CONTROL. PARENT
ACTIVECONTROL	引用对象上的活动控件	
ACTIVEFORM	引用表单集中的活动表单	

8.3.4　添加对象

在容器对象中，可以使用编程的方式来添加对象，即利用 ADDOBJECT()方法来添加所需的对象，其命令格式如下：

```
<对象名>.ADDOBJECT(<对象名>,
<类名>[,<参数 1,参数 2...>,])
```

例如，使用 ADDOBJECT()方法创建一个表单，在表单中添加一个按钮和一个文本框控件，在文本框中显示"我的表单"，如图 8-12 所示为显示的结果。

图 8-12　显示的结果

其详细代码如下：

```
*--定义表单类
form1=CREATEOBJECT('form')
*--显示该表单
form1.SHOW
*--定义表单位置及大小
form1.Top=180
form1.Left=180
form1.Height=180
form1.Width=500
*--等待操作
WAIT WINDOW
*--向表单中添加文本框
form1.ADDOBJECT('TEX','TEXTBOX')
*--设置该文本框的属性
form1.tex.Visible=.T.
form1.tex.Top=10
```

```
form1.tex.Left=50
form1.tex.Height=20
form1.tex.Width=120
form1.tex.Value="我的表单"
form1.tex.Readonly=.T.
*-添加一个按钮
form1.ADDOBJECT('com','commandbutton')
*--定义该按钮的属性
form1.com.Caption='确定'
form1.com.Visible=.T.
form1.com.Top=50
form1.com.Left=50
form1.com.Height=20
form1.com.Width=60
WAIT WINDOW
*--关闭表单
RELEASE form1
```

除了使用 ADDOBJECT()方法外，还可以在创建类的同时直接添加对象。例如，在一个自定义表单类的基础上创建一个表单对象，表单中包含一个"关闭"按钮，单击此按钮则关闭此表单，如图 8-13 所示为创建的表单。

其详细代码如下：

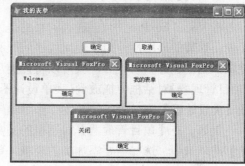

图 8-13　创建的表单

```
form1=CREATEOBJECT('myform')
form1.Height=300
form1.Width=500
form1.SHOW(1)
READ EVENTS
DEFINE CLASS myform AS Form
    Visible=.T.
    BackColor=RGB(128,255,0)
    Caption='我的表单'
    Left=20
    Top=10
    Height=255
    Width=255
    Add Object Com1 AS CommandButton;
        WITH Caption="确定",;
        Left=150,;
        Top=50,;
        Height=25,;
        Width=60
    Add Object Com2 AS CommandButton;
        WITH Caption='取消',;
        Left=260,;
        Top=50,;
        Height=25,;
```

```
            Width=60
    PROCEDURE Click
        =MESSAGEBOX('我的表单')
    ENDPROC
    PROCEDURE Com1.Click
        =MESSAGEBOX('Welcome')
    ENDPROC
    PROCEDURE Com2.Click
        =MESSAGEBOX('关闭')
        THISFORM.RELEASE
        CLEAR EVENTS
    ENDPROC
ENDDEFINE
```

8.4 扩展练习

1. 将类添加到表单中

在 Visual FoxPro 中，创建类的目的是为了使用封装的通用性。为了应用程序的顺利完成，当创建好一个类后，就可以将该类从【项目管理器】对话框中拖放到【表单设计器】或【类设计器】窗口中，使其发挥作用。

例如，在【项目管理器】对话框的【文档】选项卡中，选择需要添加类的表单，单击【修改】按钮，打开【表单设计器】窗口，如图 8-14 所示。

然后，选择【类】选项卡中需要添加到表单的类，并拖动该类至【表单设计器】窗口中，如图 8-15 所示。

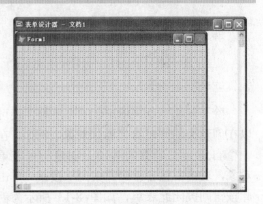

图 8-14 【表单设计器】窗口

2. 显示学生信息

根据前面所学的知识，通过编程的方式创建一个表单和一个网格，将"学生信息表"中的信息显示出来，如图 8-16 所示为创建的表单。

其详细代码如下：

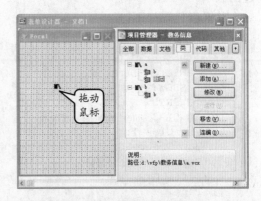

图 8-15 将类添加到表单中

```
*--设置默认路径
SET DEFAULT TO d:\vfp\教务信息\
*--选择数据表
USE d:\vfp\教务信息\学生信息表.dbf
SELECT 学生信息表
myform=CREATEOBJECT('form')
```

图 8-16 创建的表单

```
myform.Width=500
myform.Addobject('com','mycmd')
myform.Addobject('mygrid','grid')
WITH myform.mygrid
    .columncount=4
    .Left=25
    .Width=400
    .Visible=.T.
ENDWITH
*如果性别是女，则用颜色区分出来
myform.mygrid.setall("dynamicbackcolor","if(性别='女',;
RGB(0,255,255),RGB(255,255,255))","column")
WITH myform.mygrid
        .column1.header1.Caption=FIELD(1)
        .column1.header1.Caption=FIELD(2)
        .column1.header1.Caption=FIELD(3)
        .column1.header1.Caption=FIELD(4)
ENDWITH
myform.SHOW
READ EVENTS
*--添加一个按钮
DEFINE CLASS mycmd AS CommandButton
    Caption='退出'
    Cancel=.T.
    Left=230
    Top=200
    Height=50
    Width=50
    Visible=.T.
    PROCEDURE Click
        CLEAR EVENTS
        CLOSE ALL
    ENDPROC
ENDDEFINE
```

第9章 表单的设计与应用

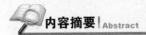

内容摘要 Abstract

在前面章节的介绍中，对数据表中数据的操作都是在【浏览】窗口中进行的。但在实际的应用中，用户往往不希望直接操作数据，而是以对话框的方式进行可视化、交互式数据管理。Visual FoxPro为用户提供了可视化表单（Form）开发工具，用来满足可视化界面交互的需求，用户可以根据数据表和视图来创建表单。

本章介绍在Visual FoxPro环境下表单的创建和运行、数据环境的应用及控件的使用。

学习目标 Objective

- ➢ 使用向导创建表单
- ➢ 使用表单设计器
- ➢ 表单的数据环境
- ➢ 应用表单控件

9.1 表单的创建

表单是用户与 Visual FoxPro 应用程序之间进行数据交互的一种基于图形界面的窗口，它在应用程序中的使用非常广泛。表单有多种类型，不同的表单可以完成不同的功能。在 Visual FoxPro 中，用户可以使用表单设计器（Form Designer）和表单向导（Form Wizard）以及表单生成器来可视化地创建表单。创建完成的表单是一个扩展名为.scx 的文件。

9.1.1 使用表单向导创建表单

使用表单向导创建表单时，用户可在向导的引导下，通过简单地设置交互操作来快速地创建用于数据表维护的表单。表单中含有数据表中字段的信息，同时包含供数据表操作的一些命令按钮。使用表单向导可以创建单表表单和一对多表单两种。

例如，使用表单向导创建一个用于维护"教师信息"表，名称为"教师信息管理"的表单。打开【项目管理器】对话框，在【文档】选项卡中选择【表单】单选按钮，并单击【新建】按钮，弹出【新建表单】对话框，如图9-1所示。

在该对话框中，单击【表单向导】按钮，弹出【向导选择】对话框。然后在该对话框中选择 Form Wizard 选项，并单击【确定】按钮，如图9-2所示。

提 示
> 在该对话框中提供了如下两个向导。
> □ **Form Wizard** 创建对单个数据表访问的表单。
> □ **One to Many Form Wizard** 创建的表单可作用于多个数据表访问的表单（一对多表单向导）。

图 9-1 【新建表单】对话框

图 9-2 向导选择对话框

在【选择字段】向导对话框中，选择 Database and tables 下拉列表框中的"教师信息"表，然后将 Available fields 列表框中所有的字段添加至 Selected fields 列表框中，如图 9-3所示。

单击 Next 按钮，在弹出的【选择表单样式】向导对话框中的 Style 列表框中选择表单样式，如"标准"选项，并单击 Next 按钮，如图 9-4 所示。

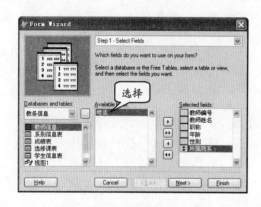

图 9-3 选择数据表的字段

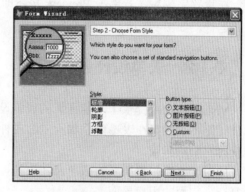

图 9-4 选择表单样式

在【排序】向导对话框中，指定"教师信息"中需要排序的字段，如选择"教师编号"字段，并且选择 Ascending（升序排序）单选按钮，如图 9-5 所示。

单击 Next 按钮，在弹出的【完成】向导对话框中可以输入表单名称，并选择完成后的操作选项，如图 9-6 所示。

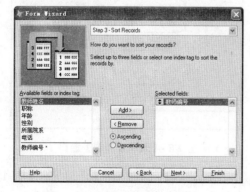

图 9-5 选择排序字段

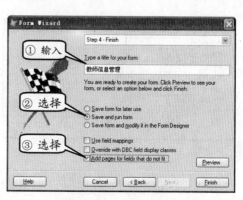

图 9-6 设计表单信息

在该对话框中，分别包含有 3 个单选按钮和 3 个复选框，其各选项的详细内容如下。

- ❏ **Save form for later use**（保存表单以备将来使用） 选择该单选按钮，单击 Finish 按钮后，保存并关闭文件。
- ❏ **Save and run from**（保存并运行表单） 选择该单选按钮，单击 Finish 按钮后，保存并运行表单。
- ❏ **Save form and modify it in the Form Designer**（保存表单并用表单设计器修改表单） 选择该单选按钮，单击 Finish 按钮后，保存表单并打开【表单设计器】窗口。
- ❏ **Use field mappings**（使用字段映像） 选中该复选框对字段使用映像（某一种字段类型都映像为特定的控件类型）。
- ❏ **Override with DBC field display classes** 选中该复选框用数据库字段显示类。
- ❏ **Add pages for fields that do not fit**（为容不下的字段加入页） 选中该复选框如果表单控件过多时，超过表单窗体的控件则放在其他空余地方。

在设置完成后，若单击 Preview 按钮即可预览表单。最后单击 Finish 按钮，保存表单并运行，如图 9-7 所示为效果图。

9.1.2　表单设计器

Visual FoxPro 提供了功能强大的表单设计器，从而使表单设计变得快捷和简单。表单设计器不仅能够在表单内添加所需的各种控件，而且还可为各控件设置相关属性及合理安排它们的布局。

同时，可以根据需要为表单及其中的控件编写特定事件的程序代码，从而创建出各种复杂、实用的用户界面。

在【项目管理器】对话框的【文档】选项卡中，选择【表单】单选按钮，并单击【新建】按钮，在弹出的【新建表单】对话框中再单击【新建表单】按钮，打开【表单设计器】窗口，如图 9-8 所示。

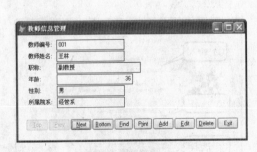

图 9-7　效果图

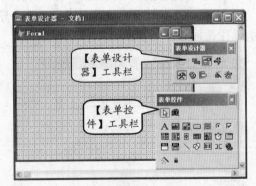

图 9-8　【表单设计器】窗口

在【表单设计器】窗口中，还默认打开【表单设计器】工具栏和【表单控件】工具栏。其中，【表单设计器】工具栏包括了在创建表单时常用的工具，如表 9-1 所示。

表单的设计与应用

表 9-1 【表单设计器】工具栏

图标	名称	作用
	设置 Tab 键次序	设置表单中对象的 Tab 键控件顺序
	数据环境	显示数据环境设计器
	属性窗口	为当前对象显示属性窗口
	代码窗口	为当前对象显示代码窗口
	代码控件工具栏	显示和隐藏【表单控件】工具栏
	调色板工具栏	显示和隐藏【调色板】工具栏
	布局工具栏	显示和隐藏【布局】工具栏
	表单生成器	运行表单生成器
	自动格式	运行自动格式生成器

而【表单控件】工具栏用于用户创建表单时所需要的一些控制工具。当然，一般使用【表单设计器】窗口创建表单时，该工具栏是必不可少的，如表 9-2 所示。

表 9-2 【表单控件】工具栏

图标	名称	基类名	作用
	选择对象		选择一个或多个对象
	查看类		显示类库中的类
	标签	Label	创建一个标签控件
	文本框	TextBox	创建用于单行数据输入的文本框控件
	编辑框	EditBox	创建用于多行数据输入的编辑框控件
	命令按钮	CommandButton	创建命令按钮控件
	命令按钮组	CommandGroup	创建命令按钮组控件
	选项按钮组	OptionGroup	创建选项按钮组控件
	复选框	CheckBox	创建复选框控件
	组合框	ComboBox	创建组合框控件或下拉列表框控件
	列表框	ListBox	创建列表框控件
	微调控件	Spinner	创建微调控件
	表格	Grid	创建表格控件
	图形	Image	创建图形控件
	计时器	Timer	创建计时器控件
	页框	PageFrame	创建页框控件
	ActiveX 控件		创建 ActiveX 控件
	ActiveX 绑定控件		创建 ActiveX 绑定控件
	线条	Line	创建线条控件
	形状	Shape	创建正方形、矩形、圆形或椭圆形等形状控件
	容器	Container	创建容器控件
	分隔符		创建分隔符对象
	超链接		创建超链接对象
	生成器锁定		打开生成器锁定方式，以便自动显示生成器
	按钮锁定		打开按钮锁定模式，以便添加多个控件

157

1．添加未绑定控制

在【表单设计器】窗口中使用【表单控件】工具栏可以很方便地在表单中添加 Visual FoxPro 标准控件，如标签、文本框、命令按钮、复选框，组合框等。如利用【表单控件】工具栏为"用户登录"表单添加控件。

打开【表单设计器】窗口，在【表单控件】工具栏上单击【标签】按钮 A ，然后在表单的合适位置上单击，如图 9-9 所示。

使用相同的方法再添加两个【标签】控件。单击【表单控件】工具栏上的【文本框】按钮 ，并在表单的合适位置单击，将【文本框】控件添加到表单中。最后再将一个【文本框】控件和两个【命令按钮】控件，按照上述方式添加到表单中的合适位置，如图 9-10 所示。

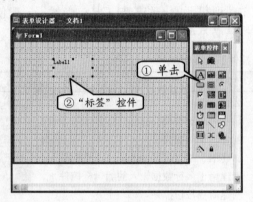
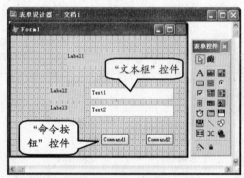

图 9-9   添加标签控件   图 9-10   添加其他控件

提 示
　　添加到面板中的控件可利用剪贴板，对选定的控件进行剪切、复制和粘贴等操作。

2．添加绑定控件

前面已经介绍了如何从【数据环境设计器】窗口中将字段、表或视图拖动到表单中形成表单控件，并对表单进行设置。例如，通过使用【数据环境设计器】窗口来创建名称为"图书信息管理"表单。

打开【表单设计器】窗口，然后在表单中右击，并执行【数据环境】命令，打开【数据环境设计器】窗口。

在【数据环境设计器】窗口中右击，执行【添加】命令，在弹出的【添加表或视图】对话框中分别选择"图书信息表"和"图书类别表"，并单击【添加】按钮，将其添加到【数据环境设计器】窗口中。

将"图书信息表"的【书号】字段拖动到表单中，则表单中产生一个标签控件"书号"和文本框控件"txt 书号"，然后将其他所需字段依次添加到表单中。最后，再将"图

表单的设计与应用

书信息表"拖动到表单中，产生一个 Grid
表格控件，如图 9-11 所示为效果图。

9.1.3 保存与运行表单

表单创建后，需要将表单以文件的方
式保存到磁盘上。例如，在【表单设计器】
窗口中，执行【文件】|【保存】命令，在
弹出的【另存为】对话框中可以将表单保
存到指定的文件夹中，单击【保存】按钮
完成保存操作。

图 9-11 效果图

表单保存后，可以通过多种方式来运
行。如在【项目管理器】对话框的【文档】
选项卡中，展开"表单"选项并选择其
中的选项，如"教师信息管理"。单击【运
行】按钮运行表单，如图 9-12 所示为运行
结果。

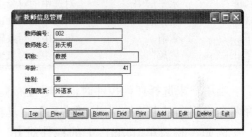

图 9-12 运行结果

159

提 示

还可以通过命令"DO FORM 表单名称.scx"或在【表单设计器】窗口中单击【常用】
工具栏上的【运行】按钮 ❗ 来运行表单。

9.2 设计表单设计器

使用表单向导可以指导用户逐步创建出表单，但生成的表单样式较为简单，不能满
足用户创建复杂表单的需要。要想创建灵活多样、界面内容丰富的表单，就需要用户对
表单的不同格式及属性进行设置。

9.2.1 排列控件

Visual FoxPro 9.0 提供了【格式】菜单和【布局】工具栏，用于对表单中的对象进行
排列和设置。从而使用户节省了大量对表单布局进行设置的时间。

在【表单设计器】窗口中，执行【显示】|【布局工具栏】命令，打开【布局】工具
栏，如图 9-13 所示。

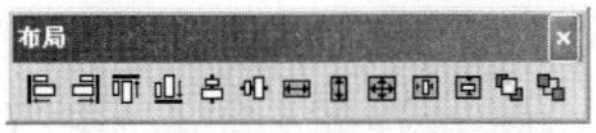

在该工具栏中，通过单击不同的按钮来设计表单中
控件的方式。该工具栏中各按钮的名称及功能如表 9-3
所示。

图 9-13 【布局】工具栏

表 9-3 【布局】工具栏中各按钮的名称及功能

图标	名称	功能
	左边对齐	对选中的所有对象按左边对齐的格式布局
	右边对齐	对选中的所有对象按右边对齐的格式布局
	顶边对齐	对选中的所有对象按顶边对齐的格式布局
	底边对齐	对选中的所有对象按底边对齐的格式布局
	垂直居中对齐	垂直居中对齐所有选中的对象
	水平居中对齐	水平居中对齐所有选中的对象
	相同宽度	设置被选定对象的宽度相等
	相同高度	设置被选定对象的高度相等
	相同大小	设置被选定对象的大小相等
	水平居中	对选中的对象进行水平居中，以有效水平位置为准
	垂直居中	对选中的对象进行垂直居中，以有效带区宽度为准
	置前	将选中的对象置于另一对象之前
	置后	将选中的对象置于另一对象之后

当用户未选择任何控件时，这时【布局】工具栏上的按钮呈灰色显示；只有用户选择两个或两个以上的控件时，【布局】工具栏上的所有按钮才能转变为可用状态。

例如，将表单 form1 中的控件对齐。将控件顶边对齐，选择一行控件（用户名、txt 用户、密码和 txt 密码），单击【布局】工具栏上的"顶边对齐"按钮，如图 9-14所示。

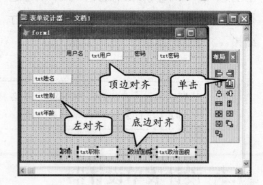

图 9-14 控件对齐方式

9.2.2 数据环境

Visual FoxPro 中的数据环境是表单设计的数据来源，每个表单都应该包括一个数据环境。可以把数据环境看作是一个对象，它包含表单相互作用的表或视图以及表间的联系。

1. 向数据环境设计器中添加或删除表

数据环境是指创建表单时所使用的数据源，包括与表单相关的数据表、视图以及表关系等。在表单运行时，数据环境中的表或视图会随所属的表单自动打开，并随该表单的释放而释放。

在【数据环境设计器】窗口中，用户可以方便地向表单的数据环境中添加数据表或视图。方法如下。

在【数据环境设计器】窗口中右击，在打开的快捷菜单中执行【添加】命令，弹出【添加表或视图】和叠加的【打开】对话框。然后在【打开】对话框中选择需要的表，单击【确定】按钮，将其添加到【添加表或视图】对话框中。

在【添加表或视图】对话框中选择需要添加表及表间的关系，单击【添加】按钮。例如选择"图书信息表"和"图书类别表"，再单击【关闭】按钮，如图9-15所示。

将【数据环境设计器】窗口中的数据表或视图移除，可右击要移除的表，并执行【移除】命令将表移除。

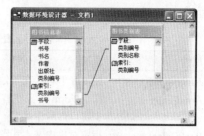

2. 数据环境设计器的属性

数据环境设计器也有属性。单击【数据环境设计器】窗口，在【属性】对话框中显示并设计其属性。在数据环境中常用的属性如下。

图9-15　添加表及表间的关系

- ❏ **AutoCloseTables**　指定在释放表单集、表单或报表时，由数据环境指定的表或视图是否关闭，默认值是".T.-真"。
- ❏ **AutoOpenTables**　指定当表单集、表单或报表加载时，由数据环境指定的表或视图是否打开，默认值是".T.-真"。
- ❏ **InitialSelectedAlias**　在数据环境加载时，指定与某个临时表对象相关的别名为当前别名。

提 示

以上属性可以在【属性】对话框的【全部】或【数据】选项卡下可以看到，并在那里设置这些属性值。

161

9.2.3　设置对象属性

在 Visual FoxPro 中，表单或控件是应用程序的对象。用户可以通过对象的属性来设置对象的外观和显示效果等。在创建表单时，默认情况下是打开【属性】对话框的，如图9-16所示。

【属性】对话框与其他数据库系统的属性设置类同，用户只在5个选项卡中设置不同的参数，即可更改控件或者表单的其他对象。各选项卡的含义如下。

- ❏ **【全部】选项卡**　显示所选对象的全部属性、事件和方法程序。
- ❏ **【数据】选项卡**　显示所选对象的操作控制数据。
- ❏ **【方法程序】选项卡**　显示所选对象的方法程序和事件过程。
- ❏ **【布局】选项卡**　显示所选对象的布局属性。
- ❏ **【其他】选项卡**　显示所选对象的名称、所属的类与类库等信息。

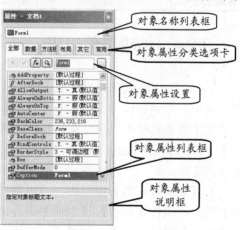

图9-16　【属性】对话框

用户若要修改当前对象的某个属性，可以选择该对象，然后在【全部】选项卡的【属性】列表框中选取对应的属性。例如，定义了表单的外观和状态常用的表单属性如表9-4所示。

表9-4　常用的表单属性

属性	说明	默认值
AlwaysOnTop	控制表单总是在其他打开窗口之上	.F.-假
AutoCenter	指定 Form 对象在首次显示时，是否自己在 Visual FoxPro 主窗口内居中	.F.-假
BackColor	指定对象内文本和图形的背景色	255 255 255
BorderStyle	指定对象的边框样式	3-（可调边框）
Caption	指定对象的标题文本	Form1
Closable	指定能否通过双击窗口菜单图标来关闭表单	.T.-真
DataSession	指定对象是在当前数据工作期中运行，还是在具有独立的数据环境的私有数据工作期中运行	1
Enabled	指定表单或控件能否响应由用户引发的事件	.T.-真
MaxButton	指定表单是否具有最大化按钮	.T.-真
MinButton	指定表单是否具有最小化按钮	.T.-真
Movable	指定在运行时刻用户能否移动对象	.T.-真
Name	指定在代码中用以引用对象的名称	
ScaleMode	指定对象坐标的度量单位	3 像素
Scrollbars	指定控件所具有的滚动条类型	0-无
ShowWindow	指定在创建过程中表单窗口显示表单或工具栏	0-在屏幕中
TitleBar	指定表单的标题栏是否可见	1-打开
Visible	指定对象是可见还是隐藏	.T.-真
WindowState	指定表单窗口在运行时刻是最小化还是最大化	0-普通
WindowType	指定表单集或表单对象在显示或用 DO 语句运行时的形式	0-无模式

9.2.4　编辑事件过程

Visual FoxPro 9.0 中的【代码】窗口就是用于编辑和管理表单中控件的事件和方法的代码窗口。在该窗口的【对象】下拉列表框中包含了当前表单中所有对象的名称，而【过程】下拉列表框则是用来显示对象所包含的事件和方法。

在【表单设计器】窗口中，可以通过双击控件，或执行【显示】|【代码】命令来打开【代码】窗口，如图9-17所示。

在【代码】窗口中，用户可以定义控件的不同事件。表9-5列出了 Visual FoxPro 中常用的事件，这些事件适用于大多数的控件。

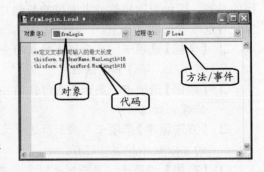

图9-17 【代码】窗口

表 9-5　Visual FoxPro 中常用的事件

事件	触发事件发生
Init	创建对象时发生
Destroy	释放对象时发生
Click	在控件上使用鼠标单击时发生或编辑方式触发该事件时发生
DblClick	在控件上使用鼠标左键连续按下两次时发生
RightClick	在控件上使用鼠标右键按下时发生
GotFocus	对象接收到焦点时发生
KeyPress	当用户按住并释放一个键时发生
MouseDown	当用户按下鼠标左键时发生
MouseUp	当用户释放鼠标键时发生
InteractiveChange	当用户使用键盘或鼠标更改控件的值时发生
Load	在对象创建之前发生
Unload	在释放对象时发生
Error	当一个方法程序中存在运行错误时发生

9.3　应用控件的设计

表单是一个容器类的窗口，它可以容纳多个 Visual FoxPro 中的控件，如标签、文本框、列表框、组合框、表格、命令按钮、图像、计时器、OLE 绑定控件等。控件是面向对象程序设计的基本操作单元，在表单中控件用于获取用户的输入、显示、输出信息等。

9.3.1　标签及文本框控件

可以在表单或者报表上使用标签来显示说明性文本，而文本框控件用于显示某字段的内容。并且，文本框控件也可以接收或者修改所显示的字段内容。

1. 标签控件

标签（Label）是一种能在表单、报表或标签上显示文本的控件，常用来显示提示信息和其他控件的说明信息，如标题、题注或简短的说明。标签一般都是静态地显示文本，可通过对其属性的简单设置，使其达到不同的显示效果。其中必须设置的属性是 Caption，通过该属性可以设置标签的显示信息，如图 9-18 所示。

通过属性与标签其他属性的配合，一般能够满足提示信息的各种要求，同时还能产生许多特殊的效果。

2. 文本框控件

文本框（TextBox）控件是一个基本控件，在应用程序中供用户输入或编辑数据。

图 9-18　标签控件

文本框的 Value 属性用来指定该控件的值，并显示在文本框中。Value 值可以通过【属性】对话框来设置或编辑，同时也可使用编辑方式输入，如 This.Value="Text 文本框"。

表单运行时，可在文本框中输入任意类型的值，如 0，"ABC"，{^2008-05-16}，.F. 等。在输入数据时，遇到输入回车符（Enter 键）和制表符（Tab 键）时，则文本框的值会终止输入。

另外，文本框还可以用作密码的输入框，只需将 PassWordChat 的值设置为"*"，则在显示时输入的字符将以"*"代替，如图 9-19 所示。

由于可以编辑文本框中的值，因此必须确保这些值的有效性。检验文本框中值的有效性的代码包含在文本框的 Valid 事件相关的方法程序中。例如，下面的代码对用户密码的长度进行检查。

图 9-19　文本框控件

```
IF LEN( ALLTRIM(this.Value) )<6
    MESSAGEBOX("密码不能小于 6 位")
ENDIF
```

9.3.2　命令按钮及命令按钮组控件

按钮提供了单击即可执行操作的方法。选择按钮时，它不仅会执行相应的操作，其外观也会有先按下后释放的视觉效果。

1. 命令按钮控件

命令按钮（CommandButton）控件常用于完成某个特定的控件操作，其操作代码通常就是为其 Click 事件编写的程序代码，它通常用于执行操作，如打开文件、关闭文件、打开另一个表单等操作。

Visual FoxPro 允许在命令按钮的标题中增加热键提示。其方法是在 Caption 属性值中增加"\<"符号和某个热键字段。例如，某命令按钮的 Caption 属性值设置为"确定\<O"，则该按钮的标题将显示"确定 O"。在执行时，按 Alt+O 组合键与单击此按钮的效果是相同的，如图 9-20 所示。

将命令按钮的 Default 属性设置为".T.-真"，可使该命令成为默认选项；默认选择的按钮比其他命令按钮多一个粗的边框。如果一个命令按钮是默认选择，那么按回车键后，将执行这个命令按钮的 Click 事件。

图 9-20　按钮控件

> **注 意**
>
> 如果当前焦点在编辑框或表格中，则按回车键时，不会执行默认选择按钮的 Click 事件代码。在编辑框中按回车键，将在编辑框中加入一个回车和换行符；在表格中按回车键，将选择一个相邻的区域。若要执行默认按钮的 Click 事件，需按 Ctrl+Enter 键。

2. 命令按钮组控件

命令按钮组（CommandGroup）控件是把一些命令按钮组合在一起，用一个控件进行管理，每个命令按钮有各自的属性、事件和方法。同时，该控件还是一种容器对象，能够统一管理所有的命令按钮，如图 9-21 所示。

命令按钮组控件的主要属性是 ButtonCount，用来定义命令按钮组所包含的命令按钮的个数。同时，使用生成器也可以很方便地对命令按钮组控件的属性进行设置。右击命令按钮组，执行【生成器】命令，打开【命令按钮组生成器】对话框。如图 9-22 所示。

图 9-21　命令按钮组控件

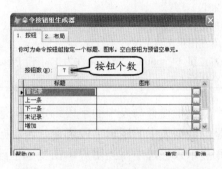

图 9-22　【命令按钮组生成器】对话框

该对话框中有两个选项卡，含义如下。

- 【按钮】选项卡　用于设置命令按钮组中控件的个数及控件的【标题】和【图形】，可单击其后的无符号按钮，添加图片路径。
- 【布局】选项卡　用于设置命令按钮组中按钮的布局（垂直/水平）、按钮间距和边界风格。

单击命令按钮组中的某个按钮时，组控件的 Value 属性将获得一个数值或字符串；当 Value 属性值为 1 时，将获得命令按钮的顺序号；而当 Value 属性设置为空时，将获得命令按钮的 Caption 值。所以，在 CommandGroup 的 Click 事件代码中，可以根据此来判断单击的是哪个命令按钮，并决定执行的动作，处理格式如下：

```
DO CASE
    CASE this.Value =1
    *执行第一个按钮操作
    CASE this.Value =2
    *执行第二个按钮操作
......
ENDCASE
```

9.3.3　复选框及选项按钮组控件

对一些较多选项需要用户进行判断操作时，可以使用复选框或者选项按钮组。而对于多选项时，可以使用复选框控件。

1. 复选框控件

复选框（ChickBox）也称为选择框，用于指明一个选项是选定还是不选定。复选框只有选中和未选中两种状态，当复选框处于选中状态时，其 Value 值为 1，否则为 0。此外，复选框有 3 种不同的外观，表 9-6 列出了复选框的外观说明。

表 9-6　复选框的外观说明

外观	说明	选定状态
方框（显示 Caption 文本）	Style 属性为 0（标准样式，默认）	出现复选标记
图形按钮（Caption 文本在图形下方）	Style 属性为 1（图形样式，在 Picture 属性中指定显示图形）	按钮呈按下状态
文本按钮（Caption 文本居中）	Style 属性为 1 ，但 Picture 属性中未指定图形	

复选框控件与表中的字段绑定时，是通过 ControlSource 属性来实现的。一般情况下都是与数据表中的逻辑字段绑定，当数据表中的字段为真（.T.）时，复选框显示被选中，否则显示未被选中；当用户单击复选框改变复选框的状态时，这种状态也将反映到数据表的相应字段中。

2. 选项按钮组控件

选项按钮一般也称为单选按钮，用于在多个选项中选择其中一个选项，所以选项按钮一般都是成组使用。在一组选项按钮中只能选择一项，当重新选择另一个选项时，先前选择的选项将自动释放，被选中的选项用绿心加圆点表示。

例如，在"系统登录"窗口中，选择不同的选项按钮，则进入登录的结果也不相同，如图 9-23 所示。

根据选项按钮组 Value 属性的值，可以判断用户选定了哪个按钮。如果按钮组中有两个按钮，并且选定了第一个按钮，则选项按钮组的 Value 属性值为 1；如果没有选定选项按钮，则选项按钮组的 Value 属性值为 0（第一个为默认选项）。

图 9-23　选择选项按钮

9.3.4　列表框与组合框控件

在许多情况下，从列表中选择一个值要比输入一个值更快、更容易。选择列表中的值还可以帮助用户确保在字段中输入值的正确性。若需要通过较少空间显示较多数据信息，可以在表单中使用组合框或下拉列表框。

1. 列表框与组合框的区别

列表框（ListBox）与组合框（ComboBox）都有一个供用户选择的列表，它们的主要区别是：列表框任何时候都显示它的列表，而组合框通常只显示一项内容，列表框可以被选择一到多项，而组合框只能被选择一项。

例如，在【数据表或视图】组合框中选择"学生信息表"，然后该表的字段将添加至【已选字段】列表框中，如图 9-24 所示。

组合框又分为下拉组合框和下拉列表框。当组合框的 Style 属性值为 0 时，为可以输入数据的下拉组合框；当组合框的 Style 属性值为 2 时，则为仅允许选择其内数据项的下拉列表框。

2．生成器

可以用生成器来设置列表框或组合框的各项主要属性。列表框生成器与组合框生成器是类似的。右击列表框控件，并执行【生成器】命令，弹出【列表框生成器】对话框，如图 9-25 所示。

图 9-24　组合框和列表框

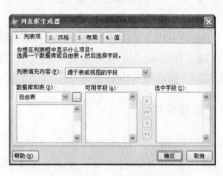

图 9-25　【列表框生成器】对话框

在【列表框生成器】对话框中，可以对列表框的数据源、显示效果等进行设置。

❑ 【列表项】选项卡

用于指定填充到列表框中的列表项，它们可以是表或视图中的字段值、手工输入的数据或内存数组中的值。如在【列表填充内容】下拉列表框中选择"源于表或视图的字段"选项，则可以在【数据库和表】下拉列表框中选择"表或视图"，然后选择指定字段添加至【选中字段】列表框中。被选定的字段将被用来填充所设计的列表框中的列表项。

❑ 【风格】选项卡

用来设置列表框的外观效果，包括选择"三维"或"平面"效果、指定可显示的列表行数，以及指定"是否允许递增搜索"等。

❑ 【布局】选项卡

该选项卡中含有一个复选框和一个表格，用来控制列表框的列宽和显示。

❑ 【值】选项卡

该选项卡中包含两个组合框，分别用来指定返回值及存储返回值的字段。

3．列表框和组合框的数据源

通过对列表框或组合框的 RowSourceType 属性和 RowSource 属性进行设置，可以将不同数据源中的数据自动添加到列表框或组合框中。RowSourceType 属性用于指定数据源的类型；而 RowSource 属性则用来指定具体的数据源内容。

9.3.5 编辑框控件

使用编辑框（EditBox）控件可以输入和显示多行文本，适用于对较长的字符型字段、备注型字段和文本文件进行编辑。在编辑框中，可以自动换行，并能使用方向键、PageUp和 PageDown 键及滚动条来浏览文本。

例如，在编辑框中编辑文本文件，则要在表单上设置 3 个命令按钮和一个编辑框，如图 9-26 所示。

编辑框控件与文本框控件在使用上基本相同，如 This.Value＝"这是一个编辑框"。对于编辑框的设置同样可以用编辑框生成器来进行，在这里就不再介绍了。

9.3.6 表格及页框控件

当在表格中设置较多信息时，可以通过表格或者页框进行显示。表格可以显示较多的数字或者记录信息，而页框可以分页显示不同类型的信息。

1．表格控件

表格（Grid）控件可以用来在表单或页框中显示或修改数据表中的记录。表格也是一种容器类对象，一个表格可由若干个列（Column）组成，而一个列则由列标题（Header）和列控件（如文本框）组成。创建表格有下列两种方式：

❏ 数据环境设计器创建表格

打开【表单设计器】窗口，并在【数据环境设计器】窗口中添加"教师信息"表，然后将该表拖放到表单中，则在表单中产生一个与"教师信息"表绑定的表格控件，并在其中自动绑定了"教师信息"表中的字段与记录内容。该表单运行后的结果如图 9-27 所示。

❏ 表格生成器创建表格

打开一个新的表单，并在表单中添加表格控件。右击该表格控件，执行【生成器】命令，在弹出的【表格生成器】对话框中，选择"教师信息"表，并将所需字段添加至【选中字段】列表框中，如图 9-28 所示。

图 9-26 编辑文本文件

图 9-27 数据环境设计器创建表格

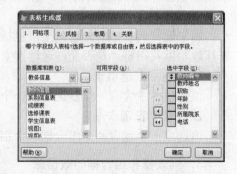

图 9-28 表格生成器创建表格

可在【风格】选项卡中设置表格控件的外观效果，例如，在【风格】列表框中选择"浮雕"样式。

表单的设计与应用

在【布局】选项卡中，可重新修改标题及列控件的类型。

在【关联】选项卡中，在多表的表单中，为表格中的子表，在父表中指定关键字段和连接。

2．页框控件

页框（PageFrame）控件是可以包含多个页面的容器类控件，而每个页面又可以包含若干个控件。向页面中添加控件时需要注意：必须先激活（右击控件，执行【编辑】命令）页框，并在选定要添加控件的页面后再进行添加。若未激活页框而添加控件，则添加的内容实际上只是在页框外的表单中。

例如，设计一个多页面的表单，用以区分表单中页面的控件类别。在表单中有一个标签控件、一个编辑框控件和一个页框控件。

在页框控件上右击，执行【编辑】命令，则页框的四周呈彩色边框显示。然后添加控件至页框的 Page1 和 Page2 中，并设置页中控件的属性，如图 9-29 和图 9-30 所示。

图 9-29 "字体"页面

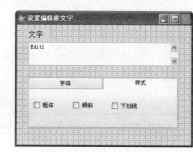

图 9-30 "样式"页面

9.4 扩展练习

1．创建计时器

在应用程序中，计时器控件一般被用于检查系统时钟，以确定是否到了应该执行某一任务的时间。下面利用计时器控件来创建一个计时面板，如图 9-31 所示为效果图。

打开【表单设计器】窗口，并设置表单的 Caption 属性值为"计时器"。在表单设计器中，单击【表单控件】工具栏中【计时器】按钮，然后在表单设计器的合适位置上单击，创建计时器控件。

选择计时器控件，在【属性】对话框中设置 Enabled 属性值为".T.-真"，让计时器在表单加载时就开始工作，然后设置 InterVal 属性值为 500。

单击【表单控件】工具栏中的【标签】控件，将标签添加到表单中，然后设置标签的 FontSize 属性值为 28，FontBold 属性值为 ".T.-真"，AutoSize 属性值为 ".T.-真"，如图 9-32 所示。

图 9-31 效果图

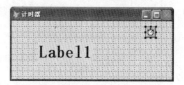

图 9-32 表单样式

双击计时器控件，进入【代码】窗口中，在 Timer 事件中输入如下代码。

```
IF THISFORM.Label1.Caption !=TIME()
    THISFORM.Label1.Caption =TIME()
ENDIF
```

 提 示

计时器控件的 Timer 事件为自动执行事件，在 InterVal 属性中设置其执行时间间隔。

2. 创建日历

前面学习创建表单中使用的控件都是 Visual FoxPro 中的基本控件，还可以通过 ActiveX 控件来添加外部控件。例如，在表单中通过 ActiveX 控件来添加日历控件，制作一个日历。

打开【表单设计器】窗口，并在表单中添加两个标签控件和一个计时器控件，如图 9-33 所示。设置表单中控件的属性如表 9-7 所示。

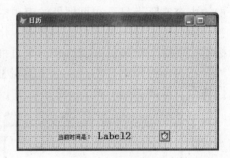

图 9-33　设置计时器

表 9-7　表单中控件的属性

控件	Caption	AutoSize	BackStyle	FontBold	FontSize	InterVal
Form1	日历					
Label1	当前时间是：	.T.-真	0-透明			
Label2		.T.-真	0-透明	.T.-真	16	
Timer1						500

属性设置完成后，为计时器添加 Timer 事件代码，然后在【表单控件】工具栏中单击【ActiveX 控件】按钮，并在表单中单击，弹出【插入对象】对话框，如图 9-34 所示。

在该对话框的【控件类型】列表框中选择"日历控件 12.0"选项，单击【确定】按钮，将该控件添加到表单中，并设置其宽度和高度。

运行表单后的效果图如图 9-35 所示。

图 9-34　【插入对象】对话框

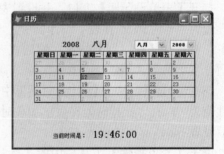

图 9-35　效果图

第10章 报表与标签

**内容摘要** Abstract

在 VFP 中，报表和标签也是重要的对象。通常，用户可以通过显示器来查看或者浏览数据表中的数据。若将数据打印到纸张上，则需要通过报表或者标签方式进行输出。因为报表和标签可以定义显示数据的格式，更接近标准数据报表的样式。不仅如此，通过报表或者标签还可以对数据进行分组（数据计算）操作。

学习目标 Objective

- ➢ 创建报表
- ➢ 报表布局
- ➢ 一对多报表
- ➢ 报表输出

10.1 创建报表

报表是数据库管理系统中最常用的查看及浏览数据的方式。生成报表就是把输入的数据按照一定的条件和格式转换成书面文档形式的过程。这些输入的数据一般是经过筛选的，如数据表或视图。在 Visual FoxPro 中，可以使用报表设计器来创建报表，应用它可以制作出任意样式的报表，所打印出的报表集数据、文本和图形于一体，既美观又大方。

10.1.1 报表概述

报表是指由若干行、列组成的表格，是数据库中输出数据的一种特殊方式。报表保存后系统会产生两个文件：报表定义文件（.frx）和报表备注文件（.frt）。

报表可能是一个简单的统计报表，也可能是一张复杂的清单。因此，在创建报表之前，应该确定所需报表的常规格式。例如，按照报表布局的类型可将报表分为列报表、行报表、一对多报表等，如表 10-1 所示。

表 10-1　报表布局的类型

布局类型	说明	主要应用范围
列报表	每行一条记录，每条记录的字段在页面上按水平方向放置	学生成绩单、人事档案表、统计报表
行报表	一行一个字段数据，一个记录的各个字段放置在连续的几行上	货物清单、产品目录
一对多报表	反映一对多的关系，包含父表中某条记录以及子表中对应的数条记录的数据	发票、财务状况报表
多栏报表	同一页面上分多栏，每一栏可按列报表或行报表的形式打印	电话本、名片、生字卡片

用户在设计报表时，并不是直接将字段中的数据打印到纸张上，而是为该字段预留一个位置（用一种称为"域"的控件来实现），就如同在表单设计中用文本框控件来显示某个字段值一样。

在打印时，从对应的字段中取得具体数据填充在它所在的位置，而所提供数据的这些表称作数据源。通常，报表的数据源可以是自由表、数据库表、查询和视图等。

10.1.2　通过向导创建报表

利用报表向导创建报表的方法既直观又简单。在使用报表向导创建报表时，通过每个步骤的提示，询问用户一些对报表的要求，并自动生成一份报表。例如，利用报表向导创建一个简单的"学生信息表"报表。

在【项目管理器】对话框的【文档】选项卡中，选择【报表】单选按钮，然后单击【新建】按钮，弹出【新建报表】对话框，如图10-1所示。

在该对话框中，单击【报表向导】按钮，并在弹出的【向导选择】对话框中选择报表类型，单击【确定】按钮，如图10-2所示。

图 10-1　【新建报表】对话框　　　　　　图 10-2　【向导选择】对话框

在弹出的向导对话框中，选择"学生信息表"数据表，并将【学号】、【姓名】、【性别】、【出生年月】、【专业编号】和【年级】字段添加至 Selected fields（选择字段）列表框中，如图10-3所示。

在弹出的对话框中包含有 3 个下拉列表框，用于选择分组记录所依据的字段，如在第一个下拉列表框中选择【出生年月】字段，如图10-4所示。

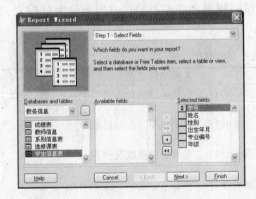

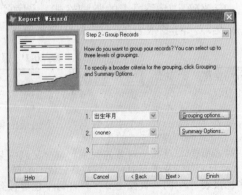

图 10-3　【报表向导】对话框　　　　　　图 10-4　选择分组字段

提示

如果单击 Grouping options 按钮，将在弹出的对话框中设置分组条件。如果单击 Summary Options 按钮，则在弹出的对话框中对各个分组字段进行运算，即求出字段的总和、平均值、最大值、最小值等。

单击 Next 按钮，在弹出的对话框中选择报表样式。例如，在 Style 列表框中，分别包含有经营式、账务式、简报式、带区式和随意式 5 种样式，它们的区别在于字段和记录之间的间隔线条，每种样式的区别可以通过该对话框左上角的放大镜进行查看，如图 10-5 所示。

单击 Next 按钮，在弹出的对话框中设置报表布局。在该对话框中提供了纵向和横向两种布局方式，如图 10-6 所示。通过微调按钮还可以进行行数或列数的设置。

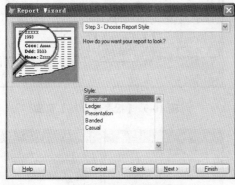
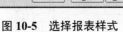

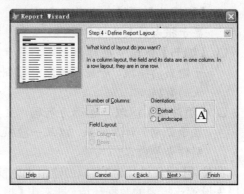

图 10-5　选择报表样式　　　　　　　图 10-6　设置报表布局

❑　**纵向布局**　指字段和其他数据在同一列中的布局方式。

❑　**横向布局**　指字段和其他数据在同一行中的布局方式。

单击 Next 按钮，在弹出的对话框中，根据字段对记录进行排序，如选择【学号】字段按升序排列，如图 10-7 所示。

单击 Next 按钮，在弹出的对话框中，可以输入报表名称和设置创建完报表后所需进行的操作。然后，单击 Finish 按钮，保存报表。如果需要预览该报表，可以在该对话框中单击 Preview 按钮，如图 10-8 所示。

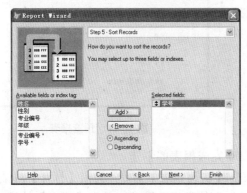

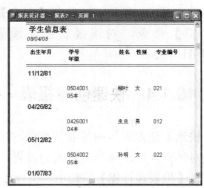

图 10-7　报表排序　　　　　　　　　　图 10-8　预览效果

10.1.3　通过报表设计器创建报表

通过【报表设计器】窗口，可以创建符合实际需求的较复杂的报表，当然在设计过程中也相对麻烦一些。例如，执行【文件】|【新建】命令，弹出【新建】对话框，然后选择"报表"选项，单击【新建】按钮，即可打开【报表设计器】窗口，如图 10-9 所示。或者在【命令】窗口中直接输入 CREATE REPORT 命令，也可以打开该窗口。

该窗口有 3 个空白的区域，每个区域下边有一个向上箭头，并标有区域的名称。

❑ 【页标头】区域　也称为表头，用于显示报表的表头信息。

❑ 【细节】区域　也称为表体，用于显示输出的字段，即显示报表中每条记录的数据。

❑ 【页注脚】区域　也称为表尾，主要显示日期和计算结果，以及一些报表制作者等内容。

在使用【报表设计器】窗口创建报表之前，可以先设置该报表的数据环境，即右击【报表设计器】窗口空白处，执行【数据环境】命令，打开【数据环境设计器】窗口，将数据源添加到其中。例如，将"成绩查询"视图添加到【数据环境设计器】窗口中，然后，将视图中的字段拖动到【报表设计器】窗口的【细节】区域中，如图 10-10 所示。

添加数据字段之后，可以在【页标头】区域添加该报表的标题。这样，一个简单的报表就设置完成了。用户可以执行【报表】|【打印预览】命令，对该报表进行预览，如图 10-11 所示。

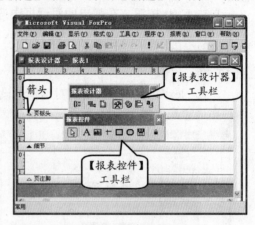

图 10-9　【报表设计器】窗口

图 10-10　添加字段到报表中

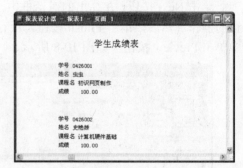

图 10-11　预览报表

10.1.4　快速创建报表

快速创建报表与向导非常类似，将弹出一系列对话框，征求用户对报表的设置，并自动完成报表的创建。

在【报表设计器】窗口中，执行【报表】|【快速报表】命令，弹出【打开】对话框，从中选出用于创建报表的数据表，如选择"学生信息表"选项，单击【确定】按钮，如图 10-12 所示。

在弹出的【快速报表】对话框中，可以设置字段的布局并选取字段。例如，可以单击【行布局】或者【列布局】按钮，以及启用相应选项的复选框，如图10-13所示。

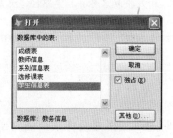

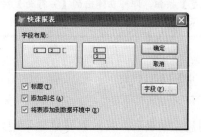

图 10-12　选择数据表　　　　　　图 10-13　设置字段布局

在该对话框中，除布局外还包含3个复选框，其含义如下。

❑　**标题**　表示将字段标题放置到报表中。

❑　**添加别名**　在使用每个字段时，自动使用别名。

❑　**将表添加到数据环境中**　表示所使用的数据表将自动添加到数据环境中。

如果用户希望选择数据表中的字段，可以单击【字段】按钮，弹出【字段选择器】对话框，如图10-14所示。

然后，单击【快速报表】对话框中的【确定】按钮。此时，Visual FoxPro 将根据用户的选择，自动创建快速报表，如图10-15所示。

图 10-14　【字段选择器】对话框

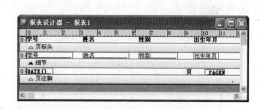

图 10-15　设置完成的报表

如果需要浏览该报表，可以执行【显示】|【预览】命令，即可浏览设置完成的报表，如图10-16所示。

从图10-16中可以看出，快速报表已经把选择的字段自动添加到表中了，并且按照指定的布局进行排列，其中，【页标头】区域显示了各选定字段的文本；【细节】区域显示了各个字段的名称；【页注脚】区域显示了系统的日期函数。

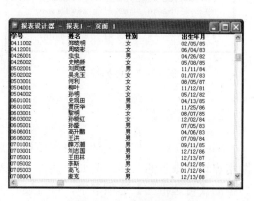

图 10-16　预览报表

> **提 示**
>
> 当关闭【报表设计器】窗口时，系统将弹出提示对话框，询问是否对报表进行保存。单击【是】按钮，即可在弹出的【另存为】对话框中，输入报表名称并指定路径，然后对报表进行保存。

10.2 设计报表

在创建完报表后，其效果只是显示创建报表时的一些格式及样式，而对于已经创建好的报表，可以设置其文字、颜色、纸张大小等。另外，还可以对创建的报表进行修改操作。

10.2.1 报表的格式和布局

报表的格式与表单类似，同样以表的形式存储所设计的格式。所不同的是，报表具有固定的格式。

1. 报表的格式类型

在设计报表的格式之前，首先需要明确报表的类型。一般情况下有两类不同的报表，第一类是多列报表，即每行一条记录，呈一种表格状，如图 10-17 所示。

第二类是单记录报表，即每页一条记录，如学生信息表、工资表、发票等报表都是单页单记录格式，如图 10-18 所示。

图 10-17　多列报表　　　　　　　　　图 10-18　单记录报表

2. 带区分类

Visual FoxPro 报表设计器将报表格式划分为不同的区域，称为带区，通过带区来帮助用户设计报表的布局。例如，执行【报表】|【属性】命令，在弹出的【报表属性】对话框的【可选带区】选项卡中，可以设置可选带区，如图 10-19 所示。

在【报表设计器】窗口中，可以根据需要添加控件的多少来调整每个带区的大小。

如果只是粗略地调整，可将鼠标放置在带区的条形栏上，此时鼠标指针变为上下箭头形状，拖动鼠标，即可将带区调整到适当的大小。

用户也可以双击带区的条形栏，在弹出的对话框中设置带区，如图10-20所示为【标题区带属性】对话框。每个带区有不同的设置，用户可以根据需要进行相应的设置。

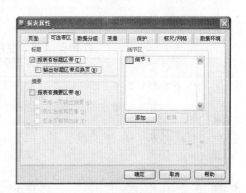

图10-19　设置可选带区

提 示

在【报表设计器】窗口中，利用水平标尺和垂直标尺可以精确地定位报表中的各个对象。

3．定义报表变量

报表变量可以用来存放和显示一个表达式的结果，或用于计算相关的内容，即在【报表属性】对话框的【变量】选项卡中进行设置。

在该对话框中，单击【添加】按钮，在弹出的对话框中输入变量名称；在【存储值】文本框中输入需要保存的值，也可以输入变量或表达式；在【初始值】文本框中输入变量的初始值或表达式；在【值复位条件】下拉列表框中选择在报表中、页或栏中复位；而在【计算类型】下拉列表框中可以选择合适的计算方式，最后单击【确定】按钮，保存设置的变量，如图10-21所示。

图10-20　【标题区带属性】对话框

10.2.2　报表控件及属性

报表控件是完成报表设计的必需工具，其使用方法与表单类似。但是，在报表中，其控件与表单控件相比较少。当设计报表并

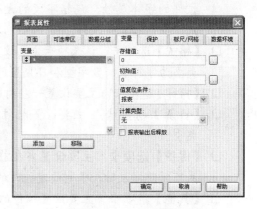

图10-21　【变量】选项卡

添加控件时，用户可以对其进行属性设计，以此来更改控件显示、链接的数据等。

1．报表控件

报表控件是用来控制报表输出显示数据和修饰报表的工具，报表中的控件可以通过【报表控件】工具栏来添加。在该工具栏中有8个按钮，分别是：选择对象、标签、域控件、线条、矩形、圆角矩形、图片/OLE绑定控件和锁定。下面具体介绍各个按钮的作用，如表 10-2 所示。

表 10-2　【报表控件】工具栏上各个按钮的作用

图标	名称	作用
⌖	选择对象	使其移动控件或改变其大小
A	标签	用于在各个带区内添加文本标签，输出说明文字、标题等内容
abl	域控件	用于显示表的字段、变量和其他表达式
┼	线条	用于绘制分隔线、表格线等各种样式的线条
□	矩形	绘制各种样式的矩形
○	圆角矩形	绘制圆角矩形
▣	图片/OLE 绑定控件	用于插入所需的 OLE 控件
▤	锁定	向报表中一次添加多个相同类型的控件

向报表设计器中添加控件之后，可以设置控件的属性。下面具体介绍【字段】和【图片/OLE 范围】的属性对话框。

2.【字段属性】对话框

在报表设计器中双击添加的域控件，在弹出的【字段属性】对话框中可以设置控件的属性，如图 10-22 所示。

- ❑ 【普通】选项卡　该选项卡主要设置控件的名称、对象的位置和大小及距离。
- ❑ 【风格】选项卡　该选项卡主要设置显示控件的字体属性，包括字段的大小、样式、颜色和背景风格。
- ❑ 【格式】选项卡　该选项卡主要设置数据类型为字符型、数字型和日期型的格式。
- ❑ 【打印】选项卡　主要设置一些打印选项。
- ❑ 【计算】选项卡　主要设置控件的计算类型。
- ❑ 【保护】选项卡　主要设置当在前保护模式下修改报表时，限制设定控件的修改。
- ❑ 【其他】选项卡　主要设置控件的其他属性，包括设置注释、用户数据、根据提示和运行时的扩展。

3.【图片/OLE 范围属性】对话框

如果在报表设计器中添加 OLE 控件时，则弹出【图片/OLE 范围属性】对话框，如图 10-23 所示。

在该对话框的【普通】选项卡的【控件源类型】选项区中，可以设置控件源类

图 10-22　【字段属性】对话框

图 10-23　【图片/OLE 范围属性】对话框

型。在【如果源和框架大小不同】下拉列表框中，可以选择图片来源与文本框的匹配方式。在【对象位置】选项区中，主要用来添加图片位置的存放方式。而【大小和位置】选项区中，可以设置添加图片的高度、宽度和位置。

该对话框中的其他选项卡和【字段属性】对话框中的选项卡类似。

10.2.3 输出报表

创建报表的目的是把要打印的数据组织起来，形成一定格式后通过打印机输出来。在完成报表的设计之后，就可以准备对报表进行打印输出了。在打印报表之前，可以利用报表的打印预览功能来查看设计的报表是否合乎要求，最后进行打印操作。

1. 设置报表页面

设置报表页面是在【报表设计器】窗口中定义报表的大小，用户应根据实际需要进行设置。例如，执行【文件】|【页面设置】命令或者【报表】|【属性】命令，即可弹出【报表属性】对话框。然后，选择【页面】选项卡即可设置报表页面，包括页面的左边距、定义列的宽度，如图 10-24 所示。

在该选项卡中，可以进行如下设置。

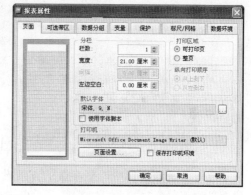

- ❑ **设置【分栏】栏** 设置报表的栏数、宽度、间隔和左边距。当修改栏数的时候，左面将显示修改后的效果。如果双击该图片，则弹出对话框，显示设置页面的详细信息。
- ❑ **设置【打印区域】栏** 设置打印区域，包括可打印页和整页两个选项。
- ❑ **设置【纵向打印顺序】栏** 通过单击相应的按钮来设置打印的方向。

图 10-24 【页面】选项卡

- ❑ **单击【页面设置】按钮** 在弹出的对话框中设置页面的纸张大小。
- ❑ **单击【打印机】按钮** 在弹出的对话框中选择默认的打印机选项。

2. 报表的预览

在打印之前，尽量先预览报表，即可查看打印后的报表实际效果。例如，可以查看数据列的对齐和间隔，或者查看报表中的数据是否正确返回。

在预览时，可以选择预览报表的显示大小，即预览这个报表或一部分报表。例如，执行【显示】|【预览】命令或者单击【常用】工具栏中的【预览报表】按钮🔍，即可弹出【预览】对话框，通过【打印预览】工具栏，对预览的报表进行浏览操作，如图 10-25 所示。

图 10-25 【打印预览】工具栏

3. 打印报表

如果预览的报表没有问题的话，就可以将报表打印输出了。在打印报表时，既可以使用菜单方式打印，也可以使用命令方式打印。

利用菜单方式打印，即选择需要打印的报表，单击【常用】工具栏中的【打印一份】按钮，系统将打印出一份该报表。如果需要打印更多的报表，可以单击【运行】按钮，弹出【打印】对话框，在此可以设置打印机的参数等信息，如图 10-26 所示。

4. 通过命令打印报表

除上述打印报表的方式之外，用户还可以在【命令】窗口中，通过 REPORT FORM 命令以及参数打印报表。

图 10-26 【打印】对话框

格式：

```
REPORT FORM <报表名称> | ? [ENVIRONMENT] [<范围>]
[FOR <逻辑表达式 1>] [WHILE <逻辑表达式 2>] [NOOPTIMIZE]
[RANGE <起始页号> [,结束页号]]
[HEADING <标题文本>] [SUMMARY] [NORESET] [PLAIN]
[NOCONSOLE | OFF] [PDSETUP]
[NAME <对象名>]
[OBJECT <报表监听器名> | TYPE <表达式>]
[TO <输出文件名> [NODIALOG]]
[PREVIEW [<窗口名>] [NOWAIT] [WINDOW <窗口名>]]
```

通过了解该语句中一些参数的详细设计，即可快速熟悉打印报表的方法。其详细参数含义如下。

- ❑ 范围　指报表范围，默认值是 ALL。
- ❑ ?　若不指定报表名称而使用 "? "，系统会列出已有的报表供用户选择。
- ❑ **FOR**　从当前记录开始，所有满足条件的记录属于输出对象。
- ❑ **WHILE**　从当前记录开始，所有满足条件的记录属于输出对象，当遇到不满足条件的记录时停止输出。
- ❑ **HEADING**　指定放在报表每页上的附加标题文本。
- ❑ **SUMMARY**　禁止打印细节带区。
- ❑ **PLAIN**　禁止打印除报表开始时以外的所有页标头。
- ❑ **NOCONSOLE**　在打印报表或将它发送给一个文件时，禁止在 Visual FoxPro 主窗口或用户定义窗口中显示它的内容。
- ❑ **PDSETUP**　装入一个打印机驱动设备设置。

例如，使用命令打印创建的 "学生信息表" 报表，可以在【命令】窗口中输入下列代码。

```
REPORT FORM d:\vfp\教务信息\学生信息表.frx NOCONSOLE TO PRINTER
```

提 示
> REPORT FORM 命令默认是将报表内容输出在屏幕上,只有在选用 TO PRINTRT 短语时,报表才从打印机输出。

10.3　标签

标签是一种特殊类型的报表,打印在特定大小的标签纸上。与报表的不同之处在于,报表是以表为单位按一定的格式生成报表,而标签则以表中的记录为单位,一条记录生成一个标签。

10.3.1　标签向导

标签向导与报表的创建方法相同,也是创建标签的简单方法。例如,利用标签向导创建一个"学生成绩通知书"标签。

首先,执行【文件】|【新建】命令,在弹出的对话框中选择【标签】选项,然后单击【向导】按钮。

在弹出的对话框中,选择"教务信息"数据库下的"成绩查询"视图,如图 10-27所示。

在弹出的对话框中,选择标签的样式,包括"英制"和"公制"两种,如图 10-28所示。

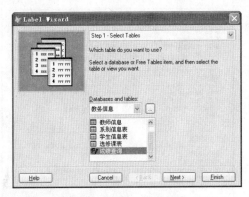
图 10-27　选择数据源

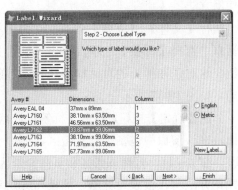
图 10-28　设置标签的样式

提 示
> 如果单击 New Label 按钮,在弹出的对话框中单击 New 按钮,弹出【自定义标签】对话框,在此可以设置标签的名称、标签的位置和距离等信息。

在弹出的对话框中，选择【学号】、【姓名】、【课程名】和【成绩】字段，并输入"学生成绩单"和两条直线，如图 10-29 所示。

在弹出的对话框中，用户可以根据需要确定标签输出的先后顺序，即确定记录的排序方式。这里由于选择的数据源是视图，所以没有选择排序，如图 10-30 所示。

在弹出的对话框中，可以选择完成标签设置之后的操作。如果需要预览设置好的标签，可以单击 Preview 按钮，预览创建的标签，如图 10-31 所示；或者单击 Finish 按钮，将创建的标签保存起来。

保存标签后，在【项目管理器】对话框的【文档】选项卡的【标签】选项中，可以看到刚刚创建的标签文件，用户可以在此对标签进行修改、运行等操作。

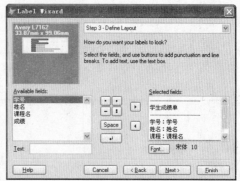

图 10-29　定义布局

10.3.2　标签设计器

标签设计器是报表设计器的一部分，它们使用相同的菜单、工具栏，只是默认的页面和纸张大小不同。下面仍以"学生成绩单"标签为例，介绍标签设计器的一些基本设置和使用方法。

执行【文件】|【新建】命令，在弹出的对话框中选择【标签】选项，单击【新建】按钮。这时，在弹出的对话框中选择标签的布局，如图 10-32 所示。

单击【确定】按钮，打开【标签设计器】窗口，在该窗口中包括页标头带区、列标头带区、细节带区、列注脚带区和页注脚带区，其操作方法与在报表设计器中的操作方法相同，如图 10-33 所示。

然后，设置标签页面，执行【文件】|【页面设置】命令。在弹出的对话框中，在【页面】选项卡中将【栏数】设置为 2。然后在【标签设计器】窗口的列标头带区中，利用【报表控件】工具栏中的按钮对标签进行布局设计，如图 10-34 所示。

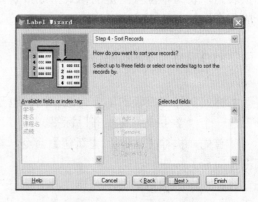

图 10-30　选择排序方式

图 10-31　预览标签

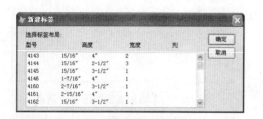

图 10-32　选择标签的布局

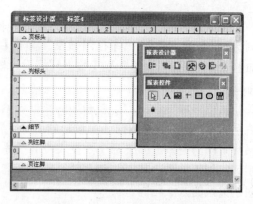

图 10-33　【标签设计器】窗口

设置完成后，将标签文件保存在指定的位置，并命名为"学生成绩单"。运行该标签文件，效果如图 10-35 所示。

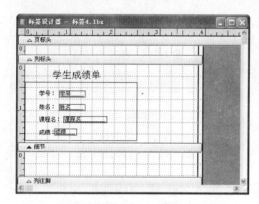

图 10-34　设置标签布局

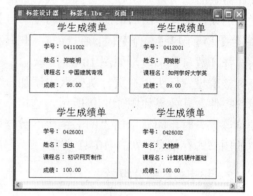

图 10-35　运行标签文件的效果

10.4　扩展练习

1. 使用报表的数据环境

报表的数据环境和表单的数据环境类似，主要用来为报表设置所引用的数据表或视图。当定义了报表的数据环境后，在打开或运行报表时，这些被引用的数据表或视图将自动打开。

设置报表的数据环境，需要打开【数据环境设计器】窗口。例如，在【报表设计器】窗口中执行【显示】|【数据环境】命令，打开【数据环境设计器】窗口，如图 10-36 所示。此时，在窗口中没有任何数据表或视图，右击窗口的空白处，执行【添加】命令，弹出【添加表或视图】对话框，如图 10-37 所示。

图 10-36　【数据环境设计器】窗口

在该对话框中，选择"图书销售"数据库中的"图书信息表"和"库存图书表"，单击【添加】按钮，将数据表添加到【数据环境设计器】窗口中，如图 10-38 所示。

从图中可以看出，如果添加的数据表具有关系的话，添加到【数据环境设计器】窗口后，保持同样的关系。如果两个数据表没有关系，还可以创建关系，其方法和在数据库设计器中创建关系的方法相同。

下面就可以在报表设计器中添加需要输出的字段了。即在【数据环境设计器】窗口中，单击需要添加的数据表中的字段，拖动至报表设计器中的细节带区中，并将其移动到合适位置。例如，选择"图书信息表"中的【书号】、【书名】和【作者】3 个字段，在"库存图书表"中选择【数量】字段，如图 10-39 所示。

接着设置标头，在页标头带区中添加一个标签控件，其效果如图 10-40 所示。这样，在预览该报表时，即显示出"图书销售"数据库中的图书库存信息，如图 10-41 所示。

2．报表的数据分组

报表的分组指的是在报表中按照指定的顺序对数组信息进行分类，可以使具有相同属性的数据或字段组合在一起，使数据规范化。

在由报定向导生成的报表中，可以对报表进行分组处理。通过分组，使报表更清晰明了，便于阅读。分组条件一般为字段或是一个或多个字段生成的表达式。

例如，在【数据环境设计器】窗口中添加"学生信息表"，然后执行【报表】|【属性】命令，在弹出的【报表属性】对话框中选择【数据分组】选项卡，如图 10-42 所示。

单击该选项卡中的【添加】按钮，在弹出的【表达式生成器】对话框中选择【字段】列表框中的"年级"选项，按照【年级】进行分组，单击【确定】按钮，将分组条件添加到【报表属性】对话框中，如图 10-43 所示。

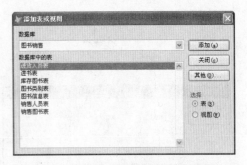

图 10-37　【添加表或视图】对话框

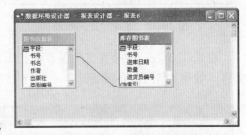

图 10-38　添加的数据表

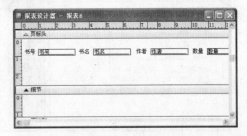

图 10-39　添加字段

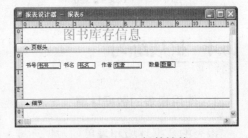

图 10-40　添加标签控件

图 10-41　预览效果

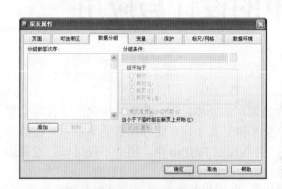

图 10-42　【数据分组】选项卡

图 10-43　设置分组条件

单击【报表属性】对话框中的【确定】按钮，对此【报表设计器】窗口中将多出两个带区，即组标头带区和组注脚带区。在其带区中设置如图 10-44 所示的字段。

这样，设置好报表后，单击【常用】工具栏中的【预览】按钮，预览其效果，如图 10-45 所示。

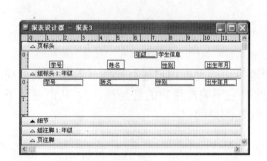

图 10-44　设置带区中的字段

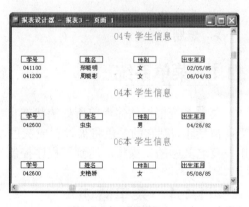

图 10-45　预览效果

第11章　菜单的设计与应用

内容摘要 | Abstract

在 Windows 系统环境中，菜单是用户最常用的功能之一，起着结构化组织程序功能的作用，从而方便用户使用应用程序中的命令和工具。具有良好风格的菜单系统会给用户一个友好的界面，并带来操作上的便利。在 Visual FoxPro 中，用户不仅可以创建普通菜单，还可以创建子菜单及快捷菜单，并为菜单指定任务。

通过本章的学习，要掌握菜单的设计方法，使用户能够创建出自己想要的菜单系统，以完成指定的任务和操作。

学习目标 | Objective

➢ 创建系统菜单
➢ 快捷菜单的设计
➢ 为菜单指定任务
➢ 定制菜单

11.1　菜单系统

菜单系统根据软件当前所处的状态自动地禁止或允许用户进行操作（若某个菜单项当前被禁止，则它的颜色将被设置成灰色，此时它不响应应用户的任何操作），从而避免了用户莫名其妙的误操作，达到了程序控制一致性的目的。

11.1.1　菜单概述

在 VFP 中所设计的菜单与用户经常使用的菜单非常相似，在总体上都属于一个概念。下面简单介绍菜单的相关内容。

1. 菜单系统的组成

用户启动的任意应用程序，多数都包含有菜单栏。菜单栏主要用于用户执行菜单内容。而菜单系统是由菜单栏、菜单标题、菜单和菜单项组成，如图 11-1 所示。

其中，整个菜单系统包含以下内容。

❑ **菜单栏**　用于放置多个菜单标题。

图 11-1　菜单系统的组成

❑ **菜单标题**　每个菜单的名称，单击某个菜单标题，可以打开菜单项和子菜单。

菜单的设计与应用————

- ❑ **菜单** 包含命令、菜单项、过程和子菜单（菜单项后面带有向右的黑色箭头的菜单项称为子菜单，子菜单的菜单项与父菜单的菜单项相同，子菜单中菜单项也可以包含下一级子菜单）。
- ❑ **菜单项** 菜单项一般由一个图标、菜单名称和快捷键组成，用来实现某一具体的任务。

2. 菜单类型

在 Windows 系统环境中，菜单一般分为下拉式菜单和快捷菜单两类。下拉式菜单也称为弹出式菜单，是在单击系统标题时弹出的菜单；而快捷菜单则是在单击鼠标右键时弹出的菜单。

❑ **下拉式菜单**

下拉式菜单是由一个被称为主菜单的工具条和一组被称为子菜单的弹出式菜单组成。

在系统中单击【工具】菜单，将弹出【工具】菜单的下拉式菜单。可以看出该菜单中包含有菜单项和子菜单。当鼠标指针指向【向导】菜单项时，则弹出【向导】子菜单，如图 11-2 所示。

❑ **快捷菜单**

在控件或对象上右击，所弹出的菜单称为快捷菜单。快捷菜单用于快速展示当前控件或对象可以执行的所有命令，如图 11-3 所示。

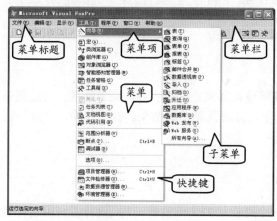

图 11-2　下拉式菜单

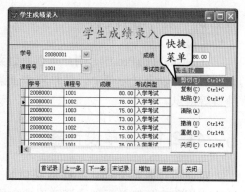

图 11-3　窗口快捷菜单

快捷菜单的菜单项由一个图标和菜单名称组成。一般情况下，快捷菜单不设置快捷键，快捷菜单也可以拥有子菜单。

11.1.2　菜单设计原则

在创建菜单文件前，需要先规划菜单系统，这是因为菜单系统的好与坏直接决定了用户在使用系统时对应用系统的评价。一个好的菜单系统可以帮助用户减少不必要的操作步骤，让用户在查看菜单时就能理解应用程序的功能，并掌握应用程序的使用方法。

在规划和设计菜单系统时，应该注意以下一些原则。

❑ **从用户角度出发**

按照应用程序的功能来组织系统，而不应该按应用程序的层次组织系统。也就是做到，通过查看菜单和菜单项，用户就应该可以对应用程序的组织方式有一个初步的认识。因此，在设计这些菜单和菜单项时，就必须从用户的思考角度和行为习惯出发来完成设计。

❑ **标题要点题明义**

在设置菜单的标题时，应该给每个菜单一个有意义的标题，并且对菜单项的文字描述要准确，最好是用日常用语来描述。另外，在说明其产生的效果时，尽量使用简单、生动的动词，而不要将名词作动词使用，还有就是要尽量用相似的语句结构说明菜单项。

❑ **业务的逻辑顺序排列**

按照菜单项的使用频率或逻辑顺序来组织菜单项。如在一个销售业务系统中，其中最频繁的业务逻辑是开票和记账，而统计和汇总则是定期进行的；另外，一项业务一般都有固定的逻辑顺序，如销售业务总是先开票，然后再收款和记账等。

❑ **按功能或者业务进行分组**

应按功能相近的原则将菜单项分组，然后在菜单项的逻辑组之间放置分隔线。

❑ **菜单项数目均衡**

将菜单上菜单项的数目限制在一个屏幕之内，如果菜单项的数目太多，应该为其中的一些菜单项创建子菜单。

❑ **快捷键字母与文字有关联**

为菜单和菜单项设置键盘快捷键。例如，Alt+F 可作为"文件"菜单的快捷键，Ctrl+N 可作为"新建"菜单项的快捷键等。

11.2 菜单的设计

在 Visual FoxPro 中，用户可以通过菜单设计器来定义所需要的菜单系统。通过菜单设计器，可以定义主菜单、菜单项和子菜单，并设置菜单的结果、执行代码、热键与快捷键等信息。

11.2.1 菜单设计器

菜单设计器是 Visual FoxPro 提供的一个可视化的菜单设计工具，设计者利用它可以建立应用程序的菜单系统，还可以建立快捷菜单。例如，执行【文件】|【新建】命令，在弹出的【新建】对话框中选择"菜单"选项，然后单击【新建】按钮，弹出【新建菜单】对话框，如图 11-4 所示。

在该对话框中，单击【菜单】按钮，打开【菜单设计器】窗口，如图 11-5 所示。此时，在 Visual FoxPro 的系统菜单栏上会增加一个名称为【菜单】的主菜单。

提示
打开【菜单设计器】窗口还可以通过以下方式：在【项目管理器】对话框的【其他】选项卡中选择【菜单】单选按钮，单击【新建】按钮，在弹出的【新建菜单】对话框中单击【菜单】按钮；或者在【命令】窗口中输入 CREATE MENU 后按回车键，在弹出的【新建菜单】对话框中单击【菜单】按钮。

菜单的设计与应用

图 11-4 【新建菜单】对话框

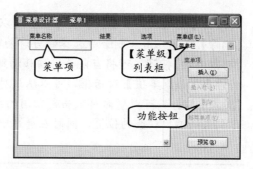

图 11-5 【菜单设计器】窗口

在【菜单设计器】窗口中，左侧的列表框中包含了"菜单名称"、"结果"和"选项"共 3 个列，其中的第一行可以用来定义一个菜单项。

❑ **菜单名称**

在【菜单名称】列中可以指定菜单项的名称和热键。热键用带有下划线的字母表示，使用字符"\字母"，即可为其指定热键。例如，指定某个菜单栏菜单名称为"文件(\<F)"，则按 Alt+F 组合键可快速打开这个下拉菜单。

在菜单中通常会将不同功能项进行分组。在【菜单名称】列中输入 "\-"，则在菜单中的该选项的位置处将出现一条分隔线。

❑ **结果**

用于指定当菜单运行时，在用户选择该菜单项时应执行的动作。单击该列，将出现一个下拉列表框，其中包含"命令"、"填充名称"、"子菜单"和"过程"4 个选项，其功能如表 11-1 所示。

表 11-1 【结果】列选项的功能

选项	功能
命令	选择"命令"选项时，将在右侧显示一个文本框，用来输入一条具体的操作命令，如用 DO FORM<表单名>命令打开某个表单等
填充名称	选择"填充名称"选项，则在其右侧显示一个文本框，用来输入该菜单项的一个内部名称或序号
子菜单	选择"子菜单"选项，则在其右侧显示【创建】或【编辑】按钮，单击【创建】或【编辑】按钮，菜单设计器将切换到子菜单页，即为当前菜单项定义或修改其级联的各个子菜单项
过程	选择"过程"选项，则在其右侧显示【创建】或【编辑】按钮，单击该按钮，将弹出【过程】窗口，用来输入或修改一段程序代码

❑ **选项**

在每个菜单项的【选项】列中都有一个无符号按钮，单击此按钮，将弹出【提示选项】对话框，用来定义当前菜单项的其他属性。

在【菜单设计器】窗口的右侧，还包含有设计菜单所要设置的其他选项内容。其详细的选项含义及设置如下。

❑ **【菜单级】下拉列表框** 可以在该列表框中选择菜单名，从而访问不同层次的菜单内容。

❑ **【插入】按钮** 用来在当前菜单项之前插入一个新的菜单项。

❑ **【插入栏】按钮** 在子菜单的当前菜单项前插入一个系统菜单项。单击该按钮，将弹出【插入系统菜单栏】对话框，可以从该对话框中选择需要的菜单项。

- □ 【删除】按钮　用来删除所选择的当前菜单项。
- □ 【移菜单项】按钮　可将当前菜单项移动到其他菜单或子菜单中。单击此按钮时，将弹出【移菜单项】对话框，可以从该对话框中选择需要移动的位置。
- □ 【预览】按钮　可以暂时屏蔽当前使用的系统菜单，然后将用户自定义的菜单显示到系统菜单栏条的位置，同时在屏幕中显示【预览】对话框。

提示

　　在【新建菜单】对话框中，用户可以单击【快捷菜单】按钮，即可创建快捷菜单。其创建过程与创建菜单系统的方法相同。

11.2.2　自定义菜单的设计

自定义菜单设计也就是用户根据应用程序的功能、模块等信息来设置和组织菜单的结构，并使用菜单设计器来设置菜单系统的过程。

定义菜单后的描述信息将存储在扩展名为.mnx 和.mnt 的菜单文件中，这类文件不是程序文件，故不能被执行。所以在定义菜单后，需要执行【菜单】菜单下的【生成】命令来生成扩展名为.mpr 的命令文件，该文件可以在【命令】窗口中通过使用“DO <菜单命令文件名.mpr>”语句来执行菜单。

例如，使用菜单设计器创建一个“教师档案管理系统”的应用程序菜单，其菜单结构如表 11-2 所示。

表 11-2　“教师档案管理系统”菜单结构表

主菜单	一级菜单	主菜单	一级菜单
数据维护	浏览档案	打印	教师信息简表
	增加		教师档案简表
	修改	系统	关闭
查询			退出

打开【菜单设计器】窗口，在【菜单名称】文本框中输入“数据维护（\<W）”、“查询（\<Q）”、“打印（\<P）”、“系统（\<X）”这 4 个主菜单项的名称。指定“查询”菜单项的【结果】项，设定其“命令”内容“DO FORM frmThQuest”，如图 11-6 所示。

提示

　　DO FORM frmThQuest 语句中 frmThQuest 是“教师档案管理系统”的查询表单。

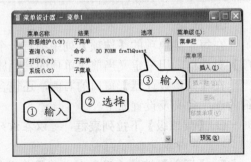

图 11-6　设置主菜单栏

选择“数据维护”菜单，单击右侧的【创建】按钮设置其子菜单，在打开的【菜单设

菜单的设计与应用

计器】窗口内输入"浏览档案(\<B)"、"增加记录(\<A)"和"修改记录(\<M)"这3个子菜单项名称。并分别为"增加记录"和"修改记录"子菜单的【结果】项指定对应的命令：DO FORM frmAddData 和 DO FORM frmModData，如图11-7所示。

提示

其中，表单 frmAddData 和 frmModData 分别对应教师信息记录增加和记录修改的窗体。

选择"浏览档案"子菜单，单击其后的【创建】按钮，在打开的【过程编辑】窗口内输入如下代码：

```
USE 教师信息表
BROWSE NOMODIFY NOAPPEND
CLOSE DATABASES
```

为【浏览档案】子菜单增加快捷键。选译该菜单项并单击右侧的【选项】下无符号按钮，在弹出的【提示选项】对话框中，将焦点设置在【键标签】文本框后，然后在键盘上按 Alt+L 组合键，并在【信息】文本框中输入"浏览教师信息"。单击【确定】按钮，返回【菜单设计器】窗口，如图11-8所示。

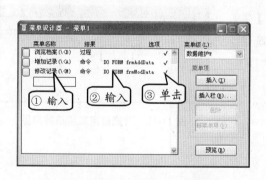

图 11-7　设置"数据维护"子菜单

图 11-8　设置快捷键

用同样的方法为【增加记录】和【修改记录】子菜单指定快捷键 Alt+A 和 Alt+M。选择窗口右上角【菜单级】下拉列表框中的"菜单栏"选项，回到主菜单设计窗口。

为主菜单的【打印】菜单项设置子菜单。在【打印】菜单的子菜单设计窗口中，在【菜单名称】下输入"教师信息简表(\<I)"和"教师档案简表(\<F)"两个子菜单项，然后分别指定其【结果】项的命令："REPORT FORM 教师信息报表"和"REPORT FORM 教师信息报表"，如图11-9所示。其中，"教师信息报表"和"教师档案报表"是事先设计好的两个报表文件。

为主菜单的【系统】菜单项设置子菜单。在【系统】菜单的子菜单设计窗口中，单击【插入栏】按钮，弹出【插入系统菜单栏】对话框，在列表框中分别选择"关闭"和"退出"选项，并分别单击【插入】按钮，将其添加到子菜单设计窗口中，如图11-10所示。

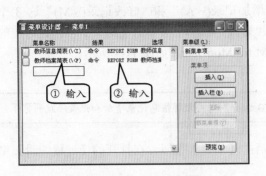

图 11-9　设置"打印"子菜单

图 11-10　添加"系统"子菜单

设置菜单系统程序的初始化代码。在主菜单的【菜单设计器】窗口中，执行【显示】|
【常规选项】命令，在弹出的【常规】对话框中启用【设置】复选框，然后在弹出的"设
置"编辑窗口中输入如下代码。

```
CLEAR
**关闭命令窗口
KEYBOARD "{Ctrl+F4}"
**设置菜单窗口标题
MODIFY WINDOW SCREEN TITLE "教师档案管理系统"
```

保存菜单的定义，并执行【菜单】|【生
成】命令，生成菜单程序"教师档案系统菜
单.mpr"。在【命令】窗口中输入语句"DO
教师档案系统菜单.mpr"，按回车键后，系
统菜单栏则替换成"教师档案系统菜单"，
如图 11-11 所示。

图 11-11　浏览自定义菜单效果图

11.2.3　SDI 菜单的设计

SDI 菜单是出现在单文档界面（SDI）窗口中的菜单。若要创建 SDI 菜单，必须在
设计菜单时指出该菜单用于 SDI 表单。除此之外，创建 SDI 菜单的过程与创建普通菜单
完全相同。将菜单指定为用于顶层表单的具体方法
如下。

启动菜单设计器，并设置【菜单级】列表框选
项为"菜单栏"。然后执行【显示】|【常规选项】
命令，在【常规选项】对话框中启用【顶层表
单】复选框，如图 11-12 所示，然后再单击【确定】
按钮。

在表单中设置 Show Window 属性值为"2-作
为顶层表单"选项，然后在表单 Init 事件或 Load

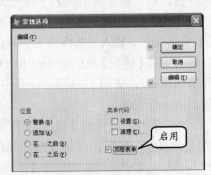

图 11-12　【常规选项】对话框

菜单的设计与应用

事件中输入执行菜单程序代码 "DO <菜单文件名.mpr> WITH this,"菜单名"",并在表单的 Destroy 事件中输入代码 "RELEASE MENU 菜单名"。

提示

代码 DO <菜单文件名.mpr> WITH this,"菜单名",其中 "菜单名" 为别名。

11.2.4 快捷菜单的设计

在 Visual FoxPro 中,可以通过快捷菜单设计器来创建快捷菜单,用以快速操作选定的对象。当程序运行时,在对象上右击,弹出定义的快捷菜单,从该菜单中选择菜单项命令后,可以执行相应功能的操作。

执行【文件】|【新建】命令,在弹出的【新建】对话框中选择【菜单】选项,并单击【确定】按钮,然后在弹出的【新建菜单】对话框中,单击【快捷菜单】按钮,打开【快捷菜单设计器】窗口,如图 11-13 所示。

图 11-13 【快捷菜单设计器】窗口

【快捷菜单设计器】窗口与【菜单设计器】窗口相似,其主要的区别如下。

- 在【菜单设计器】窗口中,可以创建主菜单;而在【快捷菜单设计器】窗口中,则无法创建主菜单。

- 在【菜单设计器】窗口中打开【常规选项】窗口,可以设置菜单在运行时的【位置】选项和【顶层表单】复选项。而在【快捷菜单设计器】窗口中打开【常规选项】窗口,则无法设置其【位置】选项及【顶层表单】复选项。

- 在【菜单设计器】窗口中创建的菜单可以作为 SDI 菜单;而在【快捷菜单设计器】窗口中创建的快捷菜单不能作为 SDI 菜单。

例如,设计一个具有 "打开"、"发送"、"剪切"、"复制"、"粘贴"、"撤销"、"重做" 等几个菜单项的快捷菜单,以方便对表单中 "教师信息" 表的浏览和修改。

首先,打开【快捷菜单设计器】窗口,单击右侧【插入栏】按钮,在弹出的【插入系统菜单栏】窗口中,分别选择 "打开"、"发送"、"剪切"、"复制"、"粘贴"、"撤销"、"重做" 等几个选项,然后分别单击【插入】按钮,将其添加到【快捷菜单设计器】窗口中,如图 11-14 所示。

图 11-14 创建快捷菜单

单击【确定】按钮返回，分别选择"剪切"和
"撤销"两个菜单项，并分别单击【插入】按钮，在
菜单项前插入"新菜单项"，并在新菜单项的【菜单
名称】内输入分隔符"\-"，如图 11-15 所示。

保存菜单定义。执行【菜单】|【生成】命令，
生成菜单程序"表浏览快捷菜单.mpr"。在【命令】
窗口中输入快捷菜单的执行命令。

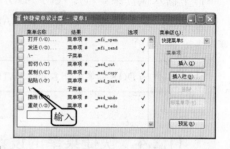

图 11-15   插入分隔符

```
**清除以前设置过的功能键
PUSH KEY CLEAR
**当右击时，执行"表浏览快捷菜单.mpr"快捷菜单
ON KEY LABEL RIGHTMOUSE DO 表浏览快捷菜
单.mpr
USE 教师信息
BROWSE
```

此时在"教师信息"表的【浏览】窗口中，右
击即可弹出所设计的快捷菜单，并选择其中的命令
执行所选的操作，如图 11-16 所示。

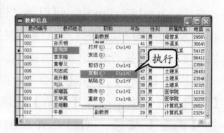

图 11-16   执行快捷菜单命令

11.2.5   用编程方式定义菜单

早期的 Visual FoxPro 版本中没有菜单设计器，菜单就是直接使用命令的方式创建
的，同样，在新版本中也可以使用命令创建菜单。定义菜单的代码一般是在程序（.prg）
文件中编写的，执行时调用该程序文件即可。

1. 定义菜单栏

定义菜单栏的命令是 DEFINE MENU 和 DEFINE PAD，前者说明定义了一个菜单，
后者用来定义菜单栏中的菜单项。

❑   定义菜单

格式：

```
DEFINE MENU MenuBarName
[BAR [AT LINE nRow]]
[IN [WINDOW] WindowName | IN SCREEN]
[FONT cFontName [, nFontSize]]
[STYLE cFontStyle] [KEY KeyLabel] [MARK cMarkCharacter]
[MESSAGE cMessageText] [NOMARGIN]
[Color Scheme nSchemeNumber | COLOR ColorPairList]
```

参数 MenuBarName 指定要创建的菜单栏的名称，给菜单栏命名，使用户能在其他
命令和函数中引用该菜单栏；BAR 子句用于指定菜单栏的位置；KEY 子句指定用于激
活菜单栏的键或组合键。如创建 Visual FoxPro 的系统菜单，在【程序】窗口中输入如下
命令：

```
**定义图书管理主菜单
DEFINE MENU _MSYSMENU
```

注 意

DEFINE MENU 命令中的其他参数可在帮助文件中查阅。

❑ **定义菜单标题**

格式：

```
DEFINE PAD MenuTitle1 OF MenuBarName
PROMPT cMenuTitleText [AT nRow, nColumn]
[KEY KeyLabel [, cKeyText]] [MESSAGE cMessageText]
[Color Scheme nSchemeNumber | COLOR ColorPairList]
```

参数 MenuTitle1 指定要创建菜单项的内部标题；OF MenuBarName 指定菜单项从属于的菜单名称；PROMPT cMenuTitleText 指定菜单栏中菜单项的标题名称。

例如，在"_MSYSMENU"系统菜单中添加"文件"和"编辑"菜单项，则在【程序】窗口中输入如下命令：

```
**添加"文件"、"编辑"菜单
DEFINE PAD _MFILE OF _MSYSMENU PROMPT '文件(\<F)'
DEFINE PAD _MFILE OF _MSYSMENU PROMPT '编辑(\<E)'
```

提 示

一组 DEFINE PAD 命令可以定义一个菜单栏，这组 DEFINE PAD 的 MenuBarName 参数是一致的。

2. 定义子菜单

建立子菜单（下拉菜单）的命令是 DEFINE POPUP 和 DEFINE BAR，前者用来定义一个下拉菜单，后者用来定义下拉菜单中的菜单项。

❑ **定义子菜单**

格式：

```
DEFINE POPUP MenuName
[FROM nRow1, nColumn1] [TO nRow2, nColumn2]
[KEY KeyLabel] [MESSAGE cMessageText]
[Color Scheme nSchemeNumber | COLOR ColorPairList]
```

参数 MenuName 指定创建下拉菜单的名称；FROM 子句用于指定菜单左上角至右下角的行列坐标。例如，为系统菜单的"文件"菜单添加名称为"_MFILE"的下拉菜单，则在【程序】窗口中输入如下命令：

```
**为"文件"菜单定义下拉菜单
DEFINE POPUP _MFILE
```

──────── 基础篇

❑ 定义子菜单标题

格式：

```
DEFINE BAR nMenuItemNumber|SystemItemName
OF MenuName PROMPT cMenuItemText
```

参数 nMenuItemNumber|SystemItemName 指定下拉菜单中菜单项的内部编号或标题；OF MenuName 指定放置菜单项的菜单名；PROMPT cMenuItemText 指定显示在下拉菜单中菜单项的名称。例如，为系统菜单的"文件"菜单添加"新建"和"打开"两个菜单项，则在【程序】窗口中输入如下命令：

```
**为"文件"菜单添加菜单项
DEFINE BAR _MFI_NEW OF _MFILE PROMPT '新建(\<N)'
DEFINE BAR _MFI_OPEN OF _MFILE PROMPT '打开(\<O)'
```

3．激活菜单

激活菜单是指当菜单运行时，操作该菜单时系统应该做出的反应。例如，执行 Visual FoxPro 的【文件】菜单，则弹出【文件】下拉菜单，这个操作过程叫做激活菜单。

❑ 激活子菜单

格式：

```
ON PAD MenuTitleName OF MenuBarName1
[ACTIVATE POPUP MenuName
| ACTIVATE MENU MenuBarName2]
```

指定菜单或菜单栏，当选择特定的菜单标题时激活它。参数 ON PAD 说明当光标移动到菜单栏 MenuBARName1 的菜单项 MenuTitleName 上时，激活（ACTIVATE）下一级菜单。

例如，激活"图书管理主菜单"菜单栏上的"新增"主菜单，在【程序】窗口中输入如下命令：

```
****在定义下拉菜单前，激活"文件"下拉菜单
ON PAD _MFILE OF _MSYSMENU ACTIVATE POPUP _MFILE
```

❑ 激活子菜单的下一级菜单

格式：

```
ON BAR nMenuItemNumber OF MenuName1
[ACTIVATE POPUP MenuName2| ACTIVATE MENU MenuBarName]
```

指定从菜单中选择特定菜单项时激活的菜单或菜单栏。参数 ON BAR 说明当光标移动到下拉菜单 MenuName1 的菜单项 nMenuItemNumber 上时激活（ACTIVATE）下一级菜单。

4．执行任务的命令

执行菜单栏的命令是指单击菜单或选择菜单后按回车键时，执行的 Visual FoxPro

菜单的设计与应用

命令。

   ❑   **执行菜单栏中任务的命令**

格式：

```
ON SELECTION MENU MenuBarName | ALL [Command]
```

指定在菜单栏上选择任何菜单标题时执行的命令。当光标移动到菜单栏 MenuBarNam 上且选择该菜单（按回车键或单击）时，执行命令。参数 ALL 从任何菜单栏上，选择任一菜单标题时都会被执行。

> **提 示**
>
>   MenuBarName 可以指定 DEFINE MENU 命令创建的用户自定义菜单名或 Visual FoxPro 系统菜单栏 _MSYSMENU 。使用不带可选参数的 ON SELECTION MENU 命令，可以释放菜单栏所指定的命令。

或者：

```
ON SELECTION PAD MenuTitleName
OF MenuBarName [Command]
```

指定选择菜单栏上特定菜单标题时执行的命令。当光标移动到菜单栏 MenuBarName 的菜单项 MenuTitleName 上，且选择该菜单项（按回车键或单击）时，执行命令。

   ❑   **子菜单中执行任务的命令**

格式：

```
ON SELECTION POPUP MenuName | ALL [Command]
```

指定从特定菜单或所有菜单上选择任一菜单项时所要执行的命令。MenuName 指定要为其指定命令的菜单。如果包含 ALL 而不是一个菜单名，则从任何菜单上选择任一菜单项时，Visual FoxPro 都执行此命令。

或者：

```
ON SELECTION BAR nMenuItemNumber
OF MenuName [Command]
```

指定选择特定菜单项时应执行的命令。当光标移动到下拉菜单 MenuName 的菜单项 nMenuItemNumber 上，且选择该菜单项（按回车键或单击）时，执行 Command 命令。

11.3   扩展练习

1. 创建多级菜单

可以利用【菜单设计器】窗口设置多级菜单。当创建多级菜单时，只需要在该菜单项的【结果】列表框中选择"子菜单"选项，就可以创建其下级菜单。如在一个进销存软件系统中，其菜单结构效果图如图 11-17 所示。

创建方法：打开【菜单设计器】窗口，在【菜单名称】文本框中输入"系统(\<X)"、"进货(\<R)"、"销售(\<S)"、"打印报表(\<P)"和"帮助(\<H)"5 个主菜单，然后选择"系统"菜单项，【结果】列表框中必须为"子菜单"选项时才能建立子菜单，单击【创建】按钮，打开子菜单的【菜单设计器】窗口，如图 11-18 所示。

在【菜单设计器】窗口中，设置"系统"菜单的子菜单。在【菜单名称】列中输入其子菜单名称"品类管理(\<K)"、"管理员管理(\<A)"和分隔符"\-"；选择"品类管理"，定义【结果】的"命令"选项的内容为"do form frmCate"。

单击【插入栏】按钮，弹出【插入系统菜单栏】对话框，添加"关闭"和"退出"两个系统菜单到当前的菜单项中，如图 11-19 所示。

当然，还可以设置子菜单的下级菜单来实现多级菜单。如设置"销售"菜单下"订单管理"子菜单的下级菜单，在子菜单"订单管理"的【结果】列表框中选择"子菜单"，单击【创建】按钮，如图 11-20 所示。

子菜单"订单管理"的下级菜单只需在打开的【菜单设计器】窗口中设置即可。

2. 通过程序创建快捷菜单

学会了使用菜单设计器设计菜单后，前面也讲了用编程的方式定义菜单，知道了可以使用命令 DEFINE POPUP 和 DEFINE BAR 等来定义子菜单和子菜单项。下面结合所学命令来创建一个快捷菜单，代码如下：

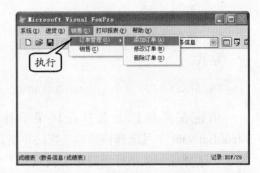

图 11-17 菜单结构效果图

图 11-18 创建主菜单

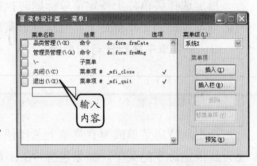

图 11-19 设置"系统"菜单的子菜单

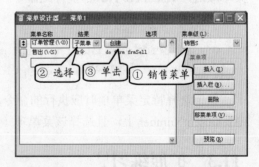

图 11-20 创建子菜单的下级菜单

```
*** 本程序名为 右键快捷.prg ***
CLEAR
SET SYSMENU SAVE
SET SYSMENU TO
```

198

```
**定义弹出式菜单 Rmenu
DEFINE POPUP Rmenu
**定义菜单项
DEFINE BAR 1 OF Rmenu PROMPT '动物(\<A)'
DEFINE BAR 2 OF Rmenu PROMPT '植物\<P'
DEFINE BAR 3 OF Rmenu PROMPT '鸟\<B'
DEFINE BAR 10 OF Rmenu PROMPT '\-'
DEFINE BAR 4 OF Rmenu PROMPT '运动\<S'
**激活弹出菜单
ON BAR 1 OF Rmenu ACTIVATE POPUP Animals
ON BAR 2 OF Rmenu ACTIVATE POPUP Plant
ON BAR 3 OF Rmenu ACTIVATE POPUP Bird
ON BAR 4 OF Rmenu ACTIVATE POPUP Sport

**定义弹出子菜单
DEFINE POPUP Animals
**定义子菜单项
DEFINE BAR 1 OF Animals PROMPT '马(\<A)'
DEFINE BAR 2 OF Animals PROMPT '牛\<P'
DEFINE BAR 3 OF Animals PROMPT '羊\<B'
DEFINE BAR 10 OF Animals PROMPT '\-'
DEFINE BAR 4 OF Animals PROMPT '大象(\<D)'
DEFINE BAR 5 OF Animals PROMPT '狮子\<L'
DEFINE BAR 6 OF Animals PROMPT '老虎\<T'

**定义弹出子菜单
DEFINE POPUP Plant
**定义子菜单项
DEFINE BAR 1 OF Plant PROMPT '白杨树(\<W)'
DEFINE BAR 2 OF Plant PROMPT '柳树\<O'
DEFINE BAR 3 OF Plant PROMPT '白桦树\<S'
DEFINE BAR 10 OF Plant PROMPT '\-'
DEFINE BAR 5 OF Plant PROMPT '牡丹花(\<P)'
DEFINE BAR 6 OF Plant PROMPT '玫瑰\<R'
DEFINE BAR 7 OF Plant PROMPT '百合花\<L'

**定义弹出子菜单
DEFINE POPUP Bird
**定义子菜单项
DEFINE BAR 1 OF Bird PROMPT '燕子(\<A)'
DEFINE BAR 2 OF Bird PROMPT '丹顶鹤\<P'
DEFINE BAR 3 OF Bird PROMPT '孔雀\<B'

**定义弹出子菜单
DEFINE POPUP Sport
**定义子菜单项
DEFINE BAR 1 OF Sport PROMPT '足球(\<A)'
DEFINE BAR 2 OF Sport PROMPT '排球\<P'
DEFINE BAR 3 OF Sport PROMPT '游泳\<B'
```

第 12 章 调试及编译程序

**内容摘要** | Abstract

　　Visual FoxPro 提供了极其丰富的工具来辅助编程人员开发应用程序。在开发过程中，编程人员只要规划好应用程序的功能、数据结构和界面布局，就可以通过各种工具来完成具体的代码编写工作。

　　完成后用户需要对应用程序进行调试操作，并修改其中的错误，然后再进行编译以及发布等操作，最终实现应用程序的开发。

学习目标 | Objective

➢　调试器窗口
➢　测试、调试应用程序
➢　编译程序和项目文档

12.1　程序的调试

　　程序调试是应用程序开发过程中非常重要的工作，通过程序调试发现和解决程序中的错误和不足。Visual FoxPro 为用户提供了专门用于应用程序调试的功能。

12.1.1　调试器窗口

　　调试器窗口是一个独立运行的窗口，它有自己的菜单和工具栏，如执行【工具】|【调试器】命令，如图 12-1 所示。

　　要打开子窗口，在调试器窗口的菜单栏中执行【窗口】命令，在弹出的下拉菜单中执行相应的子窗体命令。或者在调试器窗口的工具栏中单击相应的按钮。

　　在调试器窗口中可有 5 个子窗口：跟踪、监视、局部、调用堆栈和调试输出。

1.【跟踪】子窗口

　　【跟踪】子窗口主要用于显示正在调试执行的程序。如果需要调试程序，可以在调试器窗口中执行【文件】|【打开】命令。在弹出的【添加】对话框中选择需要调试的程序

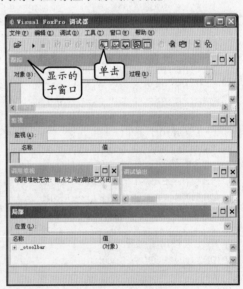

图 12-1　调试器窗口

调试及编译程序

文件。此时，被调试的程序文件将显示在【跟踪】子窗口中，单击【继续运行】按钮▶，即可对程序进行跟踪调试，如图 12-2 所示。

2.【监视】子窗口

【监视】子窗口用于监视指定表达式在程序执行过程中的取值变化情况，即在【监视】子窗口中的【监视】文本框中输入表达式，然后按 Enter 键，表达式则添加到下方的列表框中。在列表框中将显示表达式的名称、类型和值等信息，如图 12-3 所示。

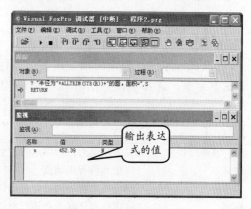

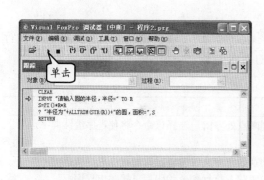

图 12-2 【跟踪】子窗口

图 12-3 【监视】子窗口

3.【调用堆栈】子窗口

调用堆栈子窗口用于显示当前处于执行状态的程序。

4.【调试输出】子窗口

为了调试方便，可以在程序中安置一些 DEBUGOUT 命令，具体格式如下：

DEBUGOUT <表达式>

当程序执行到该命令时，将计算表达式的值，并且将结果输出到调试子窗口。执行【文件】|【另存输出】命令可以将调试输出子窗口中的内容保存为文本文件。

5.【局部】子窗口

【局部】子窗口用于显示某个程序的内存变量的名称、类型和取值。【局部】子窗口会显示调用堆栈上的任意程序、过程或方法程序里所有的变量、数组、对象和对象元素。默认情况下，在【局部】子窗口中所显示的是当前执行程序中的变量值。通过在【位置】列表框中选择程序或过程，也可以查看其他程序或过程中的变量值，如图 12-4 所示。

在【局部】子窗口中，单击数组或对象名称旁边的加号（+），可以查看数组或对象

图 12-4 【局部】子窗口

的下一级内容。当进入下一级时，可以看到数组中所有的数组元素值或对象的所有属性设置。在【局部】子窗口中，通过选择所需的变量、数组元素或属性，然后单击【值】列，同时输入一个新值，即可改变这些变量、数组元素或属性的值。

> **提 示**
>
> 右击列表框窗口，可以从快捷菜单中选择公共、局部、常用、对象等，控制在列表框中显示的变量种类。

6.【调试】菜单

在调试程序时，除了可以使用窗口进行操作外，还可以使用菜单进行操作。即执行【调试】命令，选择调试方法。其各个菜单的功能如表 12-1 所示。

表 12-1　菜单项

菜单	作用
运行或继续执行	设置断点后，程序运行时到断点处停留，选择该命令将使程序继续向下运行
取消	终止当前程序调试
定位修改	终止当前程序调试，自动切换到命令文件编辑窗口对程序进行修改
跳出	在跟踪程序时不再进行单步跟踪，执行剩余代码后直接跳出程序
单步	将语句作为一条命令单步执行，不进入过程进行跟踪
单步跟踪	进入过程并单步跟踪过程中的语句
运行到光标处	程序将运行到光标所在的位置
调速	设置语句之间执行延时的秒数
设置下一条语句	恢复要执行的语句

12.1.2　断点的设置

在调试程序中必须设置断点。在 Visual FoxPro 中可以设置两种类型的断点。

1．普通断点

设置普通断点是调试程序中最常用的手段，程序执行到断点处将无条件中断或暂停。
将光标移动到要设置断点的程序行处，双击要设置断点的程序行左侧的灰色区域或直接按 F9 功能键。被设置了断点的程序行左侧的灰色区域内将显示一个红色的实心圆点。设置断点时，Visual FoxPro 的调试器窗口将自动打开。

2．条件断点

条件断点需要在【断点】对话框中设置，首先要打开该对话框，然后再设置其条件。可根据以下步骤设置。
先指定一个普通断点，再执行调试器窗口中的【工具】|【断点】命令，打开【断点】对话框。在【断点】列表框中选择断点后，在【类型】下拉列表框中选择断点的条件，列表框中有以下 4 种类型的选项。

- ❑ **在定位处中断**　无条件中断，即普通断点。
- ❑ **如果表达式的值为真则在定位处中断**　表达式的值为真的中断。
- ❑ **当表达式值为真时中断**　设置一个条件，只要条件为真，程序可在任何位置中断。
- ❑ **当表达式值改变时中断**　设置一个条件，只要该表达式的断点改变了就发生中断。

然后在【定位】和【文件】编辑框中将自动显示相关内容，再在【表达式】编辑框中输入表达式后，单击【添加】按钮，将其添加到【断点】列表框中。选择其他不需要的断点，单击【禁止】按钮，将其设置为无效状态，如图 12-5 所示。

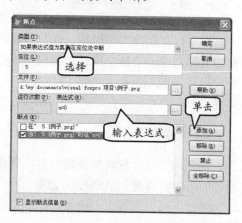

图 12-5　选择断点条件

提　示

单击【断点】列表框下的复选框选项，也可以启用或禁止该断点选项。

12.2　测试与调试应用程序

在开发应用程序时，可以利用项目管理器将应用程序的各个部分组织起来，用集成化的方法建立应用系统项目，并进行项目测试。本节介绍测试与调试应用程序，并将介绍 Visual FoxPro 的调试及容错技术。

12.2.1　测试应用程序

Visual FoxPro 提供了丰富的测试和调试工具，用来发现代码中的错误和有效地解决问题。

1．创建测试环境

应用程序运行的系统环境与应用程序本身设置的数据环境一样重要。为了保证可移植性要建立适当的测试和调试环境。

- ❑ **硬件和软件**

使用最低层常用的方式开发应用程序，确定最低所需的 RAM 以及存储介质的空间大小，其中应包括必需的驱动程序以及同时运行的软件所占用的空间。对于应用程序的网络版，还应考虑内存、文件和记录锁定等特殊要求。

- ❑ **系统路径和文件属性**

为了在运行应用程序的每台机器上都能够快速访问所有必须的程序文件，可能需要确定一个基本文件配置。

❑ **目录结构和文件位置**

如果在源代码中引用的是绝对路径或文件名，那么当应用程序安装到任何其他机器上时必须存在相同的路径和文件。若要避免这一情况，可以使用 Visual FoxPro 配置文件，另外创建一个目录或目录结构，将源文件和生成的应用程序文件分开，这样就可以对应用程序的相互引用关系进行测试，并且准确地知道在发布应用程序时应包含哪些文件。

2. 设置验证信息

在代码中可以包含验证的内容，其作用是验证代码运行环境的假设情况。若要设置验证的内容可以使用 ASSERT 命令。

例如，可以编写一个函数，该函数需要一个非 0 的参数值。如果参数值为 0 时，代码如下：

```
ASSERT nParm != 0 MESSAGE "接受的参数值为 0"
```

如果需要显示该提示内容，则可以使用 SET ASSERTS 命令指定显示提示信息。默认情况下不显示提示信息。

3. 查看事件发生的序列

在 VFP 中可以使用可视化的工具或 SET EVENTTRACKING 命令来跟踪、查看事件的发生顺序。即在调试器窗口中执行【工具】|【事件跟踪】命令，打开【事件跟踪】对话框，如图 12-6 所示。

【跟踪事件】列表框中为 Visual FoxPro 系统定义的所有事件，用户可从中选择不跟踪的事件，并单击中间的左箭头【添加】按钮，将其加入到【可用的事件】列表框中。

例如，一般不需对 RightClick 和 Unload 事件进行跟踪，可以把这两个事件从【跟踪事件】列表框移到【可用的事件】列表框中。

如果需要激活事件跟踪，启用【开启事件跟踪】复选框即可；如果启用【调试输出窗口】复选框，则在激活事件跟踪后，每当【跟踪事件】列表框中的一个事件发生时，该事件名字就会显示在【调试输出】窗口中；如果启

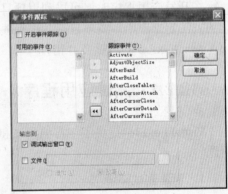

图 12-6 【事件跟踪】对话框

用【文件】复选框，可同时写到一个文件里。如果没有打开【调试输出】窗口，那么尽管已经启用了【调试输出窗口】复选框，事件也不会显示出来。

12.2.2 使用调试器发现错误

使用调试器发现错误时会弹出【程序错误】对话框，如图 12-7 所示。这些错误即不

调试及编译程序

属于语法错误，也不属于逻辑错误。而产生这些错误的可能操作包括：对不存在的文件执行读操作、试图打开已经打开的表、选择已经关闭的数据表、发生数据冲突、由于网络原因无法与远程数据库建立连接、除数为零等。

图 12-7 【程序错误】对话框

由于 Visual FoxPro 没有"异常处理"机制。为了防止和解决错误的产生，系统为用户提供了一系列的函数和命令，如表 12-2 所示。

表 12-2   处理错误有效的函数和命令

字段	说明
AERROR()	使用错误信息填充数组
DEBUG 或 SET STEP ON	打开"调试器"窗口或"跟踪"窗口
ERROR	产生指定的错误以测试自己的错误处理程序
ERROR()	返回一个错误编号
LINENO()	返回正在执行的代码行
MESSAGE()	返回一个错误信息字符串
ON ERROR	当错误发生时，执行一个命令
ON()	返回一些命令，这些命令指明了错误处理命令
PROGRAM()或 SYS(16)	返回当前执行程序的名称
RETRY	重新执行前一个命令
SYS(2018)	返回任意一个当前错误信息参数
ON()	返回一些命令，这些命令指明了错误处理命令

要防止在运行时发生错误，首先需要预见错误可能会在何处发生，然后针对可能发生错误的代码进行修改。但有时不能预见所有可能发生的错误，这时需要利用 Visual FoxPro 提供的错误捕获功能即使用 ON ERROR<命令>。

当过程中的代码出错时，Visual FoxPro 将检查与 ON ERROR 相关的错误处理代码。如果 ON ERROR 不存在，Visual FoxPro 就显示默认的错误信息。在 ON ERROR 后面，可以包含命令或者表达式，但一般情况下将调用一个错误处理过程或程序。

如果在代码中用 ON ERROR DO<错误处理过程>命令，即可启动错误捕获功能。这样在后续代码中发生任何运行时的错误，系统都会执行其中的代码，然后跳过错误代码行，接着执行错误代码行的下一语句。如果希望重新执行错误行代码，可使用 RETRY 命令。要中止错误捕获功能，可执行不带任何参数的 ON ERROR 命令，将错误信息重置为 Visual FoxPro 的内置错误信息。一般情况下，可将有可能出现运行时错误的代码放在 ON ERROR DO<错误处理过程>和 ON ERROR 之间。

例如，在【命令】窗口中输入命令"?a"，这时会出现一个错误提示对话框，如图 12-8 所示。

如果执行下面代码：

```
ON ERROR? ERROR()
```

图 12-8   错误提示

则在主窗口中会显示错误号码 12，而不在对话框中显示错误信息。

12.3　编译程序及项目文档

在应用程序调试完成后，可以对应用程序所在的项目进行编译，生成可执行文件。这些操作一般都通过项目管理器来实现，可以利用文档向导来创建项目文档，帮助用户更好地管理和应用项目。

12.3.1　项目信息和项目文档

连编生成的可执行文件过程中，除了设置必要的选项外，还可以对项目本身进行有关设置。

除了这些设置外，Visual FoxPro 还提供了制作帮助文档的向导，通过向导制作出的帮助文档为用户使用应用程序提供了方便。

1．项目信息

项目信息是允许查看和编辑有关项目和项目文件的信息。执行【项目】|【项目信息】命令，弹出【项目信息】对话框，如图 12-9 所示。

在该对话框中通过选择不同的选项卡，则可以设置项目信息，其包含下列 3 个选项卡。

❑ 【项目】选项卡

在该选项卡中用户可以设置当前项目的状态信息。在这些选项中，除了设置作者的详细信息外，还包括【调试信息】复选框，启用该复选框则指定已编辑项目文件中包含调试信息，否则不可调试；【加密】复选框则对连编的项目文件进行加密保护；【图标】复选框为应用程序指定一个图标。

图 12-9　【项目信息】对话框

❑ 【文件】选项卡

该选项卡用于显示项目中的文件信息，包括文件的类型、文件名称、上次修改日期和时间、包含状态和代码页信息等。其中单击【更新本地代码页】按钮将更新本地代码页。

❑ 【服务程序】选项卡

该选项卡用于显示服务程序类以及类所在的类库信息，即类名、实例、说明和帮助信息等。

2．制作项目文档

在 Visual FoxPro 中提供了文档向导，利用该向导可以整理项目中代码文件的格式和分析其中的代码，使代码更加规范，并引导用户为项目文件制作出一个详细的项目文档。

要制作帮助文档，可执行【工具】|【向导】|【归档（文档）】命令，在打开的 Documenting Wizard（文档向导）对话框中，可以选择项目文件或程序文件名称，如图 12-10 所示。

在该对话框中，设置代码中的关键字和符号大小写方式，如图 12-11 所示。

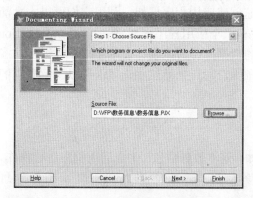
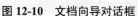

图 12-10　文档向导对话框

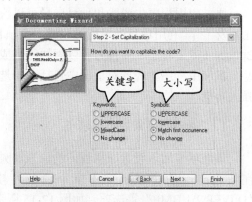

图 12-11　设置代码格式

单击 Next 按钮，在弹出的对话框中设置代码中可以缩进程序行的方式；该向导可以缩进特定类型的行，并可以调整缩进的空格数，如图 12-12 所示。

单击 Next 按钮，在弹出的对话框中设置是否在程序中插入标题，它可以放在文件、过程、类定义和方法程序的开始处，以增强代码的可读性，如图 12-13 所示。

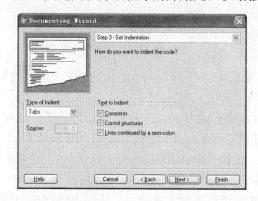

图 12-12　设置缩进

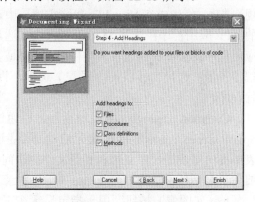

图 12-13　设置标题

在报表选择对话框中选择产生报表的类型，它们都是文本文件，如图 12-14 所示。最后，完成对帮助文档的创建，即单击 Finish 按钮，打开对话框选择保存路径即可。

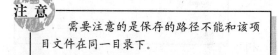

注　意

　　需要注意的是保存的路径不能和该项目文件在同一目录下。

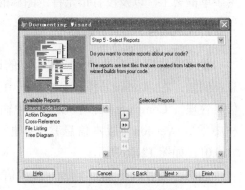

图 12-14　报表选择

12.3.2 应用程序生成器

通过应用程序生成器和项目向导可以快速创建应用程序框架，利用它们可以大大简化开发工作。利用项目向导能够生成一个项目和一个应用程序框架，然后打开 Application Builder（应用程序生成器）可以添加已生成的数据库、数据表、表单和报表等组件。

在应用程序生成器对话框中包括 6 个选项卡，通过熟悉这些选项卡可以了解到它的强大功能。

1. General（常规）选项卡

该选项卡用于设置应用程序的信息。例如，对"教务信息"生成应用程序进行操作，在该选项卡的 Name 文本框中输入"教务信息"，并设置 Image 显示图像地址"D:\VFP\2\1.BMP"等选项，如图 12-15 所示。

在 Name（名称）文本框中输入应用程序的名称；在 Image（图像）文本框指定显示在启动画面和【关于】对话框中的图像文件的文件名。

Application Type（应用程序类型）栏用于指定应用程序的运行方式，其中，选择 Normal（常规）选项，将生成在 Visual FoxPro 主窗口中运行的.APP 应用程序；选择 Module（模块）选项，应用程序将被添加到已有的项目中，或将被其他程序调用；选择 Top-Level（顶层）选项，将生成可以在 Windows 桌面运行的.EXE 可执行程序。

图 12-15　应用程序生成器

Common Dialogs（常用对话框）栏通过复选框选择在应用程序中是否包括，选择 Splash screen（显示屏幕），显示启动画面；选择 Quick start（快速启动），用【快速启动】表单提供对应用程序文档和其他文件的访问；选择 About dialog（关于对话框），是否需要关于对话框；选择 User logins（用户登录），是否提示用户进行口令登录。

Icon（图像）按钮用于指定显示在正常应用程序的主桌面上，顶层应用程序的顶层表单框架上，以及没有指定特定图标的表单的标题栏上的图标。

2. Credits（信息）选项卡

使用此选项卡可以指定应用程序的详细信息。例如，在 Author（作者）文本框中"教务信息管理"；Company（公司）文本框中输入"圣林中学"；Version（版本信息）文本框中输入"1.0.0"，如图 12-16 所示。

其次，还可以在 Copyright（版权信息）和 Trademark（标识）文本框中输入相关信息。

图 12-16　Credits（信息）选项卡

Visual FoxPro 在 Windows 操作系统下执行。该选项相当于执行 "BUILD EXE" 命令。

❏ **单线程 COM 服务程序** 创建单线程动态链接库（DLL）。

❏ **多线程 COM 服务程序** 创建多线程动态链接库（DLL）。

【选项】栏中各复选框的含义如下。

❏ **重新编译全部文件** 如果没有启用该复选框，将只编译修改过的文件，反之，将重新编译所有文件。

❏ **显示错误** 如果在连编过程中发生错误，连编完成后将在一个编辑窗口中显示这些错误。

❏ **连编后运行** 连编完成之后运行该应用程序。

❏ **重新生成组件的 ID** 将安装和注册包含在项目里的 OLE 服务程序。

另外，在【连编选项】对话框的右下角还有一个【版本】按钮，单击它在打开的【版本】对话框中可以指定生成的可执行文件的版本号及版本类型，如图 12-24 所示。

图 12-24 【版本】对话框

提 示

除了在【连编选项】对话框中连编项目外，使用 BUILD<命令选项> <项目文件名称>，也可以对项目进行连编。

第13章　企业人事管理系统

内容摘要 | Abstract

　　人事管理是很多厂矿、公司、个体事业单位所需的，人事管理系统包括对人事档案的统计、部门管理、人事调动、考勤管理、打印输出等，如果靠人工进行管理，工作量将很大，若公司人数有几万甚至更多，人工统计将变得不可想象。因此，用户可以借助人事管理系统的相关应用软件，仅进行一些简单的操作便可及时、准确地通过计算机获得需要的信息。

学习目标 | Objective

> ➢ 系统需求分析
> ➢ 数据库设计
> ➢ 系统各模块设计
> ➢ 主界面设计
> ➢ 集成模块
> ➢ 调试系统

13.1　系统及数据库设计

　　在进行应用系统的总体设计之前，首先需要进行需求分析，以便进行相应的数据库设计。而对数据库的设计则需要明确数据库中数据表的结构和关系，使数据库在运行时达到最优。

13.1.1　系统功能设计

　　人事管理是企事业单位管理所必须的工作。人事管理系统包括人员的管理与统计、查询、打印输出等。本管理系统针对在人事管理过程中的难题，从实际出发，基于 Visual FoxPro 强大的数据管理功能，来实现人事管理中的各项功能，其各界面组成及功能模块介绍如下。

　　❑　**系统主界面**

　　系统主界面起一个引导作用，主要归纳该系统所具备的各方面的功能。通过该系统主界面，可以进入其他管理模块。

　　❑　**快捷工具栏**

　　通过该工具栏可以快捷、方便地执行重要的模块，这也是最常用的操作。例如，在系统主界面中，需要通过单击进入多层后才可以进行操作的内容，则在该工具栏中，通过一次单击即可直接操作。

❑ **用户管理**

设置进入本系统的用户，包括添加、修改、删除用户和设置用户密码、用户权限，如图 13-1 所示。

❑ **部门管理**

该模块主要为企业添加新部门而设置，或者更改已有部门的信息等内容。因为在多数情况下，一个公司包含有多个部门，并且每个部门的情况都不相同。因此，用户通过该模块可以查看公司现有的部门，并且可以添加、删除和修改部门内容，如图 13-2 所示。

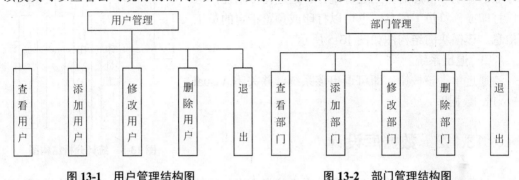

图 13-1　用户管理结构图　　　　图 13-2　部门管理结构图

❑ **人事管理**

本模块主要为完成员工信息而设计，所以在该模块中需要具备强大的功能。例如，在该模块中，可以添加员工信息、办理员工离职和调动等。

除此之外，在员工信息模块中，还可以查询、添加、修改、删除员工信息。如果员工需要从一个部门调动到另一个部门，可以在员工调动模块中操作。在操作时，为了便于输入，可以按照员工编号对员工信息进行查询，即直接输入员工编号或者单击下拉按钮，选择已经列出的员工信息。同样，在员工离职模块中也是如此。该模块的结构图如图 13-3 所示。

❑ **考勤管理**

考勤功能主要实现每天录入员工的考勤情况，以及查询员工的考勤信息，其结构图如图 13-4 所示。

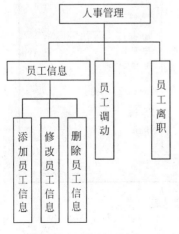
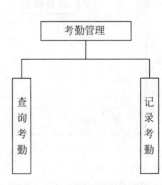

图 13-3　人事管理结构图　　　　图 13-4　考勤管理结构图

❏ **备份**

备份功能起着一种保护系统数据的作用。为防止数据库系统被修改或者系统崩溃，可以对该系统进行备份操作。

❏ **统计分析**

按照政治面貌、文化程度、婚姻状况、职称、所学专业、性别等信息对员工进行统计。通过打印功能，可以打印或预览员工信息，也可以打印或预览指定的员工信息。该模块的结构图如图 13-5 所示。

❏ **退出系统**

通过单击该按钮，即可退出该系统，并关闭 Visual FoxPro 数据库。

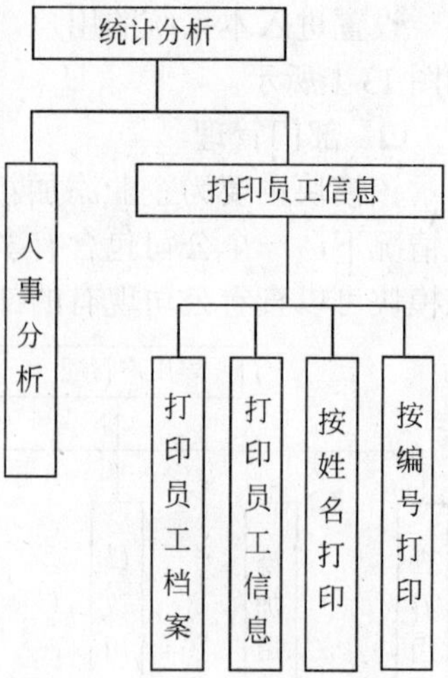

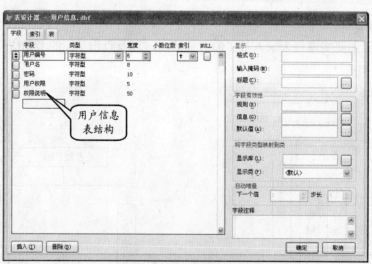

图13-5 统计分析结构图

13.1.2 数据库设计

进行数据库设计的首要任务是考虑信息需求，也就是数据库要存入数据的类型。当然，创建数据库并非仅仅为存储数据，更重要的是从中提取数据信息。

因此，除了考虑数据库中存储什么数据外，还需要考虑数据的存储方式、目的、用途以及性能要求。根据实际需求分析，本系统确定创建一个名为"人事管理.dbc"的数据库，并在该数据库中加入下列数据表。

1. 用户信息表

该表主要记录用户的信息以及用户的权限，其结构如图 13-6 所示。

图13-6 用户信息表

其中，该表中的详细字段及属性如表 13-1 所示。

表 13-1 表字段及其属性

字段	类型	宽度	小数位数	索引
用户编号	字符型	6		主索引
用户名	字符型	8		
密码	字符型	10		
用户权限	字符型	5		
权限说明	字符型	50		

2. 员工信息表

该表用于存储员工的基本信息，其结构如图 13-7 所示。

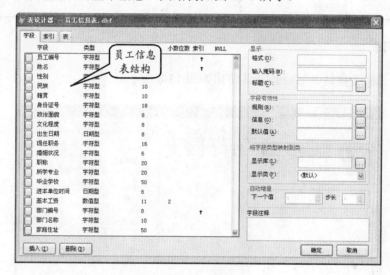

图 13-7 员工信息表

其中，该表中的详细字段及其属性如表 13-2 所示。

表 13-2 表字段及其属性

字段	类型	宽度	小数位数	索引
员工编号	字符型	10		主索引
姓名	字符型	8		
性别	字符型	10		
民族	字符型	10		
籍贯	字符型	10		
身份证号	字符型	18		
政治面貌	字符型	8		
文化程度	字符型	8		
出生日期	日期型	8		
现任职务	字符型	16		
婚姻状况	字符型	6		
职称	字符型	20		

字段	类型	宽度	小数位数	索引
所学专业	字符型	20		
毕业学校	字符型	50		
进本单位时间	日期型	8		
基本工资	数值型	11	2	
部门编号	字符型	8		普通索引
部门名称	字符型	10		普通索引
家庭住址	字符型	50		
联系电话	字符型	50		
照片	通用型	4		

3. 部门表

该表主要用于存储部门信息，其结构如图 13-8 所示。

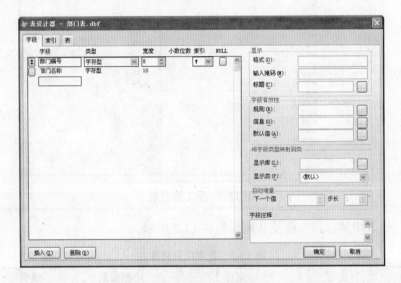

图 13-8　部门表

其中，该表中的详细字段及其属性如表 13-3 所示。

表 13-3　表字段及其属性

字段	类型	宽度	小数位数	索引
部门编号	字符型	8		主索引
部门名称	字符型	10		

4. 考勤记录表

该表主要用于记录员工的考勤信息，其结构如图 13-9 所示。
其中，该表中的详细字段及其属性如表 13-4 所示。

企业人事管理系统

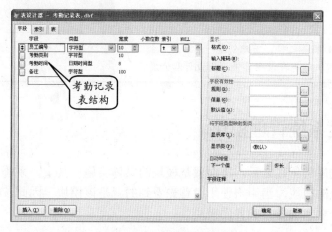

图 13-9　考勤记录表

表 13-4　表字段及其属性

字段	类型	宽度	小数位数	索引
员工编号	字符型	10		主索引
考勤类别	字符型	10		
考勤时间	日期时间型	8		
备注	字符型	100		

除上述所介绍的一些数据表之外，还包含有其他不同用途的数据表。如记录编号的"数据表"、记录离职员工信息的"离职信息表"和记录员工调动信息的"人员调动表"等。

5．创建数据表之间的关系

在【数据库设计器】窗口中建立各表之间的永久关系，如图 13-10 所示。在图中显示了当前管理系统的表之间的关系，其中"数据"和"用户信息"为独立的数据表。而在其他数据表之间创建了表关系，这代表该管理系统的核心表。另外，根据系统要求，还创建了"查询考勤"视图，用于查询员工的考勤记录。

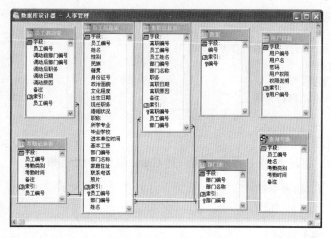

图 13-10　建立好的关系

> **提 示**
>
> 在创建数据库之前，首先创建一个名为"企业人事管理系统"的项目，系统中包含的数据库和各个模块都将在该项目中进行设计和开发。

13.2 创建系统管理模块

完成对数据库的创建之后，下面就是模块的具体实施。其中，系统管理模块直接反映这个管理系统的概貌，当用户使用时首先看到的就是该模块。因此，根据该系统的特点，设计出符合要求的登录和界面模块。

13.2.1 创建新类

在应用系统的设计中，创建用户自定义的新类可以简化系统的设计工作，使界面风格一致，并且方便系统的维护与修改。所创建的类可以直接添加到正在设计的表单中，这样大大提高了程序设计的工作效率。

1. 创建快捷工具栏

在本系统中，由于涉及众多的功能，所以可以将常用的功能模块添加到快捷工具栏中，方便用户的操作和使用，如图 13-11 所示。

在快捷工具栏中包含 5 个功能按钮，它们的功能和代码如下。

❑ 【部门管理】按钮

单击此按钮，将进入部门管理模块。如果用户不具备该权限，则无法进入该模块。其 Click 事件的代码如下：

图 13-11 快捷工具栏

```
*--定义全局变量qx,判断是否具有权限
PUBLIC qx
*--如果具有权限则打开"部门管理"表单
IF qx<>2 THEN
*--打开"部门管理"表单
DO FORM forms\部门管理
ENDIF
```

❑ 【员工管理】按钮

单击此按钮，将进入员工管理模块。其 Click 事件的代码如下：

```
*--打开"员工信息"表单
DO FORM forms\员工信息
```

❑ 【考勤管理】按钮

单击此按钮，将打开"查询考勤"表单，进入考勤模块。其 Click 事件的代码如下：

```
*--打开"查询考勤"表单
DO FORM forms\查询考勤
```

❑ 【用户管理】按钮

单击此按钮，将进入用户管理模块。其 Click 事件的代码如下：

```
*--定义全局变量qx,判断是否具有权限
PUBLIC qx
*--如果具有权限，则打开"用户管理"表单
IF qx<>2 THEN
    DO FORM forms\用户管理
ENDIF
```

❑ 【退出】按钮

此按钮的 Click 事件代码如下：

```
*--定义本地变量
LOCAL YN
*--弹出对话框
YN=MESSAGEBOX("确定退出??",4+32,"企业人事管理系统")
*--如果单击对话框中【是】按钮，退出系统
IF YN=6
    THISFORM.RELEASE
    CLEAR
    QUIT
ENDIF
```

2．记录定位按钮

该类主要用于控制记录的移动，即单击按钮，移动所引用数据表中的记录。该类的效果如图 13-12 所示。

该类包含 4 个按钮，它们的功能及 Click 事件的代码如下。

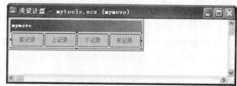

❑ 【首记录】按钮

主要将记录指针指向数据表的第一条记录，其代码如下：

图 13-12　记录定位按钮

```
*--到首记录
GO TOP
*--刷新表单
THISFORM.REFRESH
```

❑ 【上记录】按钮

将记录指针向上移动一条记录，其代码如下：

```
*--如果到了数据表的首记录
IF BOF() .OR. RECNO() = 1
   MESSAGEBOX("已到首记录",48,"企业人事管理系统")
```

```
ELSE
*--如果记录指针不位于数据表首部
    SKIP-1
ENDIF
*--刷新表单
THISFORM.REFRESH
```

❑ 【下记录】按钮

将记录指针向下移动一条记录，其代码如下：

```
*--如果记录指针位于数据表末尾
IF EOF() or RecNO() = RecCount()
    MESSAGEBOX("已到末记录",48,"企业人事管理系统")
*--如果记录指针不位于数据表末尾
ELSE
*--记录指针下移
    SKIP
ENDIF
*--刷新表单
THISFORM.REFRESH
```

❑ 【末记录】按钮

将记录指针移动到数据表的最后一条记录，其代码如下：

```
*--到数据表末尾
GO BOTTOM
*--刷新表单
THISFORM.REFRESH
```

提 示

除了上述定义的新类外，还可以自定义按钮类，这样，在表单中的按钮的界面风格一致，起到美化表单的作用。

13.2.2　创建登录及界面

系统登录和系统界面是任何管理系统所必需的模块。其中，登录模块主要是拒绝非法用户进行操作，并且通过登录的用户来判断所应执行的操作权限，而系统的界面类似于人的面部特征，即根据界面来认识该管理系统。

1. 登录模块

登录模块是对使用者的访问权限进行验证，即输入正确的用户名及密码才可以进入管理系统。该模块界面如图 13-13 所示。

图 13-13　登录界面

在该表单中包含两个按钮，即【确定】和【退出】按钮。其中，【确定】按钮的 Click
事件代码如下：

```
*--定义全局变量
PUBLIC qx
*--改为精确比较
SET EXACT ON
*--试图登录次数自动加1
    THISFORM.i=THISFORM.i+1
*--检查是否输入了用户名
IF EMPTY(THISFORM.Txt_用户名.Value)
    *--警告对话框
    MESSAGEBOX("请输入要登录的用户名",48,"企业人事管理系统")
    *--焦点放置于"Txt_用户名"文本框中
    THISFORM.Txt_用户名.SetFocus
    *--返回，不再执行下面的代码
    RETURN
ENDIF
*--选择"系统用户信息"表所在的工作区
SELECT 用户信息
*--声明本地变量
LOCAL ErrMsg
ErrMsg=""
*--查找用户名
LOCATE FOR ALLTRIM(用户信息.用户名)=ALLTRIM(THISFORM.Txt_用户名.Value)
*--如果找到用户名
IF FOUND()
    *--如果密码正确
    IF ALLTRIM(用户信息.密码)=ALLTRIM(THISFORM.Txt_密码.Value)
        *--将登录的用户名保存到全局变量中
        cUser=ALLTRIM(用户信息.用户名)
        *--退出表单
        THISFORM.RELEASE

        qx=VAL(用户信息.用户权限)
        *--调用系统主表单
        DO FORM forms\主界面
        RETURN
    *--密码错误
    ELSE
        *--错误信息为"密码"
        ErrMsg="密码错误"
        THISFORM.Txt_用户名.SetFocus
    ENDIF
ELSE
    *--错误
    ErrMsg="用户名不存在"
    THISFORM.Txt_用户名.SetFocus
```

```
ENDIF
*--如果密码错误
IF ErrMsg != ""
    *--如果次数小于3
    IF THISFORM.i<3
        *--显示错误信息
        MESSAGEBOX(ErrMsg+"请重新输入",48,"企业人事管理系统")
        *--根据错误信息设置焦点
        IF ErrMsg="用户名不存在"
        *--清空文本框
            THISFORM.Txt_用户名.Value=""
            THISFORM.Txt_密码.Value=""
            THISFORM.Txt_用户名.SetFocus
        ELSE
            THISFORM.Txt_密码.Value=""
            THISFORM.Txt_密码.SetFocus
        ENDIF
    ELSE
    *--如果次数为3，弹出对话框
        MESSAGEBOX("用户名或者密码错误三次，系统无法启动",48,"企业人事管理系统")
        *--退出表单
        THISFORM.RELEASE
        *--结束事件循环
        CLEAR EVENTS
        *--退出
        QUIT
    ENDIF
ENDIF
*--关闭精准比较
SET EXACT OFF
```

而【退出】按钮的 Click 事件的代码如下：

```
*--声明本地变量
LOCAL YN
*--确认对话框
YN=MESSAGEBOX("确定退出?",4+32,"企业人事管理系统")
*--如果确认
IF YN=6
    *--退出当前表单
    THISFORM.RELEASE
    *--结束事务处理
    CLEAR EVENTS
    *--退出 Visual FoxPro
    QUIT
ENDIF
```

2. 系统主界面

主界面是用户登录系统之后首先看到的界面。用户的所有操作都是在该界面中进行的,它由表单集 Formset、表单 MainForm 和一个 OLE 控件组成,如图 13-14 所示。

图 13-14 主界面

表单集 Formset 的 Active 事件的主要作用是该表单集被激活,在打开主界面的同时显示快捷工具栏。

```
*--如果没有创建工具栏
IF IsCreateToolbar=0
    *--标识已经创建
    IsCreateToolbar=1
    *--创建工具栏
    SET CLASSLIB TO MyTools
    THIS.ADDOBJECT("MyToolBar","MyToolbar")
    *--显示工具栏
    THIS.MyToolBar.SHOW
    *--停放工具栏
    THIS.MyToolBar.Dock(0)
ENDIF
```

表单集 Formset 的 Init 事件的主要作用是在表单集载入时,设置一个变量,用来判断工具栏是否建立。

```
*--声明全局变量,判断工具栏是否已经被建立
PUBLIC IsCreateToolbar
*--变量赋初值
IsCreateToolbar=0
```

表单 MainForm 的 Init 事件的主要作用是在打开表单的同时打开主菜单。

```
*--调用系统主菜单
DO Menus\主菜单.MPR WITH THIS
*--在 OLE 控件第 3 列显示登录系统的用户名
THISFORM.Olecontrol1.Panels(3).Text=cuser
*--最大化表单
THISFORM.Height =SYSMETRIC(22)
THISFORM.Width =SYSMETRIC(21)
THISFORM.PARENT.REFRESH
```

表单 MainForm 的 QueryUnload 事件的主要作用是即退出程序。

```
Quit
```

在 OLE 控件的 MainForm 表单中，添加一个类型为 Microsoft StatusBar Control,Version6.0 的控件。在该控件的属性对话框中，选择 Panels 选项卡，设置该控件的属性，如表 13-5 所示。

表 13-5 控件属性

Panel	Text	Minimun Width	Alignment	Style
Index1	企业人事管理系统	160	sbrCenter	sbrText
Index2	当前登录用户：	120	sbrRight	sbrText
Index3		120	sbrCenter	sbrText
Index4		60	sbrCenter	sbrCaps
Index5		60	sbrCenter	sbrNum
Index6		60	sbrCenter	sbrIns
Index7		96	sbrCenter	sbrDate
Index8		96	sbrCenter	sbrTime

3. 数据备份

在管理系统中，可以根据用户的操作进行备份管理，即将整个数据库进行备份。这样可以有效地保护数据库，避免发生数据丢失现象，该功能如图 13-15 所示。

单击表单中的【备份】按钮，在该管理系统目录下，创建一个按日期加序号命名的文件夹，将整个数据库备份到该文件夹中。其中的代码如下：

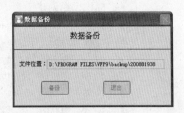

图 13-15 数据备份

```
CLOSE ALL
*--声明本地变量
LOCAL a
*--获取程序路径
source=SYS(5)+SYS(2003)+"\data\*.*"
obj=ALLTRIM(thisform.txt 路径.Value)+"*.*"
*--提示用户
WAIT WINDOW "正在进行文件备份,完成后将提示.请稍候......" TIMEOUT 2
```

```
a=ALLTRIM(THISFORM.txt 路径.Value)
*--如果没有该备份文件夹则创建
IF !DIRECTORY(a)
    MD (a)
ENDIF
*--判断如果发生错误，则返回
IF error<>0
    *MESSAGEBOX("此路径不存在！",48,"数据备份")
    error=0
    RETURN
ELSE
    *--生成备份
    COPY FILE "&source" TO "&obj"
    MESSAGEBOX("备份成功!!! ")
    IF USED("数据") THEN
    SELECT "数据"
    ELSE
        USE "data\数据"
    ENDIF
    *--产生不重复的编号，用于下一个备份
    INSERT INTO 数据(编号) VALUES (prono)
ENDIF
```

225

●--- 13.2.3 主菜单与主程序

主菜单是进入管理系统各个模块的向导，用来指引用户操作该管理系统。主程序定义了整个系统的环境，即所有模块都是在主程序设置好的环境下运行的。

1．创建"主菜单"

在该系统中，主菜单主要涵盖了以下几个功能模块，包括基本设置、人事管理、统计分析、系统管理等，如图 13-16 所示。这样，当用户在使用时，直接单击主菜单中的菜单项，即可对该管理系统进行操作。

图 13-16 设计的主菜单

该主菜单的结构如表 13-6 所示。

表 13-6 主菜单的结构

基本设置	人事管理	考勤管理	统计分析	系统管理
部门管理（部门管理.scx）	员工信息（员工信息.scx）	查询考勤(查询考勤.scx)	人事统计（人事统计分析.scx）	用户管理（用户管理.scx）
	员工调动（员工调动.scx）		打印员工信息(信息输出.scx)	备份（数据备份.scx）
	员工离职（员工离职.scx）			退出系统（CLEAR EVENTS）

其中，"部门管理"、"用户管理"和"备份"菜单项的【提示选项】对话框如图 13-17 所示，在【跳过】文本框中输入"qx<>1"。这样，如果用户没有此权限，则无法进入上述模块。

2. 主程序

在每个项目或应用程序中，必须包含一个主程序，并且通过设置主程序，从而控制应用程序的启动或设置应用程序的环境。在该管理系统中，首先建立一个程序文件，其代码如下：

图 13-17 【提示选项】对话框

```
*--系统环境初始化
CLOSE ALL
CLEAR ALL
*--系统环境设置

*--禁止运行的程序在按 Esc 键时被中断
SET ESCAPE OFF
*--关闭命令显示
SET TALK OFF
*--关闭安全确认
SET SAFETY OFF
*--将状态栏关闭
SET STAT BAR OFF
*--关闭 VFP 系统菜单
SET SYSMENU OFF
*--关闭系统菜单
SET SYSMENU TO
*--显示 4 位年代
SET CENTURY ON
*--指定日期表达式的显示格式为 yy.mm.dd
SET DATE ANSI
*--避免多次运行程序，声明 API 函数"FindWindow"
DECLARE Integer FindWindow IN USER32.DLL String lpClassName,String
lpWindowName
lpWindowName="企业人事管理系统"
*--寻找窗口标题
IF .NOT. FindWindow(0,lpWindowName)==0
   =MESSAGEBOX("程序已运行",48,"企业人事管理系统")
   QUIT
ENDIF
_Screen.Caption=lpWindowName
*--声明全局变量，用来保存系统中的登录用户
PUBLIC cuser
*--初始化全局变量
```

```
cuser=""

*--调用登录表单
DO FORM FORMS\登录
*--开始处理事件
READ EVENTS
*--退出
QUIT
```

将该文件保存后，在【项目管理器】对话框中设置该文件为主程序文件，如图 13-18所示。

除了主程序外，该系统还包括一个自动生成编号的函数，通过该函数可以自动产生不重复的编号，用于生成员工编号、备份数据库时生成序号等，其代码如下：

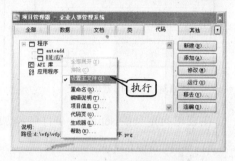

图 13-18　设置主程序文件

```
*--以"000000XX"形式进行编号，并自动增长
FUNCTION AUTOADD(nCode)
    *--将字符型转换为数值型，即获取非 0 部分的数值
    nCode = VAL(nCode)
    *--非 0 部分数字加 1
    nCode = nCode + 1
    *--转换为字符型
    nCode = ALLTRIM(STR(nCode))
    *--返回结果
    RETURN nCode
ENDFUNC
```

13.3　创建功能模块

该管理系统除了必要的系统管理模块外，还包括其他功能模块。功能模块的主要作用是完成管理系统中某个任务的具体过程。

13.3.1　部门管理模块

部门管理模块主要用于增加、修改和删除部门信息，如图 13-19 所示。

在建立该模块前，首先在其数据环境设计器中添加"部门表"，这样，表单就和"部门表"之间建立了连接。然后，创建自定义方法和属性，如图 13-20 所示，其中，emp事件是定义表单进入"浏览"状态，setmode 事件是设置表单的模式，即浏览模式或修改模式。

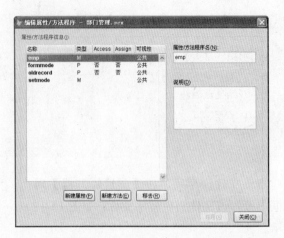

图 13-19   部门管理模块   图 13-20   自定义方法

在表单自定义的 setmode 事件中添加如下代码，设置表单的状态，即浏览还是修改。

```
*--使用变量值存储属性值
FormMode=THISFORM.FormMode
*--FormMode 为.F.，表示为浏览状态
*--为.T.表示为修改状态
*--控制表单中的文本框
THISFORM.SETALL("ReadOnly",!FormMode,"TextBox")
THISFORM.txt 部门编号.Enabled = .F.
*--控制"Cmg_员工信息"命令组中的命令按钮
THISFORM.Cmg_基本设置.Cmd_添加.Enabled=!FormMode
THISFORM.Cmg_基本设置.Cmd_修改.Enabled=!FormMode
THISFORM.Cmg_基本设置.Cmd_删除.Enabled=!FormMode
THISFORM.Cmg_基本设置.Cmd_退出.Enabled=!FormMode
THISFORM.Cmg_基本设置.Cmd_保存.Enabled=FormMode
THISFORM.Cmg_基本设置.Cmd_取消.Enabled=FormMode
```

在 emp 事件中添加如下代码，判断数据表中记录指针的位置。

```
SELECT 部门表
*--如果表为空
IF EOF() .AND. BOF() .OR. RECCOUNT()==0
    *--表单进入"浏览"状态
    THISFORM.FormMode=.F.
    THISFORM.SetMode
ENDIF
```

在 Init 事件中添加如下代码：

```
*--初始化表
SELECT 部门表
SET FILTER TO
GO TOP
*--表单进入"浏览"状态
```

```
THISFORM.FormMode=.F.
THISFORM.SetMode
*--刷新表单
THISFORM.Refresh
```

在 Refresh 事件中添加如下代码，用于刷新表单。

```
THISFORM.emp
```

表单中【添加】按钮的 Click 事件的代码如下，在增加记录时，将自动生成部门
编号。

```
*--选择表所在的工作区
SELECT 部门表
*--保存原记录指针的位置
THISFORM.OldRecord=RECNO()
*--获取末记录的编号
GO BOTTOM
IF 部门表.部门编号==""
    ProNo="1"
ELSE
    ProNo=部门表.部门编号
ENDIF
*--将编号自动增 1
ProNo=AutoAdd(ProNo)
*--添加新的空白记录
APPEND BLANK
*--显示新记录的编号
THISFORM.txt部门编号.Value=ProNo
*--表单进入"修改"状态
THISFORM.FormMode=.T.
THISFORM.SetMode
*--刷新表单
THISFORM.Refresh
```

表单中【修改】按钮的 Click 事件的代码如下，表单进入修改模式。

```
SELECT 部门表
THISFORM.OldRecord=RECNO()
THISFORM.FormMode=.T.
THISFORM.SetMode
THISFORM.Refresh
```

表单中【删除】按钮的 Click 事件的代码如下，用于删除数据表中的记录。

```
YN=MESSAGEBOX("确定删除",4+32,"企业人事信息管理系统")
IF YN=6
    SELECT 部门表
    DELETE
    PACK
```

```
    THISFORM.REFRESH
    THISFORM.Grid.RecordSource ="部门表"
ENDIF
```

【保存】按钮的 Click 事件的代码如下，将部门信息保存在数据表中。

```
*--如果部门编号为空
IF EMPTY(ALLTRIM(THISFORM.txt 部门编号.Value))
    MESSAGEBOX("部门编号不能为空",48,"企业人事管理系统")
    THISFORM.txt 部门编号.SetFocus
    RETURN
ENDIF
*--如果部门名称为空
IF EMPTY(ALLTRIM(THISFORM.txt 部门名称.Value))
    MESSAGEBOX("部门名称不能为空",48,"企业人事管理系统")
    THISFORM.txt 部门名称.SetFocus
    RETURN
ENDIF
*--确认对话框
YN=MESSAGEBOX("确认保存",4+32,"企业人事管理系统")
*--如果确认
IF YN=6
    *--试图保存
    IF TABLEUPDATE(.F.)=.F.
        *--如果保存失败
        MESSAGEBOX("数据有误",48,"企业人事管理系统")
        THISFORM.txt 部门名称.SetFocus
        RETURN
    ENDIF
    *--表单进入"浏览"状态
    THISFORM.FormMode=.F.
    THISFORM.SetMode
    THISFORM.REFRESH
    THISFORM.Grid.REFRESH
ENDIF
```

如果用户不需要保存信息，则可以单击【取消】按钮，其 Click 事件的代码如下：

```
*--确认对话框
YN=MESSAGEBOX("确认取消对记录的修改",4+32,"企业人事管理系统")
*--如果确认
IF YN=6
    *--恢复记录
    TABLEREVERT(.F.)
    SELECT 部门表
    *--移动记录指针
    IF THISFORM.oldRecord>0
        GO THISFORM.oldRecord
    ENDIF
```

```
      *--回到"浏览"状态
      THISFORM.FormMode=.F.
      THISFORM.SetMode
      THISFORM.REFRESH
ENDIF
```

13.3.2　人事管理模块

该模块主要用于管理人事信息，其中包括对人员的管理、人事的调动和离职。在该模块中包含以下功能。

1. 员工信息管理

该功能主要管理员工信息，包括增加、删除和修改员工，如图 13-21 所示。

在该表单中添加了"记录定位按钮"类和【添加】、【修改】、【删除】、【保存】、【取消】和【退出】功能按钮，它们的功能和部门管理模块中的表单功能相同，并且在该表单的数据环境中添加了"员工信息表"和"部门表"，这样，该表单与数据表之间就建立了连接。

在该表单中，添加员工图片和添加员工的其他信息不同，单击该 OLE 控件，弹出"选择图片"对话框，选择员工图片。其中，该 OLE 控件的 GOTFOCUS 事件代码如下：

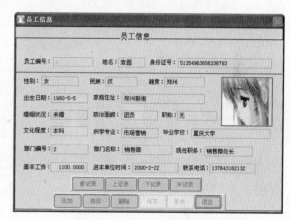

图 13-21　员工信息表单

```
*--选择数据表
SELECT 员工信息表
*--如果表单是编辑状态
IF THISFORM.Cmg_员工信息.Cmd_添加.Enabled = .F. .AND. THISFORM.Cmg_员工信
息.Cmd_保存.Enabled = .T. THEN
    *--选择 BMP 文件
    filename=GETFILE('bmp')
    *--如果没有选择，则返回
    IF EMPTY(filename)
        RETURN
    ENDIF
    *--将文件插入到数据表中
    APPEND GENERAL 员工信息表.照片 FROM "&filename"
    THISFORM.REFRESH
ENDIF
THISFORM.REFRESH
```

2. 员工调动

员工在企业工作的过程中，因工作需要从一个工作岗位调动到另一个工作岗位上，这就用到了员工调动子模块，如图 13-22 所示。即选择员工编号，在【调动前】栏中显示出员工原工作部门和职务，在【调动后】栏中输入员工新的工作部门和职务，单击【确定】按钮即可。

其中，单击【确定】按钮后，将输入的数据添加到数据表中的 Click 事件的代码如下：

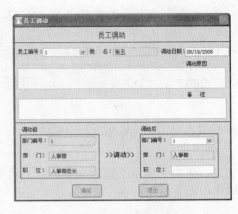

图 13-22　员工调动模块

```
*--如果没有引用"员工调动表"，则引用该表
IF USED("员工调动表") THEN
    SELECT 员工调动表
ELSE
    USE "data\员工调动表"
ENDIF
*--判断控件是否有空值
IF EMPTY(ALLTRIM(THISFORM.Cob_员工编号.Value)) OR EMPTY(ALLTRIM(THIS-
FORM.Cob 部门编号.Value)) OR EMPTY(ALLTRIM(THISFORM.Txt 职位.Value))
    MESSAGEBOX("不能为空")
    RETURN
ELSE
*--检索输入的人员编号是否重复
    SET ORDER TO 员工编号
    *--设置精准查询
    SET EXACT ON
    *--按员工编号查找
    SEEK THISFORM.Cob_员工编号.Value
    GOTO BOTTOM
    *--设置数组将输入的值赋值给该数组
    DIMENSION sz(19)
        sz(1)=THISFORM.Cob_员工编号.Value
        sz(2)=THISFORM.Txt 部门编号.Value
        sz(3)=THISFORM.Cob 部门编号.Value
    sz(4)=THISFORM.Txt 调动原因.Value
    sz(5)=THISFORM.Txt 备注.Value
        sz(6)=THISFORM.Txt 职位.Value
        sz(7)=THISFORM.Txt 调动日期.Value
        MESSAGEBOX("信息已修改成功",0,"企业人事信息管理系统")
ENDIF
*--将值插入到员工调动表中
INSERT INTO 员工调动表( 员工编号,调动前部门编号,调动后部门编号,调动后职务,调动日
期,调动原因,备注) VALUES (THISFORM.Cob_员工编号.Value,THISFORM.Txt 部门编号.
Value ,THISFORM.Cob 部门编号.Value ,THISFORM.Txt 职位.Value ,THISFORM.Txt
```

```
调动日期.Value ,THISFORM.Txt 调动原因.Value,THISFORM.Txt 备注.Value)

IF USED("员工信息表") THEN
    SELECT 员工信息表
ELSE
    USE "data\员工信息表"
ENDIF

SET ORDER TO 员工编号

*--更新部门编号，职务
REPLACE  员工信息表.部门编号 WITH sz(3)
REPLACE  员工信息表.现任职务 WITH sz(6)

*--刷新表单
THISFORM.REFRESH
```

3. 员工离职

如果员工需要离职，可以进入该模块进行操作。在该表单中，用户只需要选择员工编号，即可显示出员工信息，包括员工姓名、编号、部门编号、职务等。在【辞职原因】或【备注】文本框中输入辞职的相关信息，单击【确定】按钮即可对该员工办理离职。该功能模块代码和"员工调动"模块中的代码类似。

13.3.3 考勤管理模块

该模块主要记录员工的考勤，并可以根据员工编号查询出该员工的考勤记录，以方便用户的使用，如图 13-23 所示。

该表单的数据环境为"查询考勤"视图。该表单的 Init 事件代码如下：

```
THISFORM.Txt 考勤时间.Value =DATETIME()
THISFORM.Opg 查询考勤.Value =1
THISFORM.Txt 备注.Visible = .F.
THISFORM.Grid.Visible = .T.
THISFORM.Cob 考勤类别.Enabled = .F.
THISFORM.Txt 考勤时间.Enabled = .F.
THISFORM.Lab 请假.Visible = .F.
```

选择【记录考勤】单选按钮，进入考勤记录功能，其 Click 事件代码如下：

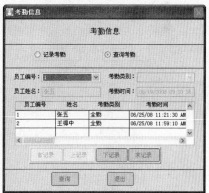

图 13-23　考勤信息模块

```
IF THISFORM.Opg 记录考勤.Value =1 THEN
    THISFORM.Opg 查询考勤.Value =0
    THISFORM.Cob 考勤类别.Enabled = .T.
    THISFORM.Cmd 查询.Caption ="确定"
    THISFORM.Txt 备注.Visible = .T.
```

```
        THISFORM.Grid.Visible= .F.
        THISFORM.Cob 考勤类别.Enabled = .T.
        THISFORM.Txt 考勤时间.Enabled = .T.
        THISFORM.Lab 请假.Visible = .T.
    ENDIF
```

而选择【查询考勤】单选按钮，则进入查询考勤功能，其 Click 事件代码如下：

```
IF THISFORM.Opg 查询考勤.Value =1 THEN
    THISFORM.Opg 记录考勤.Value =0
    THISFORM.Cob 考勤类别.Enabled = .F.
    THISFORM.Cmd 查询.Caption ="查询"
    THISFORM.Txt 备注.Visible = .F.
    THISFORM.Grid.Visible= .T.
    THISFORM.Cob 考勤类别.Enabled = .F.
    THISFORM.Txt 考勤时间.Enabled = .F.
    THISFORM.Lab 请假.Visible = .F.
ENDIF
```

单击【确定】按钮，如果在记录考勤下，则将考勤信息保存在数据表中，而如果在查询考勤下，则在 Gird 控件中显示该员工信息，其 Click 事件代码如下：

```
IF EMPTY(ALLTRIM(THISFORM.Cob_员工编号.Value))
    MESSAGEBOX("员工编号不能为空",48,"企业人事信息管理系统")
    THISFORM.Cob_员工编号.SetFocus
    RETURN
ENDIF
*--判断如果是记录考勤
IF THISFORM.Cmd 查询.Caption ="确定" THEN
    IF EMPTY(ALLTRIM(THISFORM.Cob 考勤类别.Value))
        MESSAGEBOX("考勤类别不能为空",48,"企业人事信息管理系统")
        THISFORM.Cob 考勤类别.SetFocus
        RETURN
    ENDIF
    *--将信息插入数据表
    INSERT INTO 考勤记录表 (员工编号,考勤类别,考勤时间,备注) VALUES;
     (THISFORM.Cob_员工编号.Value,THISFORM.Cob 考勤类别.Value,THISFORM.
      txt 考勤时间.Value,THISFORM.txt 备注.Value )
    MESSAGEBOX("保存成功",48,"企业人事信息管理系统")
ELSE
    *--如果是查询考勤
    IF THISFORM.Cmd 查询.Caption ="查询" THEN
        *--定义 Gird 数据源类型
        THISFORM.Grid.RecordSourceType =4
        *--定义 Gird 的数据源
        THISFORM.Grid.RecordSource='SELECT * FROM 考勤记录表 WHERE 员工编
        号=THISFORM.Cob_员工编号.Value into cursor tmp '
        *--在 Gird 中显示员工考勤信息
        SELECT tmp
```

```
        GO TOP
        THISFORM.REFRESH
        THISFORM.Grid.REFRESH
    ENDIF
```

13.3.4 统计分析和打印输出

统计分析模块可以根据用户的选择，对员工进行统计查询，实时掌握员工信息。打印输出模块是通过报表的形式将员工基本信息输出并打印。

1. 统计分析模块

进入该模块后，用户通过列表框中的选项，如政治面貌、文化程度、婚姻状况、职称、所学专业和性别，对员工进行分组统计，如图 13-24 所示。

该表单中列表框的 interactivechange 事件是当列表框中的值发生改变时触发的事件，其代码如下：

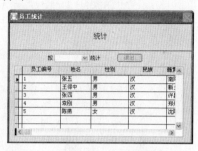

图 13-24 统计表单

235

```
*--判断控件是否为空
IF EMPTY(ALLTRIM(THISFORM.Cob统计.DISPLAYVALUE))
    MESSAGEBOX("请选择统计类型")
ELSE
    *--设置Grid控件的数据源类型
    THISFORM.Trid.RecordSourceType =4
    DO CASE
    CASE THISFORM.Cob统计.Value="政治面貌"
        *--如果统计政治面貌，则执行下面语句，其他语句类似
        THISFORM.Grid.RecordSource='SELECT 政治面貌,COUNT(*) AS 总人数
        FROM 员工信息表 GROUP BY 政治面貌 into cursor aaa'
        SELECT aaa
        GO TOP
        THISFORM.REFRESH
        THISFORM.Grid.REFRESH
    CASE THISFORM.Cob统计.Value="文化程度"
        THISFORM.Grid.RecordSource ='SELECT 文化程度,COUNT(*) AS 总人数
        FROM 员工信息表 GROUP BY 文化程度 into cursor aaa'
        SELECT aaa
        GO TOP
        THISFORM.REFRESH
        THISFORM.Grid.REFRESH
    CASE THISFORM.Cob统计.Value="婚姻状况"
        THISFORM.Grid.RecordSource='SELECT 婚姻状况,COUNT(*) AS 总人数 FROM
        员工信息表 GROUP BY 婚姻状况 into cursor aaa'
        SELECT aaa
        GO TOP
```

```
        THISFORM.REFRESH
        THISFORM.Grid.REFRESH
    CASE THISFORM.Cob 统计.Value ="职称"
        THISFORM.Grid.RecordSource='SELECT 职称, COUNT(*) AS 总人数 FROM 员
        工信息表 GROUP BY 职称 into cursor aaa'
        SELECT aaa
        GO TOP
        THISFORM.REFRESH
        THISFORM.Grid.REFRESH
    CASE THISFORM.Cob 统计.Value="所学专业"
        THISFORM.Grid.RecordSource='SELECT 所学专业, COUNT(*) AS 总人数
        FROM 员工信息表 GROUP BY 所学专业 into cursor aaa'
        SELECT aaa
        GO TOP
        THISFORM.REFRESH
        THISFORM.Grid.REFRESH
    CASE THISFORM.Cob 统计.Value="性别"
        THISFORM.Grid.RecordSource='SELECT 性别, COUNT(*) AS 总人数 FROM 员
        工信息表 GROUP BY 性别 into cursor aaa'
        SELECT aaa
        GO TOP
        THISFORM.REFRESH
        THISFORM.Grid.REFRESH

    ENDCASE
ENDIF
```

2. 打印输出

　　进入该模块后，可以选择打印或预览全部员工信息，也可以按照员工编号或姓名查
找员工进行打印或预览，如图 13-25 所示。

　　在该表单中，选择【全体员工档案】单选按钮，
可以打印或预览全体员工档案；选择【员工基本信
息】单选按钮，可以打印或预览员工基本信息；选
择按员工编号或员工姓名查询出该员工信息，并可
以打印或预览输出。该表单中【打印预览】按钮的
Click 事件代码如下：

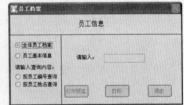

图 13-25　打印输出模块

```
DO CASE
    *--如果选择"全体员工档案"单选按钮
    CASE THISFORM.Opg.Op 全体员工.Value=1
        *--打开"全体档案"报表
        REPORT FORM reports\全体档案.frx ENVIRONMENT PREVIEW
        USE
    CASE THISFORM.Opg.Op 基本信息.Value=1
        REPORT FORM reports\员工信息.frx ENVIRONMENT PREVIEW
        USE
```

```
CASE THISFORM.Opg查询.Op员工编号.Value =1 OR THISFORM.Opg查询.Op员工
姓名.Value =1
    IF USED("员工信息表") THEN
        SELECT "员工信息表"
    ELSE
      USE "data\员工信息表"
    ENDIF
    IF THISFORM.Opg查询.Op员工编号.Value =0 AND THISFORM.Opg查询.Op
      员工姓名.Value =0
        MESSAGEBOX("请选择输入查询的内容")
    ELSE
        IF NOT EMPTY(THISFORM.Txt值.Value)
            DO CASE
                *--如果选择按员工编号查询
                CASE THISFORM.Opg查询.Op员工编号.Value =1
                    *-- 按员工编号进行查询
                    SET ORDER TO 员工编号
                    SET EXACT ON
                    SEEK ALLTRIM(THISFORM.Txt值.Value)
                    IF  FOUND() THEN
                        REPORT FORM reports\个人档案.frx FOR 员工编号=
                        THISFORM.Txt值.Value ENVIRONMENT PREVIEW
                        THISFORM.Cmd打印.Enabled= .T.
                    ELSE
                        MESSAGEBOX("没有此编号的员工!!! ")
                        THISFORM.Cmd打印.Enabled= .F.
                        RETURN
                    ENDIF
                *--如果选择按员工姓名查询
                CASE THISFORM.Opg查询.Op员工姓名.Value =1
                    *--按员工姓名进行查询
                    SET ORDER TO 姓名
                    SET EXACT ON
                    SEEK ALLTRIM(THISFORM.Txt值.Value)
                    IF FOUND() THEN
                        REPORT FORM reports\个人档案.frx FOR 姓名=
                        THISFORM.Txt值.Value ENVIRONMENT PREVIEW
                        THISFORM.Cmd打印.Enabled= .T.
                    ELSE
                        MESSAGEBOX("没有此姓名的员工!!! ")
                        THISFORM.Cmd打印.Enabled= .F.
                        RETURN
                    ENDIF
            ENDCASE
            USE
        ELSE
        MESSAGEBOX("请输入内容!!")
        ENDIF
    ENDIF
ENDCASE
```

下篇　实验指导

第1单元

练习 1-1　安装 Visual FoxPro（系统需求）

Visual FoxPro 9.0支持本地安装和网络安装两种安装方式，可以安装在 Windows 2000 SP3 以上版本的操作系统上，并推荐使用 128MB 以上的内存和 165MB 以上的硬盘空间，以保证软件的正常运行。

该软件的安装方法与以前版本的安装方法大同小异，但安装的界面发生了巨大的变化，接近于 Visual Studio 模式。

（1）将 Visual FoxPro 9.0 的安装光盘插入光驱，系统将自动运行安装程序，如图 1-1 所示。

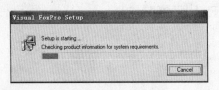

图 1-1　安装程序启动界面

（2）在启动完毕后，将弹出安装程序界面，然后选择 Prerequisites 选项，如图 1-2 所示。

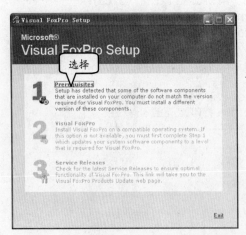

图 1-2　选择 Prerequisites 选项

提 示

在界面中，包含有 3 个安装选项。当第一项未安装时，其他后续项以灰度显示。

（3）弹出【用户协议】对话框，选择 I accept the agreement（接受协议）单选按钮，并单击 Continue 按钮，如图 1-3 所示。

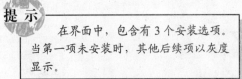
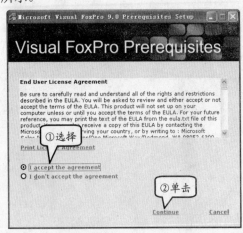

图 1-3　【用户协议】对话框

（4）在弹出的对话框中选择"Update Now!"选项，执行更新系统组件操作，如图 1-4 所示。

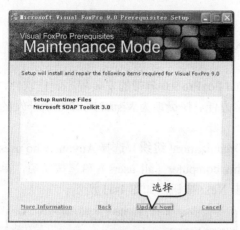

图 1-4　更新系统组件

提 示

> 有的系统在更新完成后，需要重新启动计算机，重启后可按步骤继续安装。

（5）更新成功后，选择 Done 选项，如图 1-5 所示。

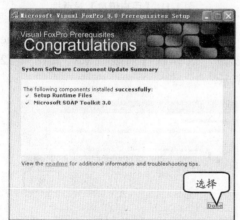

图 1-5　完成更新组件

（6）返回安装界面，并且显示第二项，然后选择 Visual FoxPro 选项（第二项），如图 1-6 所示。

（7）弹出【用户认证】对话框，并选择 I accept the agreement（接受协议）单选按钮，在输入 Product Key（产品序列号）和 Your Name（用户名）后，单击 Continue 按钮继续安装，如图 1-7 所示。

图 1-6　安装界面

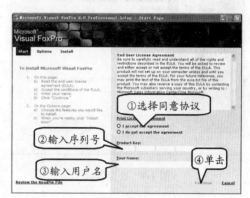

图 1-7　【用户认证】对话框

239

（8）进入对话框，选择所需组件，单击 Path 后面的 ⋯ 按钮更改安装路径，选择 "Install Now!" 选项，如图 1-8 所示。

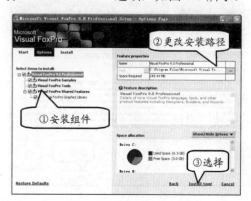

图 1-8　【选项】对话框

（9）完成安装，选择 Done 选项后返回到安装界面，然后单击 Exit 按钮结束安装。

练习 1-2　安装 InstallShield Express Limited Edition

InstallShield Express Limited Edition 是 Visual FoxPro 9.0 自带的安装程序制作软件，用以代替以前的安装向导。利用此软件可以非常方便、快捷地为 Visual FoxPro 所开发的应用程序制作一个专业的安装程序。

（1）运行 InstallShield Express Limited Edition 的安装程序，程序加载完毕后，在弹出的对话框中单击 Next 按钮，如图 1-9 所示。

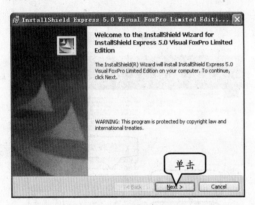

图 1-9　欢迎界面

（2）在【用户协议】对话框中，选择 I accept the terms in the license agreement (接受协议)单选按钮，然后单击 Next 按钮，如图 1-10 所示。

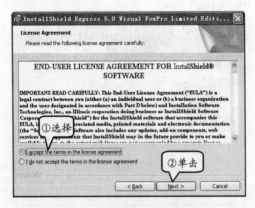

图 1-10　【用户协议】对话框

（3）弹出【用户信息】对话框，在该对话框中输入 User Name（用户名）和

Organization（组织），选择 Anyone who uses this computer（all users）单选按钮后，单击 Next 按钮，如图 1-11 所示。

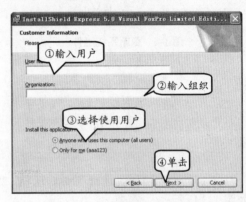

图 1-11　【用户信息】对话框

（4）在弹出的对话框中，单击 Change 按钮，选择软件安装目录，如图 1-12 所示。

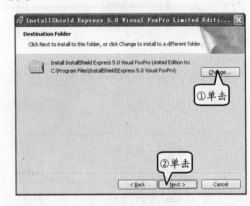

图 1-12　选择安装目录

（5）安装完成后，在对话框中单击 Finish 按钮，结束安装。

练习 1-3　安装 MSDE

MSDE2000 是微软公司提供的可再分发的数据库引擎，它与 Microsoft SQL Server 2000 完全兼容。通过 MSDE 数据库引擎，使 Visual FoxPro 访问外部数据源成为可能。

（1）双击 CHS_MSDE2000A.exe 可执行文件，在弹出的【许可协议】对话框中单击【我同意】按钮，如图 1-13 所示。

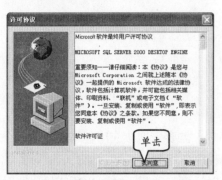

图 1-13　【许可协议】对话框

（2）弹出【安装文件夹】对话框，在【安装文件夹】文本框中输入 c:\MSDERelA，将程序解压缩到该目录下，如图 1-14 所示。

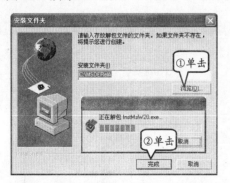

图 1-14　解压安装文件

提示

　　如果目标文件夹不存在，则系统提示是否创建，在这里单击【是】按钮即可。

（3）执行【开始】|【运行】命令，在弹出的【运行】对话框的【打开】文本框中，输入命令 "cmd"，如图 1-15 所示。

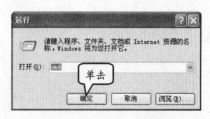

图 1-15　【运行】对话框

（4）弹出【命令提示符】窗口，并在命令提示符下输入命令 "cd c:\MSDE RelA"，然后按回车键，如图 1-16 所示。

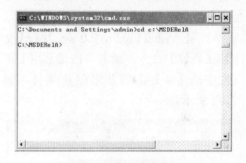

图 1-16　输入安装命令

（5）再输入 "setup sapwd="sa" security mode=SQL disablenetworkprotocols=0" 命令，按回车键，执行配置程序命令，如图 1-17 所示。

图 1-17　配置程序

（6）重新启动计算机后，MSDE2000
将会自动运行。在任务栏的右下角显示"服
务管理器"图标，双击该图标，可以显
示【SQL Server 服务管理器】窗口，如
图1-18所示。

图1-18 【SQL Server 服务管理器】窗口

第2单元

练习2-1 创建项目

在Visual FoxPro 9.0中，开发一个应用程序时，需要先把该应用程序看作是一个项
目。而创建项目，也是用于管理开发过程中应用程序所用到的一些对象。

当项目创建后，将自动弹出【项目管理器】对话框，并显示项目中所需的一些对象
选项卡，可以对各种文件和资源进行管理。本节练习执行【文件】菜单下面的【新建】
命令来创建"教学管理"项目。

（1）在Visual FoxPro 9.0中，执行【文
件】|【新建】命令，或者单击【常用】工
具栏中的【新建】按钮来创建项目，如
图2-1所示。

（3）弹出【创建】对话框，在【项目
文件】文本框中输入"教学管理"文字，
然后单击【保存】按钮，如图2-3所示。

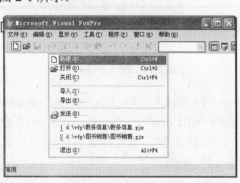

图2-1 创建项目

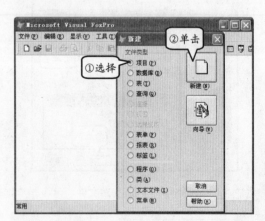

图2-2 选择文件类型

（2）在弹出的【新建】对话框中，选
择【文件类型】选项组中的【项目】单选
按钮，然后单击【新建】按钮，如图2-2
所示。

（4）弹出【项目管理器-教学管理】
对话框，如图2-4所示。

242

图 2-3　设置项目名称并保存

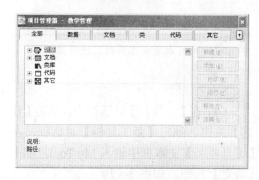

图 2-4　【项目管理器-教学管理】对话框

练习 2-2　自定义工具栏

Visual FoxPro 9.0 运行后，系统提供了一些常用的功能。而每个用户在使用软件时，经常使用的功能不同，所以可以将一些常用的功能显示到工具栏中。通过工具栏的设置，可以提高用户的工作效率。下面介绍如何设置工具栏在系统窗口中的位置，以及自定义一个工具栏。

（1）运行 Visual FoxPro 9.0，显示主窗口环境，如图 2-5 所示。

图 2-5　Visual FoxPro 9.0 主窗口

栏的任意位置，如图 2-7 所示。

图 2-6　【工具栏】对话框

（2）执行【显示】|【工具栏】命令，弹出【工具栏】对话框，在【工具栏】列表框中启用【查询设计器】和【视图设计器】复选框，如图 2-6 所示。

提示

在常用工具栏上，右击执行【工具栏】命令，也可以弹出【工具栏】对话框。

（3）可以将显示的工具栏拖动到工具

图 2-7　拖放工具栏

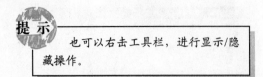

> **提 示**
> 也可以右击工具栏，进行显示/隐藏操作。

（4）在【工具栏】对话框中，单击【新建】按钮，弹出【新工具栏】对话框，在【工具栏名】文本框中输入 My Tool，单击【确定】按钮，如图 2-8 所示。

图 2-8　【新工具栏】对话框

（5）弹出【定制工具栏】对话框，在【分类】列表框中选择一些常用功能类选项，然后在【按钮】栏中拖动所需按钮到 My Tool 工具栏中，如图 2-9 所示。

（6）依次将需要的按钮拖动到 My

Tool 自定义工具栏中，然后单击【关闭】按钮，返回到主窗口，如图 2-10 所示。

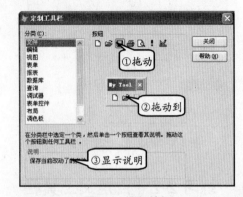

图 2-9　添加按钮

图 2-10　自定义工具栏 My Tool

练习 2-3　显示数据类型

使用变量可以在内存中临时开辟一块空间，用于存放临时数据，以方便数据的运算操作。Visual FoxPro 提供了 TYPE()函数来检测当前操作数的数据类型，以减少数据类型不同造成的错误。

（1）在 Visual FoxPro 9.0 的【命令】窗口中输入命令，声明变量"姓名"、"年龄"和数组变量"成绩"，如图 2-11 所示。

图 2-11　声明变量

代码如下：

```
&&声明变量
PUBLIC 姓名
PUBLIC 年龄
DIMENSION 成绩(1,3)       &&数组
```

> **提 示**
> 使用 STORE 命令可同时声明多个变量。如 STORE 0 to a,b,c。

（2）为变量赋值，在【命令】窗口中输入命令，如图 2-12 所示。

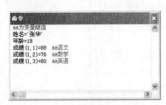

图 2-12　为变量赋值

代码如下：

```
&&为变量赋值
姓名='张华'
年龄=18
成绩(1,1)=88    &&语文
成绩(1,2)=76    &&数学
成绩(1,3)=80    &&英语
```

提示

在【命令】窗口中右击，执行【清除】命令，可以清空【命令】窗口中的命令。

（3）在【命令】窗口中使用命令"?"，输出变量"姓名"、"年龄"和数组变量"成绩"的值到主窗口中，如图 2-13 所示。

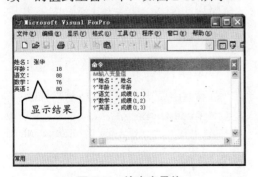

图 2-13　输出变量值

代码如下：

```
&&输入变量值
```

```
?"姓名：",姓名
?"年龄：",年龄
?"语文：",成绩(1,1)
?"数学：",成绩(1,2)
?"英语：",成绩(1,3)
```

提示

在"?"命令后输出多个变量时，用逗号"，"隔开，并且在同行显示。

（4）使用 TYPE()函数，检测变量"姓名"、"年龄"和数组变量"成绩"的数据类型，如图 2-14 所示。

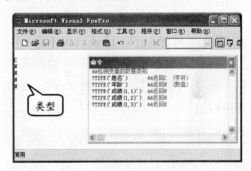

图 2-14　检测变量的数据类型

代码如下：

```
&&检测变量的数据类别
?TYPE('姓名')         &&返回C  （字符）
?TYPE('年龄')         &&返回N  （数值）
?TYPE('成绩(1,1)')    &&返回N
?TYPE('成绩(1,2)')    &&返回N
?TYPE('成绩(1,3)')    &&返回N
```

提示

使用 TYPE()函数显示的内容必须写在单引号内" "；TYPE()函数返回的字母为数据类型的简写字母。

练习 2-4　温度转换

常用的温度单位有华氏、摄氏两种，它们之间是可以相互转换的，即华氏温度可以转换成摄氏温度，相反亦然，如图 2-15 所示。

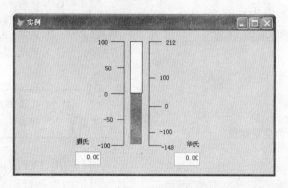

图 2-15　温度转换

（1）在表单中，在【摄氏】文本框中输入温度，此时，【华氏】文本框中将显示相应的华氏温度，同时，温度计也指向相应的温度。【摄氏】文本框的 KeyPress 事件代码如下：

```
LPARAMETERS  nKeyCode,  nShift-
AltCtrl
*--如果按回车键
IF nKeyCode=13
*--计算出华氏温度
THISFORM.text2.Value=9*this.Val
ue/5+32
*--同时改变温度计
THISFORM.Container1.shape1.Heig
ht=95-this.Value*95/100
ENDIF
```

（2）该文本框的 Valid 事件代码如下。

```
*--文本框失去焦点也可以计算出温度
THISFORM.text2.Value=9*this.Val
ue/5+32
```

```
THISFORM.Container1.shape1.Heig
ht=96-this.Value*96/100
```

（3）【华氏】文本框中的 KeyPress 和 Valid 事件代码如下：

Keypress 事件代码：

```
LPARAMETERS  nKeyCode,  nShift
AltCtrl
IF nKeyCode=13
*--计算摄氏温度
  a=5*(this.Value-32)/9
  THISFORM.text1.Value=a
*--改变温度计
THISFORM.Container1.shape1.Heig
ht=95-a*95/100
ENDIF
```

Valid 事件代码：

```
a=5*(this.Value-32)/9
THISFORM.text1.Value=a
THISFORM.Container1.shape1.Heig
ht=95-a*95/100
```

练习 2-5　设置日期显示格式

Visual FoxPro 中提供的日期函数其默认格式是以"月/日/年"。在国际上，各国的显示格式均不相同。为此，系统提供了日期格式设置函数，用于解决不同国家地区日期显示格式带来的不便。本例主要在窗体中，通过下拉列表框控件的值来设置当前日期的显示格式，并在窗体中输出，如图 2-16 所示。

图 2-16 显示日期

（1）在 Visual FoxPro 中，打开【表单设计器】窗口，在表单中添加控件，并设置各控件的属性，如图 2-17 所示。

图 2-17 添加控件并设置属性

（2）在【代码】窗口中，实现 Text1 文本框控件的 GotFocus 事件的代码如下：

```
**GotFocus 事件
**当文本框控件获取焦点时，执行
InteractiveChange 事件
TextBox::GotFocus
THIS.InteractiveChange
```

（3）实现 Text1 文本框控件的 LostFocus 事件的代码如下：

```
**当文本框控件丢失焦点时，执行
InteractiveChange 事件
TextBox::LostFocus
THIS.InteractiveChange
```

（4）实现 Text1 文本框控件的 InteractiveChange 事件的代码如下：

```
**InteractiveChange 事件
**当前以键盘或鼠标的方式更改控件的值
时发生
THIS.Parent.lblText.Caption =
THIS.Text
THIS.Parent.lblValue.Caption=
DTOC(THIS.Value)
```

（5）实现 Text1 文本框控件的 Program

maticChange 事件的代码如下：

```
**ProgrammaticChange 事件
**当前以编程方式更改控件的值时发生
THIS.Parent.lblText.Caption =
THIS.Text
THIS.Parent.lblValue.Caption=
DTOC(THIS.Value)
```

（6）实现组合框控件 cboDateFormat 的 Init 事件的代码如下：

```
**定义常量，并设置其值
#DEFINE   DATEFORMAT_0_LOC   "0 -
Default"
#DEFINE   DATEFORMAT_1_LOC   "1 -
American"
#DEFINE   DATEFORMAT_2_LOC   "2 -
ANSI"
#DEFINE   DATEFORMAT_3_LOC   "3 -
British"
#DEFINE   DATEFORMAT_4_LOC   "4 -
Italian"
#DEFINE   DATEFORMAT_5_LOC   "5 -
French"
#DEFINE   DATEFORMAT_6_LOC   "6 -
German"
#DEFINE   DATEFORMAT_7_LOC   "7 -
Japan"
#DEFINE   DATEFORMAT_8_LOC   "8 -
Taiwan"
#DEFINE   DATEFORMAT_9_LOC   "9 -
USA"
#DEFINE  DATEFORMAT_10_LOC  "10 -
MDY"
#DEFINE  DATEFORMAT_11_LOC  "11 -
DMY"
#DEFINE  DATEFORMAT_12_LOC  "12 -
YMD"
#DEFINE  DATEFORMAT_13_LOC  "13 -
```

```
Short"
#DEFINE DATEFORMAT_14_LOC "14 -
Long"
&&初始化 cboDateFormat 的值
THIS.AddItem(DATEFORMAT_0_LOC)
THIS.AddItem(DATEFORMAT_1_LOC)
THIS.AddItem(DATEFORMAT_2_LOC)
THIS.AddItem(DATEFORMAT_3_LOC)
THIS.AddItem(DATEFORMAT_4_LOC)
THIS.AddItem(DATEFORMAT_5_LOC)
THIS.AddItem(DATEFORMAT_6_LOC)
THIS.AddItem(DATEFORMAT_7_LOC)
THIS.AddItem(DATEFORMAT_8_LOC)
THIS.AddItem(DATEFORMAT_9_LOC)
THIS.AddItem(DATEFORMAT_10_LOC)
```

```
THIS.AddItem(DATEFORMAT_11_LOC)
THIS.AddItem(DATEFORMAT_12_LOC)
THIS.AddItem(DATEFORMAT_13_LOC)
THIS.AddItem(DATEFORMAT_14_LOC)
&&初始化选定项
THIS.ListIndex = 1
```

（7）实现组合框控件 cboDateFormat 的 InteractiveChange 事件的代码如下：

```
THIS.Parent.Text1.DateFormat
=THIS.Value - 1
THIS.Parent.Text1.InteractiveCh
ange
```

第3单元

练习 3-1 创建数据库

数据库是管理和组织数据表的仓库，可以将同类的数据表创建于一个数据库中，也可以将自由表添加到数据库中，以方便数据库对这些数据表进行管理，并灵活地操作数据表中的数据。本例将介绍创建数据库的方法。

（1）在 Visual FoxPro 9.0 环境中，执行【文件】|【新建】命令。

（2）在【新建】对话框中，选择【文件类型】栏中的【数据库】单选按钮，然后单击【新建】按钮，如图 3-1 所示。

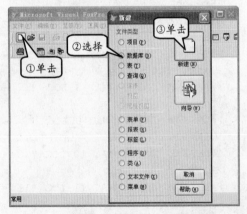

图 3-1 【新建】对话框

（3）在弹出的【创建】对话框的【数据库名】文本框中输入数据库名称"教学管理.dbc"，然后单击【保存】按钮，如图 3-2 所示。

图 3-2 创建数据库

（4）完成数据库的创建后，在 Visual

FoxPro 9.0 环境下，打开【数据库设计器】窗口，如图 3-3 所示。

图 3-3 【数据库设计器】窗口

图 3-4 执行【添加表】命令

（5）在打开的窗口中右击，执行【添加表】命令，如图 3-4 所示。

（6）在弹出的【选择表名】对话框中选择一个数据表，单击【确定】按钮，将数据表添加到数据库中，如图 3-5 所示。

图 3-5 添加数据表

练习 3-2　创建数据库表

数据库表属于数据库，所以在创建时需要在数据库下创建。在创建数据库的数据表时，可以在【表设计器】对话框中进行，如图 3-6 所示。

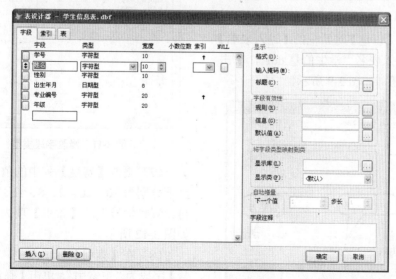

图 3-6 【表设计器】对话框

（1）在 Visual FoxPro 9.0 环境中，打开"教学信息"数据库。

（2）在"教学信息"数据库的【数据库设计器】窗口中右击，执行【新建表】命令，如图 3-7 所示。

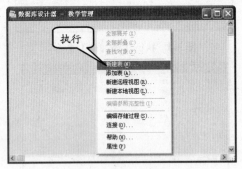

图 3-7　执行【新建表】命令

（3）在弹出的【新建表】对话框中，单击【新建表】按钮，如图 3-8 所示。

图 3-8　【新建表】对话框

（4）在【创建】对话框的【输入表名】文本框中输入表名"学生信息.dbf"，单击【保存】按钮，如图 3-9 所示。

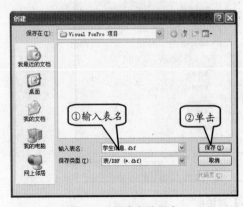

图 3-9　创建表并保存

（5）在【表设计器】对话框的【字段】选项卡中，在【字段】列的文本框中输入"学生信息"表的字段名，"学号"、"姓名"、"性别"、"出生日期"、"联系电话"、"联系地址"、"班级"，如图 3-10 所示。

图 3-10　设置字段

（6）更改部分字段的类型，如设置"出生日期"为【日期型】，其他字段均为"字符型"，如图 3-11 所示。

图 3-11　修改字段类型

（7）更改【宽度】列中的值，如由上至下分别为 10、20、2、8、16、40、10，再设置"学号"的【索引】项为"升序"，如图 3-12 所示。

（8）在【索引】选项卡中，设置【学号】字段为"主索引"，单击【确定】按钮，如图 3-13 所示。

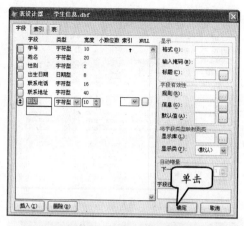

图3-12　设置字段的宽度

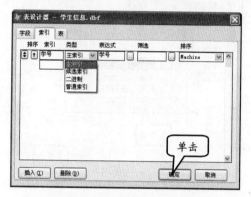

图3-13　设置【索引】选项卡

（9）表创建完成后，在【数据库设计器】窗口中，显示"学生信息"表及其主索引字段，如图3-14所示。

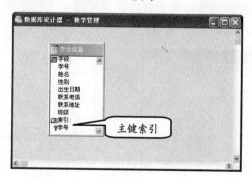

图3-14　显示新建表及其主索引字段

（10）在【数据库设计器】窗口中右击空白处，执行【添加表】命令。在弹出的【选择表名】对话框中选择"课程.dbf"表，如图3-15所示。

图3-15　添加"课程"表

（11）添加完成后，执行【添加表】命令。再将"成绩"表添加到【数据库设计器】窗口中，如图3-16所示。

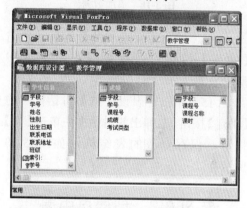

图3-16　添加"成绩"表

（12）右击"学生信息"表，执行【浏览】命令，可查看"学生信息"表中的数据。如图3-17所示。

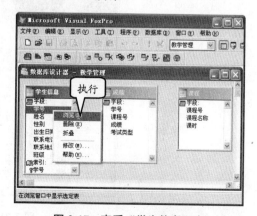

图3-17　查看"学生信息"表

（13）打开"学生信息"表窗口后，执行【显示】|【追加模式】命令，向数据表内追加数据，如图 3-18 所示。

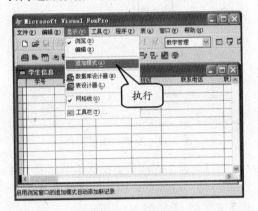

图 3-18　追加数据

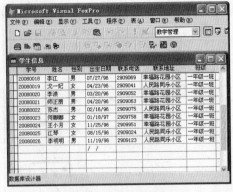

图 3-19　追加数据并保存

（14）输入需要追加的数据后，单击【关闭】按钮，保存数据，如图 3-19 所示。

（15）单击【表设计器】对话框中的【确定】按钮，在弹出的对话框中单击【是】按钮，保存修改的表结构，如图 3-20 所示。

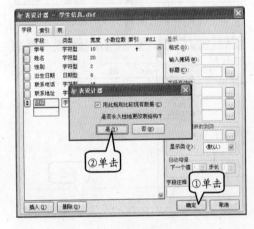

图 3-20　修改表结构并保存

练习 3-3　创建自由表

自由表是独立于数据库的数据表，它的创建和数据库表类似，即也可以在【表设计器】对话框中创建。下面具体创建一个自由表，如图 3-21 所示。

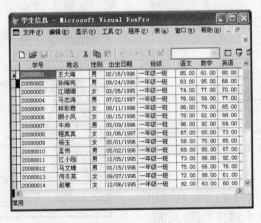

图 3-21　自由表

（1）执行【文件】|【新建】命令。在弹出【新建】对话框中选择【文件类型】下的【表】单选按钮，再单击【新建】按钮，如图 3-22 所示。

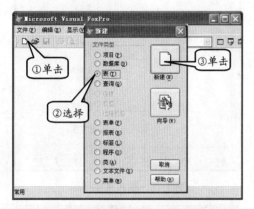

图 3-22　选择【表】单选按钮

技巧

单击工具栏上的【新建】按钮□或使用快捷键(Ctrl+N)，都可以弹出【新建】对话框。

（2）弹出【创建】对话框，在【输入表名】文本框中输入"学生信息.dbf"文字，【保存类型】文本框中的内容保持不变，单击【保存】按钮，如图 3-23 所示。

图 3-23　创建"学生信息"表

（3）在弹出的【表设计器】对话框中，在【字段】选项卡的【字段】列的第一行

输入"学号"文字，如图 3-24 所示。

图 3-24　输入字段名"学号"

（4）在第一行的【类型】列下，单击下拉按钮，选择"字符型"选项。如图 3-25 所示。

图 3-25　设置"学号"的数据类型

（5）在第一行的【宽度】列下，输入字段宽度为 10，如图 3-26 所示。

提示

【字符型】数据类型的宽度默认为 10 个字符。

253

图 3-26　输入"学号"字段的宽度

（6）在第一行的【索引】列下，单击下拉按钮，选择"↑升序"选项，如图 3-27 所示。

图 3-27　设置索引

（7）依次在下面的新行中输入"姓名"、"性别"、"出生日期"、"班级"、"语文"、"数学"、"英语"等字段名称，如图 3-28 所示。

（8）设置"姓名"、"性别"、"班级"的类型为"字符型"，设置其宽度为 10、2 和 10；设置"出生日期"的类型为"日期型"，宽度为默认值，如图 3-29 所示。

（9）设置"语文"、"数学"、"英语"的类型为"数值型"，宽度和小数位数分别为"6"和"2"，最后单击【确定】按钮，

如图 3-30 所示。

图 3-28　输入其他字段

图 3-29　修改类型和宽度

图 3-30　继续修改类型和宽度

（10）执行【显示】|【浏览】命令，打开"学生信息"表，如图 3-31 所示。

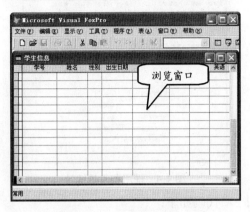

图 3-31　浏览"学生信息"表

（11）执行【显示】|【追加模式】命令，在"学生信息"表中输入信息"20080001"，向右依次输入"男"、"05/16/1996"、"一年级一班"、"85.00"、"90.00"、"80.00"，如图 3-32 所示。

图 3-32　输入"学生信息"记录

（12）依次输入其他学生的信息后，关闭"学生信息"表。

提示

由于创建的是自由表，字段信息设置默认为只读状态。将自由表添加到数据库中，就可以对字段的结束等规则进行设置了。

第 4 单元

练习 4-1　记录统计

为了详细了解班级中学生的情况，需要从数据库中对班级和学生的各项数据进行统计。如班级的总人数、男女学生比例、出生年月的统计。下面的练习通过在 Visual FoxPro 的【命令】窗口中输入命令，来统计学生的记录信息。

（1）执行【文件】|【打开】命令，弹出【打开】对话框。

（2）在该对话框的【文件类型】下拉列表框中选择"表（*.dbf）"选项，然后选择"学生信息"表，如图 4-1 所示。

提示

在【打开】对话框中，选择以"独占方式打开"选项，方便在【浏览】窗口中修改表数据。

图 4-1　打开"学生信息"表

（3）执行【显示】|【浏览】命令，打开"学生信息"表的【浏览】窗口，浏览"学生信息"表的数据信息，如图 4-2 所示。

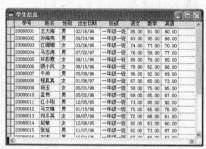

图 4-2　浏览"学生信息"表

（4）关闭【浏览】窗口，在【命令】窗口中输入命令，统计"学生信息"表中男生和女生的人数，如图 4-3 所示。

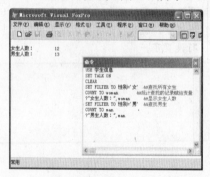

图 4-3　分组统计人数

代码如下：

```
USE 学生信息
SET TALK ON
CLEAR
SET FILTER TO 性别='女'   &&查找所有女生
COUNT TO woman   &&统计查找的记录赋给变量
?"女生人数：",woman   &&显示女生人数
SET FILTER TO 性别='男'   &&查找男生
COUNT TO man
?"男生人数：",man
```

（5）分别统计语文成绩在 90～100、80～89、70～79 及 70 分以下的学生的人

数，如图 4-4 所示。

图 4-4　使用条件的统计

代码如下：

```
USE 学生信息
SET TALK ON
&&统计语文在 90 分以上的学生人数
SET FILTER TO 语文>=90
COUNT TO num
?"90-100 分的学生的人数为：",num
&&统计语文在 80-89 分的学生人数
SET FILTER TO 语文>=80 AND 语文<90
COUNT TO num
?"80-89 分的学生的人数为：",num
&&统计语文在 70-79 分的学生人数
SET FILTER TO 语文>=70 AND 语文<80
COUNT TO num
?"70-79 分的学生的人数为：",num
&&统计 70 以下的学生人数
SET FILTER TO 语文<70
COUNT TO num
?"70 分以下的学生的人数为：",num
```

（6）统计有不及格成绩的学生人数，如图 4-5 所示。

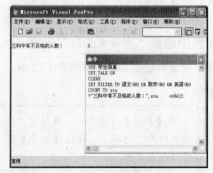

图 4-5　多条件统计显示

代码如下：

```
USE 学生信息
SET TALK ON
CLEAR
SET FILTER TO 语文<60 OR 数学<60 OR
英语<60    &&条件查有不及格科目的学生
COUNT TO stu
?"三科中有不及格的人数：",stu    &&
输出
```

（7）分别统计出生日期在 1995 年、1996 年和 1997 年的学生人数，如图 4-6 所示。

代码如下：

```
SET TALK ON
USE 学生信息
&&统计 1995 年出生的人数
SET FILTER TO YEAR(出生日期)=1995
COUNT TO stu
```

```
?"1995 年出生的人数：",stu
&&统计 1996 年出生的人数
SET FILTER TO YEAR(出生日期)=1996
COUNT TO stu
?"1996 年出生的人数：",stu
&&统计 1997 年出生的人数
SET FILTER TO YEAR(出生日期)=1997
COUNT TO stu
?"1997 年出生的人数：",stu
```

图 4-6   统计同年出生的人数

练习 4-2   导入和导出数据

在工作中经常会用到 Word 文档或 Excel 电子表格保存的一些数据信息，如果将这些信息重新输入到 VFP 数据表，则工作量将相当大。为此，Visual FoxPro 9.0 提供了导入/导出功能，可以方便地将上述类型的文件导入到 Visual FoxPro 9.0 中。同样，用户也可以将 Visual FoxPro 中的数据表导出为 Word 或 Excel 文件。

1. 导入数据

（1）执行【文件】|【导入】命令，弹出【导入】对话框，单击【导入向导】按钮，如图 4-7 所示。

（2）弹出【导入向导】对话框，在 File Type 下拉列表框中选择"Microsoft Excel5.0 and 97(XLS)"选项，单击 Source File 文本框右边的按钮 Locate... ，如图 4-8 所示。

图 4-7   【导入】对话框

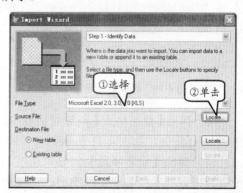

图 4-8   选择导入文件的类型

（3）弹出【打开】对话框，在对话框中选择要导入的 Excel 文件，单击【确定】按钮，返回到导入向导界面。

（4）单击 Destination File 下的 New table 选项右边的 Locate... 按钮，弹出【另存为】对话框，选择保存的文件夹，单击【保存】按钮，如图 4-9 所示。

图 4-9　【另存为】对话框

（5）在【导入向导】对话框中，单击 Next 按钮，弹出【选择数据】向导对话框，选择"新建一个数据表"单选按钮，单击 Next 按钮，如图 4-10 所示。

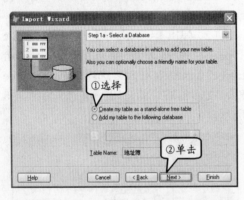

图 4-10　选择数据表选项

（6）弹出【数据格式】向导对话框中，单击 Next 按钮，如图 4-11 所示。

（7）弹出【设置字段】向导对话框，设置数据表的字段名、字段类型、宽度和小数位数，然后单击 Next 按钮，如图 4-12

所示。

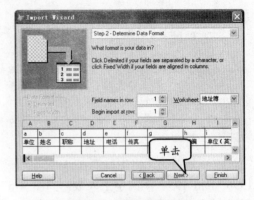

图 4-11　设置数据格式

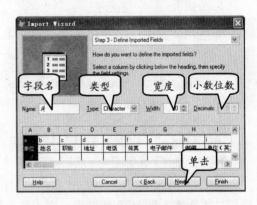

图 4-12　设置字段

（8）弹出【说明选择】向导对话框，设置字段的显示格式，并单击 Finish 按钮，完成导入操作，如图 4-13 所示。

图 4-13　设置字段显示格式

（9）可以执行【显示】|【浏览】命令，查看上述导入的表。

2．导出数据

（1）执行【文件】|【导出】命令，弹
出【导出】对话框，然后选择【类型】下
拉列表框中的"Microsoft Excel 5.0 (XLS)"
选项，如图 4-14 所示。

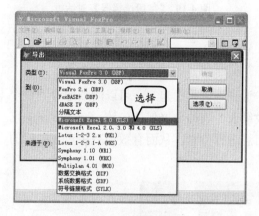

图 4-14　选择导出类型

（2）单击【到】文本框右边的□按钮，
在弹出的【另存为】对话框的【导出】文
本框中输入"学生信息"文字，然后单击
【保存】按钮，如图 4-15 所示。

图 4-15　【另存为】对话框

（3）在【导出】对话框中，单击【选
项】按钮，弹出【导出选项】对话框，然
后单击【作用范围】按钮，如图 4-16
所示。

（4）弹出【作用范围】对话框，选择

【全部】单选按钮，单击【确定】按钮，如
图 4-17 所示。

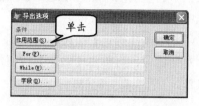

图 4-16　【导出选项】对话框

图 4-17　【作用范围】对话框

（5）单击【导出选项】对话框中【条
件】栏中的 For 或者 While 按钮，弹出【表
达式生成器】对话框。

（6）在【表达式】文本框中输入"学
生信息.性别='男'"条件（只导出男生的信
息），如图 4-18 所示。

259

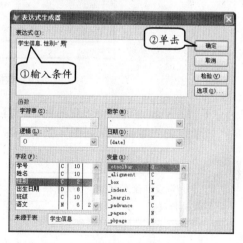

图 4-18　【表达式生成器】对话框

（7）单击【导出选项】对话框中【条
件】栏中的【字段】按钮。

（8）在弹出的【字段选择器】对话框

中，单击【全部】按钮，将【所有字段】
列表框下的字段项添加到【选定字段】列
表框中，如图 4-19 所示。

（9）单击【确定】按钮，返回到【导
出】对话框中，再单击【确定】按钮，完
成操作。

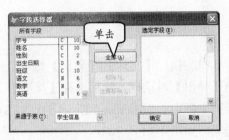

图 4-19 【字段选择器】对话框

练习 4-3 创建数据表关系

建立"教学管理"数据库及表间的关系，通过表关系的建立，可以清晰地看到整个
数据库的结构，可以使"学生信息"表与"成绩表"表的数据保持一致，减少数据的冗
余；另外，通过表关系，可以方便地对学生信息进行检索，从而有效地减少对数据库的
操作次数，提高效率，如图 4-20 所示。

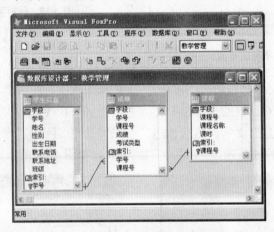

图 4-20 数据库及表间的关系

（1）在 Visual FoxPro 9.0 环境中，打
开"教学管理"数据库，如图 4-21 所示。

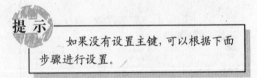
如果没有设置主键，可以根据下面
步骤进行设置。

（2）右击"学生信息"表，执行【修
改】命令，如图 4-22 所示。

（3）在【表设计器】对话框的【字段】
选项卡中，修改【学号】字段的"索引"
项的值，在下拉列表框中选择【升序】选

项，如图 4-23 所示。

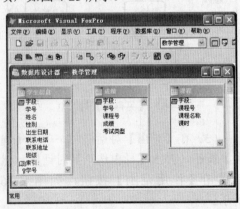

图 4-21 打开数据库

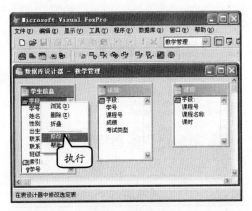

图4-22　修改表结构

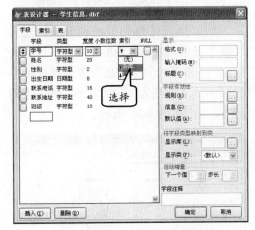

图4-23　修改【学号】字段

（4）选择【索引】选项卡，在第一行【类型】列的下拉列表框中，选择"主索引"选项，然后单击【确定】按钮，如图4-24所示。

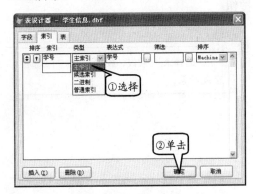

图4-24　设置主索引

（5）在弹出的【表设计器】对话框中，单击【是】按钮，完成修改。

（6）修改"课程"表的"课程号"的【索引】项为"升序"，"索引类型"为"主索引"；修改"成绩"表的"学号"和"课程号"的【索引】为"升序"，【索引类型】为"普通索引"，如图4-25所示。

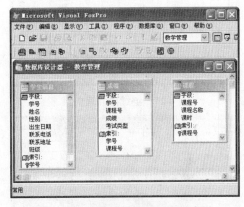

图4-25　修改表的索引及索引类型

（7）在"学生信息"表的【索引】项下的"学号"上，按下左键不放，当鼠标指针变为【索引】按钮时，将鼠标拖放至"成绩"表的【索引】项下的"学号"主键上，建立"学生信息"表与"成绩"表的关系，如图4-26所示。

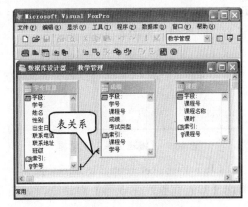

图4-26　建立表关系

（8）拖动"课程"表的主键"课程号"至"成绩"表的主键"课程号"字段上，建立"课程"表和"成绩"表的关系，如图4-27所示。

（9）右击表关系之间的连线，执行【编辑关系】命令，如图4-28所示。

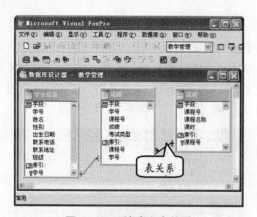

图 4-27　继续建立表关系

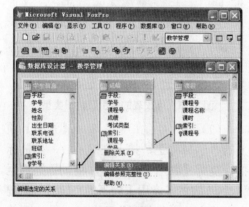

图 4-28　编辑关系

（10）在弹出的【编辑关系】对话框中，可以设置表主键的关系和查看当前关系的对应类型，如图 4-29 所示。

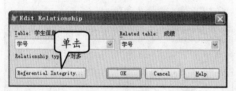

图 4-29　【编辑关系】对话框

（11）单击 Referential Integrity 按钮，弹出【参照完整性生成器】对话框，如图

4-30 所示。

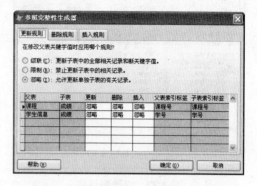

图 4-30　【参照完整性生成器】对话框

（12）插入【规则】选项卡中，选择"课程"表和"成绩"表的【插入】规则为"限制"；选择"学生信息"表和"成绩"表的【插入】规则为"限制"，然后单击【确定】按钮，如图 4-31 所示。

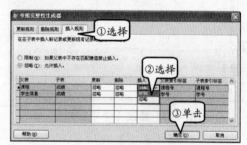

图 4-31　设置插入规则

（13）在弹出的对话框中单击【是】按钮。

提示

选择表关系线，按 Del 键，可以删除表关系。

第 5 单元

练习 5-1　查询学生信息

建立学生信息表，可以方便对学生的信息进行浏览。如果经常对表中的某些数据进行浏览，那么可以建立固定查询以方便下次对数据进行查阅。通过下面的练习，建立一个对学生固定信息的查询，如图 5-1 所示为查询结果。

学号	姓名	班级	课程名称	成绩	考试类型
20080001	王大海	一年级一班	语文	70.00	入学考试
20080001	王大海	一年级一班	数学/几何	71.00	入学考试
20080001	王大海	一年级一班	英语	72.00	入学考试
20080002	孙海亮	一年级一班	语文	73.00	入学考试
20080002	孙海亮	一年级一班	数学/几何	73.00	入学考试
20080002	孙海亮	一年级一班	英语	75.00	入学考试
20080003	江珊珊	一年级一班	语文	76.00	入学考试
20080003	江珊珊	一年级一班	数学/几何	47.00	入学考试
20080003	江珊珊	一年级一班	英语	86.00	入学考试
20080004	马志涛	一年级一班	语文	64.00	入学考试
20080004	马志涛	一年级一班	数学/几何	84.00	入学考试
20080004	马志涛	一年级一班	英语	81.00	入学考试
20080005	林彩霞	一年级一班	语文	60.00	入学考试
20080005	林彩霞	一年级一班	数学/几何	65.00	入学考试
20080005	林彩霞	一年级一班	英语	68.00	入学考试
20080006	顾小凤	一年级一班	语文	74.00	入学考试
20080006	顾小凤	一年级一班	数学/几何	83.00	入学考试
20080006	顾小凤	一年级一班	英语	73.00	入学考试

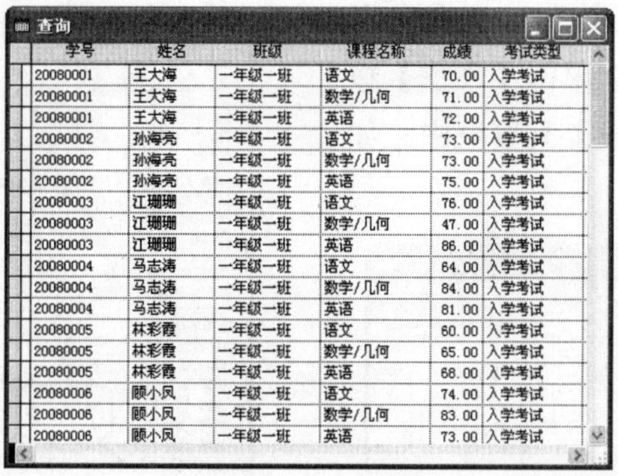

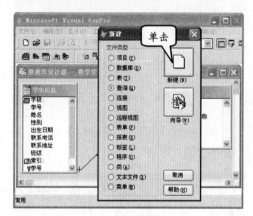

图 5-1　查询结果

（1）在 Visual FoxPro 9.0 环境下，执行【文件】|【打开】命令，打开“教学管理”数据库。

（2）执行【文件】|【新建】命令，在弹出的【新建】对话框中，选择【文件类型】栏中的【查询】单选按钮，然后单击【新建】按钮，如图 5-2 所示。

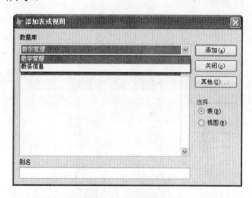

图 5-2　新建查询

（3）在【添加表或视图】对话框中，选择“教学管理”数据库；在【数据库中的表】列表框中显示“教学管理”数据库中的表，如图 5-3 所示。

（4）选择【数据库中的表】列表框中的选项，单击【添加】按钮，将表依次添加到【查询设计器】窗口中，如图 5-4 所示。

图 5-3　选择数据库

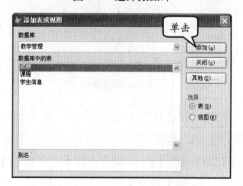

图 5-4　添加表

（5）单击【关闭】按钮，并打开【查询设计器】窗口，如图 5-5 所示。

（6）在【字段】选项卡下，分别选择

【可用字段】列表框中的"学生信息.学号"、"学生信息.姓名"、"学生信息.班级"、"课程.课程名称"、"成绩.成绩"和"成绩.考试类型"字段项，并分别单击【添加】按钮，添加至【已选择字段】列表框中，如图 5-6 所示。

图 5-5 【查询设计器】窗口

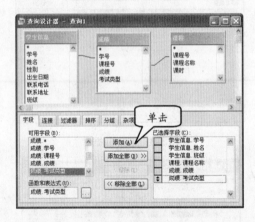

图 5-6 添加字段

（7）在【排序】选项卡下，将【选择字段】列表框中的"学生信息.学号"添加到【排序标准】列表框中；在【排序选项】栏中，选择【升序】单选按钮，如图 5-7 所示。

（8）执行【文件】|【保存】命令，在弹出的【另存为】对话框的【保存文档为】文本框中，输入查询名称"查询

成绩"，单击【保存】按钮，如图 5-8 所示。

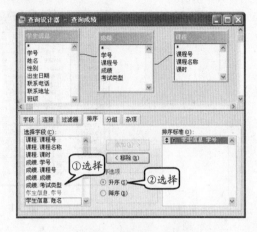

图 5-7 选择排序字段

图 5-8 保存查询设置

（9）执行【程序】|【运行】命令，显示查询结果，如图 5-9 所示。

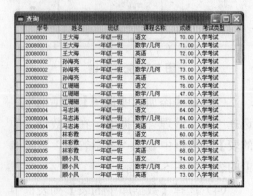

图 5-9 查询结果

练习 5-2　定义查询条件

在【查询设计器】窗口中，可以通过设置【过滤器】选项卡中的相关参数，对多余的信息进行过滤，以得到最有效的信息。下面练习如何在该选项卡中设置查询条件，以获取想要的数据，如图 5-10 所示为条件查询的结果。

学号	姓名	性别	出生日期	班级	课程名称	成绩	考试类型
20080001	王大海	男	02/16/96	一年级一班	语文	70.00	入学考试
20080001	王大海	男	02/16/96	一年级一班	数学/几何	71.00	入学考试
20080001	王大海	男	02/16/96	一年级一班	英语	72.00	入学考试
20080002	孙海亮	男	09/24/96	一年级一班	语文	73.00	入学考试
20080002	孙海亮	男	09/24/96	一年级一班	数学/几何	73.00	入学考试
20080002	孙海亮	男	09/24/96	一年级一班	英语	75.00	入学考试
20080007	牛帅	男	05/09/96	一年级一班	语文	76.00	入学考试
20080007	牛帅	男	05/09/96	一年级一班	数学/几何	90.00	入学考试
20080007	牛帅	男	05/09/96	一年级一班	英语	88.00	入学考试
20080010	孟伟	男	05/02/96	一年级一班	语文	85.00	入学考试
20080010	孟伟	男	05/02/96	一年级一班	数学/几何	48.00	入学考试
20080010	孟伟	男	05/02/96	一年级一班	英语	69.00	入学考试
20080012	马文锋	男	01/15/96	一年级一班	语文	64.00	入学考试
20080012	马文锋	男	01/15/96	一年级一班	数学/几何	69.00	入学考试
20080012	马文锋	男	01/15/96	一年级一班	英语	61.00	入学考试
20080015	张延	男	11/07/96	一年级一班	语文	59.00	入学考试
20080015	张延	男	11/07/96	一年级一班	数学/几何	61.00	入学考试
20080015	张延	男	11/07/96	一年级一班	英语	60.00	入学考试

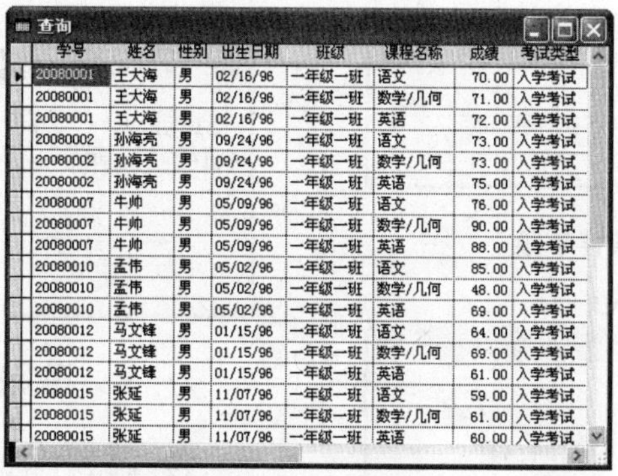

图 5-10　条件查询的结果

（1）打开【查询设计器】窗口，将“教学管理”数据库中的“学生信息”、“课程”、“成绩”这 3 个表添加到【查询设计器】窗口中，如图 5-11 所示。

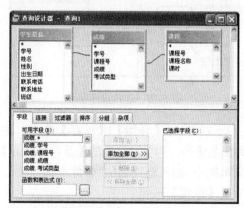

图 5-11　添加表到【查询设计器】窗口

（2）在【字段】选项卡中，分别选择【可用字段】列表框中的“学生信息.学号”、“学生信息.姓名”、“学生信息.出生日期”、“学生信息.班级”、“课程.课程名称”、“成绩.成绩”和“成绩.考试类型”字段项，并分别单击【添加】按钮，添加到【已选择字段】列表框中，如图 5-12 所示。

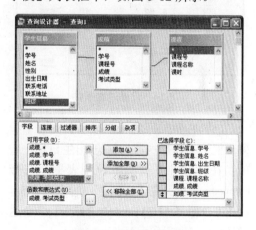

图 5-12　添加显示字段

（3）选择【过滤器】选项卡，单击【字段名】列的第一行下拉按钮，选择“学生信息.性别”选项，如图 5-13 所示。

（4）在第一行【标准】列的下拉列表框中，选择“等号（=）”；在【实例】列的文本框中，输入条件“‘男’”；在【逻辑】列的下拉列表框中，选择 AND（与）选项，如图 5-14 所示。

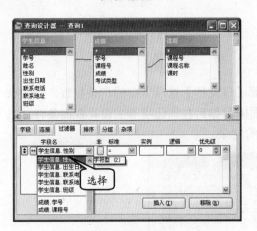

图 5-13 选择条件字段

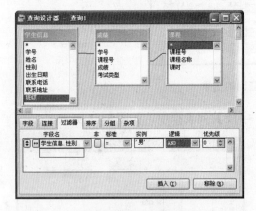

图 5-14 设置过滤条件

栏中，选择【升序】单选按钮，如图 5-16
所示。

图 5-15 输入条件

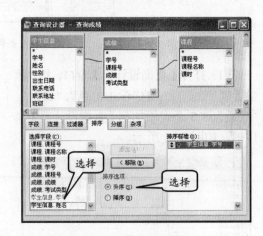

图 5-16 选择排序字段

（5）在第二行的【字段名】列的下拉
列表框中，选择"学生信息.出生日期"选
项；在【标准】列的下拉列表框，选择
Between 选项；在【实例】列的文本框中，
输入"{^1995/12/31}and{^1997/1/1}"表达
式，如图 5-15 所示。

（6）在【排序】选项卡下，将【选择
字段】列表框中的"学生信息.学号"添加
到【排序标准】列表框中；在【排序选项】

（7）执行【开始】|【保存】命令，在
弹出的【另存为】对话框的【保存文档为】
文本框中，输入查询名称"条件查询成绩"，
单击【保存】按钮。

（8）执行【程序】|【运行】命令，显
示查询结果。

● 练习 5-3 使用向导创建视图

在"教学管理"数据库中，学生数据主要由"学生信息"表和"成绩"表组成。学
生的"成绩"表又是"课程"表的子表，所以，在对学生成绩信息进行数据操作的时候，
需要对多个表进行操作。建立视图可以更加直观地浏览和修改数据，如图 5-17 所示。

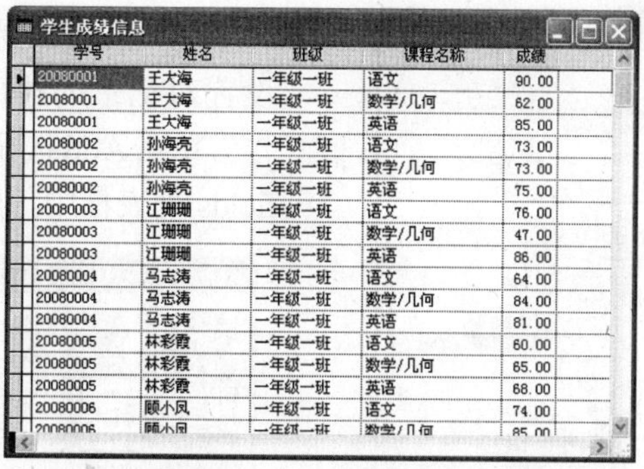

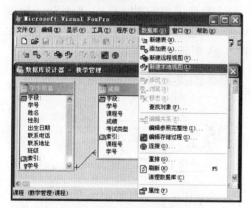

图 5-17 建立"学生成绩信息"视图

（1）运行 Visual FoxPro 9.0，执行【文件】|【打开】命令，打开"教学管理"数据库。

（2）执行【数据库】|【新建本地视图】命令，如图 5-18 所示。

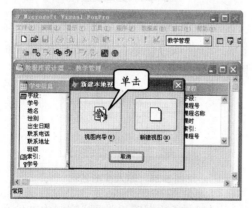

图 5-18 执行【新建视图】命令

（3）在【新建本地视图】对话框中，单击【视图向导】按钮，如图 5-19 所示。

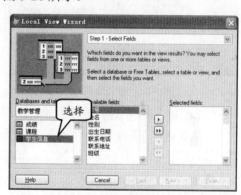

图 5-19 【新建本地视图】对话框

（4）在【本地视图向导】对话框的 Database and tables 列表框中，选择"学生信息"选项；则 Available fields 列表框中将显示"学生信息"表的所有字段，如图 5-20 所示。

图 5-20 选择表

（5）在 Available fields 列表框中，分别选择"学生信息"表的【学号】、【姓名】、【班级】字段；"课程"表的【课程名称】字段；"成绩"表的【成绩】字段，并分别单击【添加】按钮，添加至 Selected fields 列表框中，如图 5-21 所示。

（6）单击 Next 按钮，在两个下拉列表框中分别选择"成绩.学号"和"学生信息.学号"选项，单击 Add 按钮添加到文本列表框中；再选择"课程.课程号"和"成绩.课程号"选项，添加到下面的列表框中，如图 5-22 所示。

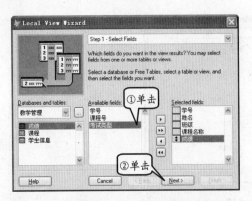

图 5-21　添加字段

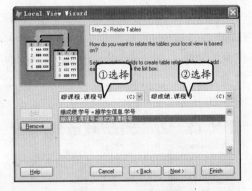

图 5-22　添加表关系

（7）单击 Next 按钮，在弹出的对话框中，分别在两个下拉列表框中设置选项为"学生信息.学号"，单击 Next 按钮，如图 5-23 所示。

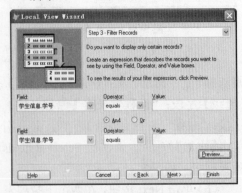

图 5-23　设置显示记录

提示　单击 Preview 按钮，可以预览显示的效果。

（8）在【本地视图向导】对话框中，设置对记录的排序，选择"学生信息.学号"，单击 Add 按钮，将字段添加到 Selected fields 列表框中，如图 5-24 所示。

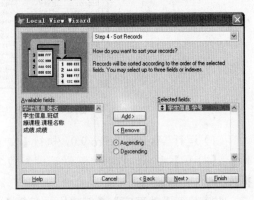

图 5-24　对记录进行排序

（9）在弹出的对话框中选择 Save local view 单选按钮，单击 Finish 按钮，如图 5-25 所示。

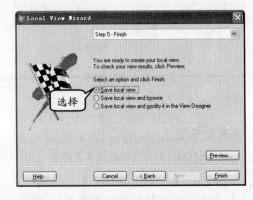

图 5-25　完成视图

（10）在 View Name 窗口的文本框中输入"学生成绩信息"，单击 OK 按钮，如图 5-26 所示。

图 5-26　输入视图名称

（11）在【数据库设计器】窗口中的"学

生成绩信息"视图上右击,执行【浏览】
命令,如图 5-27 所示。

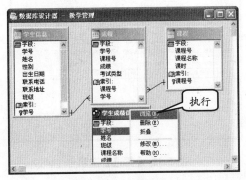

图 5-27　执行【浏览】命令

(12) 显示创建的视图,结果如图 5-28
所示。

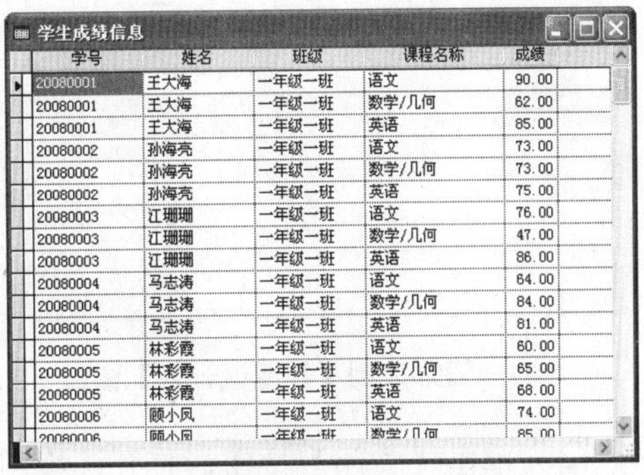

图 5-28　浏览视图

练习 5-4　利用视图更新数据

建立"教学管理"数据库的学生成绩信息的视图,利用该视图可以同时对"学生信息"表和"成绩"表中学生信息的字段进行更新操作,如图 5-29 所示。

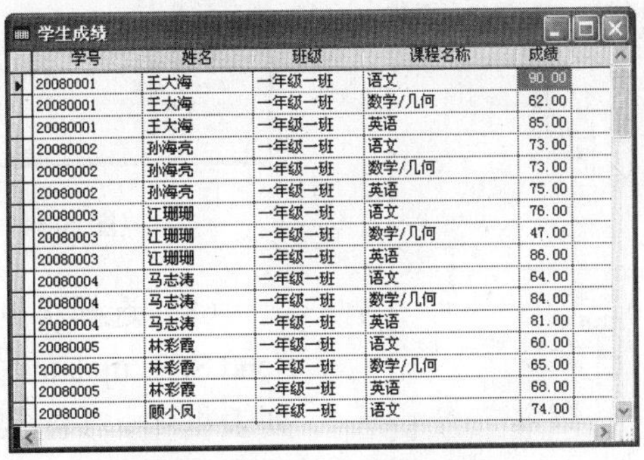

图 5-29　显示视图内容

(1) 运行 Visual FoxPro 9.0,执行【文件】|【打开】命令,打开"教学管理"数据库。

(2) 执行【文件】|【新建】命令,在弹出的【新建】对话框的【文件类型】栏中,选择【视图】单选按钮,单击【新建】按钮,如图 5-30 所示。

(3) 在【添加表或视图】对话框中,选择【数据库中的表】列表框中的"学生信息"、"课程"和"成绩"这 3 个表,单击【添加】按钮,添加到【视图设计器】窗口中,如图 5-31 所示。

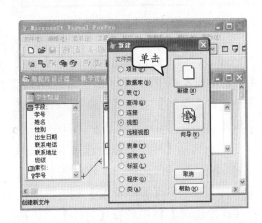

图 5-30　新建视图

269

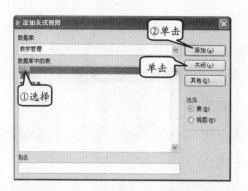

图 5-31 添加表到【视图设计器】窗口

（4）单击【关闭】按钮，打开【视图设计器】窗口。

（5）在【字段】选项卡中，选择"学生信息.学号"、"学生信息.姓名"、"学生信息班级"、"课程.课程名称"，"成绩.成绩"字段，单击【添加】按钮，添加到【已选择字段】列表框中，如图 5-32 所示。

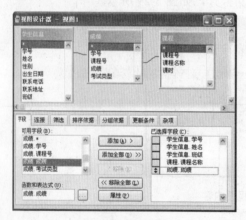

图 5-32 添加字段

（6）选择【筛选】选择卡，在【字段名】下拉列表框中，选择"学生信息.班级"选项，在【实例】文本框中输入"'一年级一班'"文字，如图 5-33 所示。

（7）选择【排序依据】选项卡，选择"学生信息.学号"选项，单击【添加】按钮，将其添加到【排序标准】列表框中；在【排序选项】栏中选择【升序】单选按钮，如图 5-34 所示。

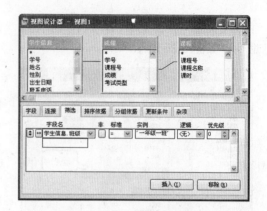

图 5-33 【筛选】选项卡

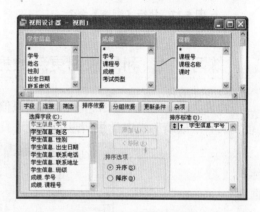

图 5-34 设置排序字段

（8）选择【更新条件】选择卡，启用 Send SQL updates 复选框，并在 Field name 列表框中，只选定"成绩·成绩"为可编辑项，其他编辑项取消，如图 5-35 所示。

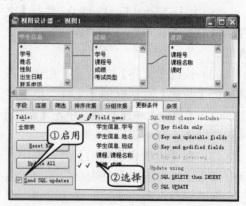

图 5-35 更新条件

270

　　　Field name 列表框中的复选框，第一列为主键，第二列为是/否可以编辑。

图 5-36　保存视图

　　（9）单击工具栏上的【保存】按钮，在弹出的【保存】对话框的【视图名称】文本框中输入"学生成绩"，单击【确定】按钮，关闭该对话框，如图 5-36 所示。

　　（10）单击工具栏上的【运行】按钮，显示视图界面。

第 6 单元

练习 6-1　显示学生部分信息

　　Visual FoxPro 支持 Transact-SQL 命令。使用 SELECT 语句，可以从数据库中检索出数据，并将查询结果以表格的形式返回。本节练习使用 SELECT 语句，通过对"教学信息"数据库中学生信息表的检索，掌握 SELECT 语句的运用。

　　（1）运行 Visual FoxPro 9.0，执行【文件】|【打开】命令，打开"教学管理"数据库。

　　（2）单击工具栏中的【新建】按钮，在弹出的【新建】对话框中，选择【查询】单选按钮，然后单击【新建】按钮，如图 6-1 所示。

白处，执行【查看 SQL】命令，打开【SQL编辑】窗口，如图 6-3 所示。

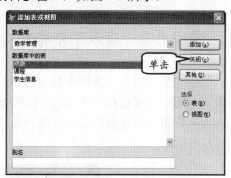

图 6-2　【添加表或视图】对话框

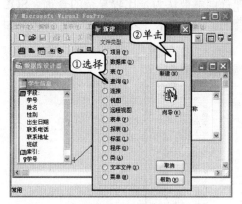

图 6-1　新建查询

　　（3）在【添加表或视图】对话框中，单击【关闭】按钮，关闭该对话框。如图 6-2 所示。

　　（4）右击【查询设计器】窗口中的空

图 6-3　打开【SQL 编辑】窗口

271

（5）在【SQL 编辑】窗口中输入查询语句，显示所有学生的学号、姓名和性别，并在查询结果中添加"年龄"列，如图 6-4 所示。

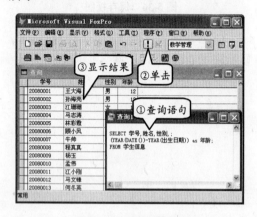

图 6-4　查询并添加列

代码如下：

```
SELECT 学号,姓名,性别,;
(YEAR(DATE())-YEAR(出生日期)) as
年龄;
```

FROM 学生信息

提示

在【SQL 编辑】窗口中，换行时在行尾加分号";"即可。

（6）单击工具栏中的【保存】按钮。在【另存为】对话框中，输入文档名称"查询学生并显示年龄"文字，然后单击【保存】按钮，如图 6-5 所示。

图 6-5　保存查询

练习 6-2　显示不及格学生信息

当某个查询的查询条件个数为两个或两个以上，数据源涉及多个相关联的数据表，且查询过程中需要运用一些 SQL 函数时，这种查询就被认为是比较复杂的查询。SQL 语句能很好地实现复杂的条件查询。本节练习查询"成绩"表中不及格的学生信息，如图 6-6 所示。

学号	姓名	课程名称	成绩	班级
20080003	江珊珊	数学/几何	47.00	一年级一班
20080009	杨玉	英语	55.00	一年级一班
20080010	孟伟	数学/几何	48.00	一年级一班
20080011	江小刚	英语	58.00	一年级一班
20080011	江小刚	数学/几何	56.00	一年级一班
20080014	赵敏	数学/几何	35.00	一年级一班
20080015	张延	语文	59.00	一年级一班
20080016	刘杰	数学/几何	59.00	一年级一班
20080017	白华华	数学/几何	57.00	一年级一班
20080018	李江	数学/几何	58.00	一年级一班
20080018	李江	语文	56.00	一年级一班
20080019	戈一妃	英语	40.00	一年级一班
20080020	李浪	数学/几何	49.00	一年级一班
20080022	苏杰	英语	58.00	一年级一班
20080022	苏杰	数学/几何	56.00	一年级一班

图 6-6　不及格的学生信息

（1）运行 Visual FoxPro 9.0，执行【文件】|【打开】命令，打开"教学管理"数据库。

（2）右击【查询设计器】窗口中的空

白处，执行【查看 SQL】命令，打开【SQL 编辑】窗口。

（3）在该窗口中输入查询语句，显示"成绩"表中不及格的学生信息，如图 6-7 所示。

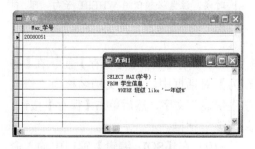

图 6-7　输入代码

代码如下：

```
SELECT 成绩.学号,姓名,课程名称,成绩,班级;
FROM 成绩 ;
INNER JOIN 学生信息 ;
ON 学生信息.学号=成绩.学号;
INNER JOIN 课程 ;
ON 课程.课程号=成绩.课程号;
WHERE 成绩<60
```

（4）单击工具栏上的【保存】按钮，在弹出的【另存为】对话框中，输入查询名称"查询不及格学生信息"，单击【保存】按钮，关闭该对话框。

练习 6-3　更新学生信息

273

数据库中的信息能否保持信息的正确性、及时性和准确性，在很大程度上依赖于数据库的更新功能。数据库的更新包括插入、删除、修改（也称为更新）3 种操作。下面练习如何使用 SQL 语句来更新"学生信息"表中的数据。

（1）运行 Visual FoxPro 9.0，执行【文件】|【打开】命令，打开"教学管理"数据库。

（2）新建【查询设计器】窗口，并右击该窗口的空白处，执行【查看 SQL】命令，打开【SQL 编辑】窗口。

（3）添加一个新学生到一年级二班中，在【SQL 编辑】窗口中输入语句，查询一年级中最大的学号，如图 6-8 所示。

代码如下：

```
SELECT MAX(学号) ;
FROM 学生信息 ;
WHERE 班级 LIKE '一年级%'
```

（4）返回"20080051"，将该学生的学号设为当前最大学号加 1，在【SQL 编辑】窗口中输入命令，向数据库中插入新学生的记录。最后，再按此学号查询该条记录是否成功插入，如图 6-9 所示。

图 6-8　查询最大的学号

图 6-9　插入并查询该条记录

代码如下:

```
&&插入一条信息到"学生信息"表
INSERT INTO 学生信息 ;
    VALUES (;
    '20080052','黄楠楠','女',;
    CTOD('04/16/1996'),'2631
    889',;
    '胜利路欧洲花园','一年级二班')
&&查询插入的信息
SELECT *;
    FROM 学生信息;
    WHERE 学号="20080052"
```

（5）执行【文件】|【保存】命令，在【另存为】对话框中，设置文档名称为"添加新学生"，然后单击【保存】按钮，关闭该对话框。

（6）打开【查询设计器】窗口，在【SQL编辑】窗口中输入命令，添加该学生的入学成绩，如图 6-10 所示。

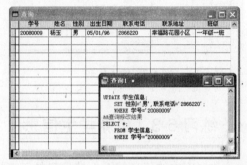

图 6-10 添加学生成绩

代码如下:

```
&&插入新添加学生的成绩
INSERT INTO 成绩;
VALUES('20080052','1001',74,'入
学成绩')
INSERT INTO 成绩;
VALUES('20080052','1002',68,'入
学成绩')
INSERT INTO 成绩;
VALUES('20080052','1003',72,'入
学成绩')
&&查询插入的信息
SELECT *;
FROM 成绩;
```

```
WHERE 学号="20080052"
```

（7）执行【文件】|【保存】命令，在【另存为】对话框中，设置文档名称为"添加新学生成绩"，然后单击【保存】按钮，关闭该对话框。

（8）在【SQL 编辑】窗口中输入命令，在"学生信息"表中，修改"学号"为"20080009"的学生的性别为"男"、联系电话为"2866220"，并查询修改的结果，如图 6-11 所示.。

图 6-11 修改学生信息

代码如下:

```
UPDATE 学生信息;
    SET 性别='男',联系电话='2866
    220';
WHERE 学号='20080009'
&&查询修改结果
SELECT *;
    FROM 学生信息;
    WHERE 学号="20080009"
```

提 示

使用 UPDATE 和 DELETE 命令的时候，注意必须使用 WHERE 子句，限制修改或删除的记录。

（9）执行【文件】|【保存】命令，在【另存为】对话框中，设置文档名称为"修改学生信息"文字，然后单击【保存】按钮，关闭该对话框。

（10）在【SQL 编辑】窗口中输入命令，删除"学号"为"20080052"的学生的所有信息，在"学生信息"表和"成绩"表中要删除的记录前添加删除标记，打开表查看记录，如图 6-12 所示。

图 6-12　在数据表中添加删除标记

代码如下：

```
&&对子表"成绩"表中删除的数据添加删除标记
DELETE FROM 成绩;
        WHERE 学号='20080052'

&&对"学生信息"表中删除的数据添加删除标记
DELETE FROM 学生信息;
WHERE 学号='20080052'
```

（11）执行【文件】|【保存】命令，在【另存为】对话框中，设置文档名称为"添加新学生成绩"文字，然后单击【保存】按钮，关闭该对话框。

（12）在【命令】窗口中输入 PACK命令，删除带有删除标记的数据，如图 6-13所示。

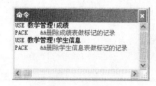

图 6-13　删除记录

代码如下：

```
USE  教学管理!成绩
PACK       &&删除成绩表做标记的记录
USE  教学管理!学生信息
PACK       &&删除学生信息表做标记的记录
```

提 示

　　DELETE 命令是对数据库中的记录做删除标记。PACK 命令删除有删除标记的记录。RECALL 命令是用来恢复已做删除标记的记录，必须是在执行 PACK 命令之前，否则无法恢复。

275

第 7 单元

练习 7-1　计算 1～100 之和

　　在 Visual FoxPro 中可以使用程序文件方式，一次执行多条命令语句。除此之外，程序文件还具有强大的功能，可以将复杂、繁琐的工作变得简单化。下面练习在程序文件中使用"计数"型循环控制语句，实现计算 1～100 之和。

　　（1）执行【文件】|【新建】命令，弹出【新建】对话框。

　　（2）在【新建】对话框中，选择【程序】单选按钮，然后单击【新建】按钮。打开【程序编辑】窗口，如图 7-1 所示。

　　（3）在【程序编辑】窗口中输入代码，显示 1～100 整数的和，如图 7-2 所示。

提 示

　　打开【程序编辑】窗口，还可以通过在【命令】窗口中输入：
　　　　MODIFY COMMAND <程序文件名>。

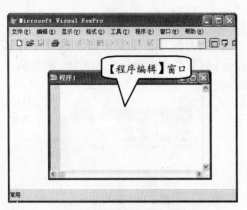

图 7-1 【程序编辑】窗口

图 7-2 计算 1～100 之和

代码如下：

```
CLEAR
SET TALK OFF
STORE 0 TO n        &&声明变量 n 为总和
FOR i =1 TO 100 STEP 1  &&设置 I
从 1 到 100 步长为 1
    n=n+I              &&累加计算
NEXT i
?n                &&输出值
```

提 示

FOR 语句结尾可为 ENDFOR 或
NEXT 两种方式。

（4）单击【关闭】按钮▨，在询问是
否保存的对话框中，单击【是】按钮，如
图 7-3 所示。

（5）在弹出的【另存为】对话框的【保
存文档为】文本框中输入"计算 100 之和"

文字，然后单击【保存】按钮，如图 7-4
所示。

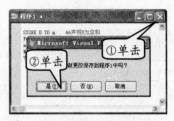

图 7-3 关闭【程序编辑】窗口

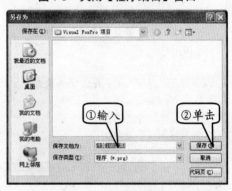

图 7-4 保存程序文件

（6）在【命令】窗口中输入 DO 命令，
执行该程序文件，如图 7-5 所示。

图 7-5 执行程序文件

代码如下：

```
DO 计算 100 之和     &&执行程序文件
返回值为 5050
```

提 示

可以在【程序编辑】窗口中，单击
工具栏上的【运行】按钮❗，显示执行
程序的结果。

练习 7-2　小写转换成大写

在财务管理系统中经常会用到大写金额格式，这就需要把数字格式的金额转换成中文大写金额的格式，这在涉及财务管理数据库中是一项必备的功能。下面练习如何实现数字格式转换成中文大写金额格式。

（1）在 Visual FoxPro 中，新建程序文件，打开【程序编辑】窗口。

（2）在该窗口中，输入实现小写数字转换为大写金额格式的代码，如图 7-6 所示。

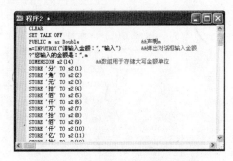

图7-6　转换为大写金额的代码

代码如下：

```
CLEAR
SET TALK OFF
PUBLIC m as Double    &&声明m
m=INPUTBOX("请输入金额：","输入")
&&弹出对话框输入金额
?"您输入的金额是：",m
DIMENSION s2(14)    &&数组用于存储
大写金额单位
STORE '分' TO s2(1)
STORE '角' TO s2(2)
STORE '元' TO s2(3)
STORE '拾' TO s2(4)
STORE '佰' TO s2(5)
STORE '仟' TO s2(6)
STORE '万' TO s2(7)
STORE '拾' TO s2(8)
STORE '佰' TO s2(9)
STORE '仟' TO s2(10)
STORE '亿' TO s2(11)
STORE '拾' TO s2(12)
STORE '佰' TO s2(13)
STORE '仟' TO s2(14)
```

```
&&变量num2四舍五入保留两位小数
num2=LTRIM(TRIM(STR(VAL(m),14,2)))
&&替换小数点，或小数点和负(-)号
IF VAL(m)>=0
cs=STUFF(num2,AT('.',num2),1,'')
ELSE
cs1=STUFF(num2,AT('.',num2),1,'')
cs=STUFF(cs1,AT('-',num2),1,'')
ENDIF
lens=LEN(cs)    &&lens为除小数点
外的长度
DIMENSION arrM(lens)  &&数组arrM
存储中文单位
DIMENSION arrM1(lens)  &&数组
arrM1存储正确的大写金额

i=1
DO WHILE i<=lens
&&为数组arrM元素赋值单位
ss=SUBSTR(cs,lens+1-i,1)
DO CASE
        CASE VAL(ss)=1
        arrM(i)='壹'
        CASE VAL(ss)=2
        arrM(i)='贰'
        CASE VAL(ss)=3
        arrM(i)='叁'
        CASE VAL(ss)=4
        arrM(i)='肆'
        CASE VAL(ss)=5
        arrM(i)='伍'
        CASE VAL(ss)=6
        arrM(i)='陆'
        CASE VAL(ss)=7
        arrM(i)='柒'
        CASE VAL(ss)=8
        arrM(i)='捌'
```

```
        CASE VAL(ss)=9
            arrM(i)='玖'
        CASE VAL(ss)=0
            arrM(i)='零'
    ENDCASE
    &&为数组 arrM1 元素赋值中文大写
和单位
    DO CASE
        CASE i=1
            DO CASE
                &&当前数字不为零
                CASE arrM(i)#'零'

arrM1(i)=arrM(i)+s2(i)
                &&当前数字为零
                CASE arrM(i)='零'
                    arrM1(i)=''
            ENDCASE
        CASE i=2
            DO CASE
                CASE arrM(i)#'零'

arrM1(i)=arrM(i)+s2(i)
                CASE arrM(i)='零'
                AND arrM(1)#'零'
                AND m>=0.1
                    arrM1(i)='零'
                CASE arrM(i)='零'
                AND arrM(1)#'零'
                AND m<0.1
                    arrM1(i)=''
                CASE arrM(i)='零
' AND arrM(1)='零'
                    arrM1(i)=''
            ENDCASE
        CASE i=3
            DO CASE
                CASE arrM(i)#'零'

arrM1(i)=arrM(i)+s2(i)
                CASE arrM(i)='零'
                AND lens=3
                    arrM1(i)=''
                CASE arrM(i)='零'
                AND lens>3

arrM1(i)=s2(i)
```

```
    ENDCASE
        CASE i=7
            DO CASE
                CASE arrM(i)#'零'

arrM1(i)=arrM(i)+s2(i)
                CASE arrM(i)='零'
                    arrM1(i)='万'
            ENDCASE
        CASE i=11
            DO CASE
                CASE arrM(i)='零'
                    arrM1(i)='亿'
                CASE arrM(i)#'零'
                AND arrM(i-1)#'零'
                arrM1(i)=arrM(i)+s2(i)
                CASE arrM(i)#'零'
                AND arrM(i-1)='
零' AND arrM(i-2)
='零' AND arrM
(i-3)='零' AND
                arrM(i-4)='零'
            arrM1(i)=arrM(i)+s2(i)
                    arrM1(7)=''
            ENDCASE
        OTHERWISE
            DO CASE
                CASE arrM(i)#'零'

arrM1(i)=arrM(i)+s2(i)
                CASE arrM(i)='零'
                AND arrM(i-1)#'零'

arrM1(i)=arrM(i)
                CASE arrM(i)='零'
                AND arrM(i-1)='零'
                    arrM1(i)=''
            ENDCASE
    ENDCASE
    i=i+1
ENDDO
ln=lens
amount=''
&&得到数组 arrM1 的元素
DO WHILE ln>0
    amount=amount+LTRIM(arrM1(l
n))
    ln=(ln-1)
```

```
ENDDO
amount=IIF(ABS(VAL(m)-INT(VAL(m
)))<0.1,amount+'整',amount)
?"转换成大写金额：",amount        &&输
出结果
```

图 7-7　输入数字

提　示

INPUT 和 INPUTBOX 用于接收数值类型的数据。INPUT 文本方式输入，INPUTBOX 对话框方式输入。

ACCEPT 用于接收字符类型的数据。

（3）单击工具栏上的【保存】按钮 ，在弹出的【另存为】对话框的【保存文档为】文本框中，输入"小写转大写金额"，然后单击【关闭】按钮。

（4）单击工具栏上的【运行】按钮 ，在弹出的【输入】对话框中，输入数字"2508550.63"，然后单击【确定】按钮。如图 7-7 所示。

（5）则在主窗口中会显示输入数据和转换后的大写中文，如图 7-8 所示。

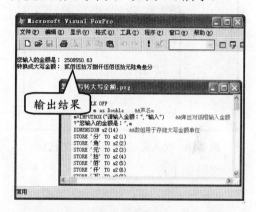

图 7-8　显示数据和转换后的大写中文

279

练习 7-3　过程的调用

在编写程序的过程中，经常会用到重复使用的代码，那么可以把经常用到的一段代码独立出来，创建一个过程或自定义的函数，这样，在程序中多次使用时，不用重复编写这些代码，直接调用即可。同时，当需要对其代码进行修改时，仅需要在创建的过程和自定义函数处修改即可。下面练习如何创建和调用过程和自定义函数来实现计算器的功能，如图 7-9 所示。

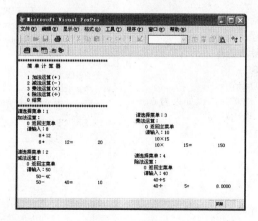

图 7-9　过程调用

（1）在 Visual FoxPro 中，新建程序文件，打开【程序编辑】窗口。

（2）在该窗口中，输入实现简单计算器的代码，如图 7-10 所示。

图 7-10　输入实现简单计算器的代码

代码如下：

```
SET TALK OFF
DO main    &&调用主函数
&&主函数如下:
FUNCTION main
&&进入循环
DO WHILE .t.
CLEAR
DO 提示菜单    &&调用过程"提示菜单"
INPUT "请选择菜单: " to Xmenu
    DO CASE
        CASE Xmenu=1
            DO 加法运算
        CASE Xmenu=2
            DO 减法运算
        CASE Xmenu=3
            DO 乘法运算
        CASE Xmenu=4
            DO 除法运算
        OTHERWISE
            IF Xmenu=0
                RETURN &&如果为0,
                退出程序
            ENDIF
    ENDCASE
ENDDO
ENDFUNC
&&下面为菜单的过程
PROCEDURE 提示菜单
?"************************"
```

```
        ?"    简单计算器 "
        ?""
        ?"    1 加法运算(+)"
        ?"    2 减法运算(-)"
        ?"    3 乘法运算(×)"
        ?"    4 除法运算(÷)"
        ?"    0 结束     "
?"************************"
ENDPROC
&&下面为加法运算的过程
PROCEDURE 加法运算
?"乘法运算: "
?"    0 返回主菜单"
&&下面实现了除法运算的功能
DO WHILE .t.
INPUT "   请输入: " to a
    IF a=0 THEN
        RETURN
    ELSE
        INPUT STR(a)+'+' to b
        ? STR(a)+"+"+STR(b)+
        "=",a+b
    ENDIF
ENDDO
ENDPROC
&&下面为减法运算的过程
PROCEDURE 减法运算
?"乘法运算: "
?"    0 返回主菜单"
&&下面实现了除法运算的功能
DO WHILE .t.
INPUT "   请输入: " to a
    IF a=0 THEN
        RETURN
    ELSE
        INPUT STR(a)+'-' to b
        ? STR(a)+"-"+STR(b)+
        "=",a-b
    ENDIF
ENDDO
ENDPROC
&&下面为乘法运算的过程
PROCEDURE 乘法运算
?"乘法运算: "
?"    0 返回主菜单"
&&下面实现了除法运算的功能
DO WHILE .t.
INPUT "   请输入: " to a
    IF a=0 THEN
        RETURN
```

```
        ELSE
            INPUT STR(a)+'×' to b
            &&当被乘数为零时
            IF b=0
                DO WHILE .t.
                ?"    被乘数不能为 0,
                请重新输入: "
                INPUT STR(a)+'×' to b
                IF b#0
                        ENDDO
                    ENDIF
                ENDDO
            ENDIF
            ? STR(a)+"×"+STR(b)+
            "=",a*b
        ENDIF
ENDDO
ENDPROC
&&下面为除法运算的过程
PROCEDURE 除法运算
?"除法运算: "
?"    0 返回主菜单"
&&下面实现了除法运算的功能
DO WHILE .t.
INPUT "    请输入: " to a
    IF a=0 THEN
        RETURN
    ELSE
        INPUT STR(a)+'÷' to b
        &&当被除数为零时
        IF b=0
            DO WHILE .t.
            ?"    被除数不能为 0,
            请重新输入: "
                INPUT STR(a)+'÷'
                to b
                IF b#0
                    ENDDO
                ENDIF
            ENDDO
        ENDIF
        ? STR(a)+"÷"+STR(b)+"=",
        a/b
    ENDIF
ENDDO
ENDPROC
```

（3）单击工具栏上的【保存】按钮，保存当前程序。在【另存为】对话框中输入程序的名称"过程的调用"文字，单击

【保存】按钮，关闭对话框。

提 示
DO WHILE .t.循环中的条件永远为真即死循环，在这里必须为 DO WHILE 语句设置出口语句。

（4）单击工具栏上的【运行】按钮，在主窗口中"请选择菜单"后输入 1，然后按回车键，执行加法运算，如图 7-11 所示。

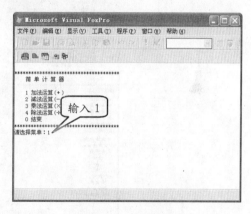

图 7-11 选择菜单

提 示
在运行程序时，输入选择菜单后，需按回车键执行操作。

（5）在"请输入"后输入加数 8，然后按回车键，再输入被加数 12，再按回车键得出结果，如图 7-12 所示。

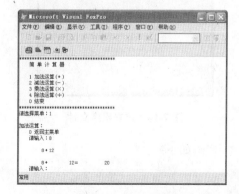

图 7-12 加法运算

281

（6）如果进行其他运算，输入 0 后返回主菜单，选择输入其他菜单，例如，输入 2，进入减法运算；输入 3，进入乘法运算；输入 4，进入除法运算；输入 0，退出程序。

练习 7-4　图形显示

为了更好地理解分支语句、循环语句、函数调用和程序编写过程中算法的实现，可以运用输出不同图形的方法来学习，如正方形、三角形、倒三角形和菱形等，如图 7-13 所示。

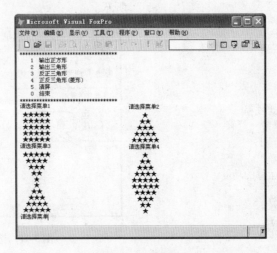

图 7-13　图形

（1）在 Visual FoxPro 中，在【命令】窗口中输入命令后，按回车键，建立名称为"输出图形"的程序文件，如图 7-14 所示。

图 7-14　建立程序文件

代码如下：

```
MODIFY COMMAND 输出图形
```

（2）在【程序编辑】窗口中，输入实现显示图形的代码，如图 7-15 所示。

图 7-15　实现显示图形的代码

代码如下：

```
SET TALK OFF
CLEAR
```

```
DO Amenu
DO WHILE .T.
 INPUT "请选择菜单" to Xmenu
    DO CASE
        CASE Xmenu=1
            DO 正方形
        CASE Xmenu=2
            DO 三角形
        CASE Xmenu=3
            DO 反正三角形
        CASE Xmenu=4
            DO 菱形
        CASE Xmenu=5
            DO Amenu
        OTHERWISE
            IF Xmenu=0 THEN
                RETURN
            ENDIF
    ENDCASE
ENDDO
****主菜单函数****
FUNCTION Amenu
CLEAR
?'**************************'
?'    1   输出正方形'
?'    2   输出三角形'
?'    3   反正三角形'
?'    4   正反三角形(菱形)'
?'    5   清屏         '
?'    0   结束         '
?'**************************'
ENDFUNC

****正方形****
FUNCTION 正方形
FOR x=1 TO 5 STEP 1
?' '
    FOR y=1 TO 5 STEP 1
        ??'□'
    NEXT y
NEXT x
ENDFUNC

****三角形****
FUNCTION 三角形
FOR x=1 TO 5 STEP 1
?' '
```

```
    FOR y=1 TO 5
        IF y>5-x THEN
            ??'□'
        ELSE
            ??' '
        ENDIF
    NEXT y
NEXT x
ENDFUNC

****反正三角形****
FUNCTION 反正三角形
FOR x=-5 TO 5 STEP 1
    IF x#0
        ?' '
    ENDIF
    FOR y=1 TO 5 STEP 1
        IF y>5-ABS(x) THEN
            ??'□'
        ELSE
            ??' '
        ENDIF
    NEXT y
NEXT x
ENDFUNC

****菱形****
FUNCTION 菱形
FOR x=-5 TO 5 STEP 1
    IF x#0
        ?' '
        FOR y=1 TO 5 STEP 1
            IF y>=5-(5-ABS(x))
            THEN
                ??'□'
            ELSE
                ??' '
            ENDIF
        NEXT y
    ENDIF
NEXT
ENDFUNC
```

（3）单击工具栏上的【运行】按钮，在主窗口中"请选择菜单"后输入 1，然后按回车键，输出正方形图形，如图 7-16 所示。

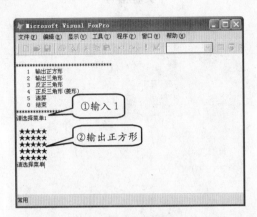

图 7-16　输出图形

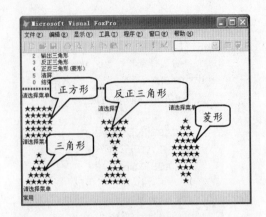

图 7-17　输出其他图形

（4）依次在"请选择菜单"后输入 2、3、4，按回车键后分别显示三角形、反正三角形和菱形，如图 7-17 所示。

（5）在"请选择菜单"后输入 5 按回车键，可返回主菜单。输入 0，按回车键退出程序。

第 8 单元

练习 8-1　定义导航类

创建一个通用导航类，在该类中有 4 个命令按钮。单击第一个按钮时，记录指针会被指定到表中的首记录上，单击第二个按钮时，记录指针会指定到前一条记录上，单击第三个按钮时，指针将指定到下一条记录上，单击第四个按钮时，指针将指定到尾记录上，如图 8-1 所示。

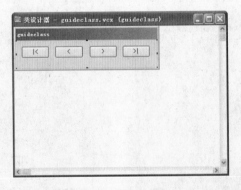

图 8-1　类设计器

（1）执行【文件】|【打开】命令，打开"教学管理"项目。

（2）在该项目的管理器中，选择"类库"目录选项，然后单击【新建】按钮，

如图 8-2 所示。

（3）在【新建类】对话框的，【类名】文本框中输入 GuideClass，在【派生于】下拉列表框中选择 Command Group 选项，

单击【存储于】文本框右侧的按钮[......]，如图8-3所示。

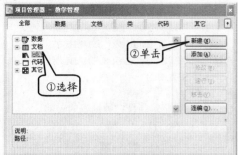

图8-2　新建类库

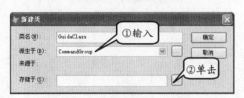

图8-3　【新建类】对话框

（4）在【另存为】对话框的【存储在】文本框中输入类名GuideClass后，单击【保存】按钮。返回【新建类】对话框后，单击【确定】按钮，如图8-4所示。

图8-4　选择存储位置

（5）在【类设计器】窗口的【属性】对话框中，设置属性ButtonCount的值为4，如图8-5所示。

图8-5　设置类的属性

（6）单击命令按钮command1，设置Caption属性为"|<"，Name属性为cmd-First，如图8-6所示。

图8-6　设置按钮属性

（7）依次设置命令按钮command2、command3、command4的Caption属性值为"<"、">"和">|"，再设置Name属性的值为cmdPrev、cmdNext和cmdLast，如图8-7所示。

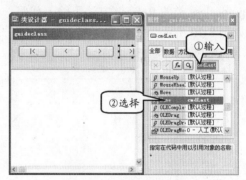

图8-7　设置其他按钮属性

（8）设置cmdFirst按钮的ToolTipText属性为"首页"，如图8-8所示。

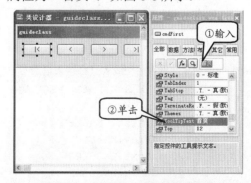

图8-8　设置【工具提示】属性

285

（9）分别设置按钮 cmdPrev、cmdNext 和 cmdLast 的 ToolTipText 属性为"上一页"、"下一页"和"尾页"。

（10）在【类设计器】窗口中选择 guideclass，然后在【属性】对话框的【方法】选项卡下双击 Refresh 方法，如图 8-9 所示。

图 8-9　打开 guideclass 的 Refresh 方法

（11）在打开的【代码】窗口中的 guideclass 类的 Refresh 方法下输入代码，如图 8-10 所示。

图 8-10　Refresh 方法的代码

代码如下：

```
*——如果数据表为空或者只有一条记录
IF BOF() .AND. EOF() .OR. RECCOUNT
()<=1
    THIS.cmdFirst.ENABLED=.F.
    THIS.cmdPrev.ENABLED=.F.
    THIS.cmdNext.ENABLED=.F.
    THIS.cmdLast.ENABLED=.F.
    RETURN
```

```
ENDIF
*——如果记录指针在数据表的末尾
IF RECNO()=RECCOUNT() .OR. EOF()
    THIS.cmdFirst.ENABLED=.T.
    THIS.cmdPrev.ENABLED=.T.
    THIS.cmdNext.ENABLED=.F.
    THIS.cmdLast.ENABLED=.F.
    RETURN
ENDIF
*——如果记录指针在数据表的首部
IF RECNO()=1 .OR. BOF()
    THIS.cmdFirst.ENABLED=.F.
    THIS.cmdPrev.ENABLED=.F.
    THIS.cmdNext.ENABLED=.T.
    THIS.cmdLast.ENABLED=.T.
    RETURN
ENDIF
*——如果记录指针不在数据表的首部也不
在尾部
    THIS.cmdFirst.ENABLED=.T.
    THIS.cmdPrevv.ENABLED=.T.
    THIS.cmdNext.ENABLED=.T.
    THIS.cmdLast.ENABLED=.T.
```

（12）双击 cmdFirst 按钮，弹出 cmdFirst 按钮的 Click 事件。在【代码】窗口中，实现 cmdFirst 按钮 Click 事件的功能，如图 8-11 所示。

图 8-11　输入 cmdFirst 的 Click 事件代码

代码如下：

```
**如果当前表中没有记录
IF RECCOUNT()==0
    RETURN
ENDIF

GO TOP                      &&到首记录
```

```
THISFORM.REFRESH    &&刷新表单
```

（13）依次为按钮 cmdPrev、cmdNext
和 cmdLast 的 Click 事件输入代码。

代码如下：

```
****cmdPrev.Click 事件****
**如果当前表中没有记录
IF RECCOUNT()==0
    RETURN
ENDIF
**如果到了数据表首部
IF BOF() .OR. RECNO() = 1
   MESSAGEBOX("已到首记录",48,"
   提示")
ELSE
**如果数据指针不位于数据表首部
   SKIP-1
ENDIF
**刷新表单
THISFORM.REFRESH

****cmdNext.Click 事件****
**如果当前表中没有记录
```

```
IF RECCOUNT()==0
    RETURN
ENDIF
**如果记录指针位于数据表末尾
IF EOF() or RecNO() = RecCount()
   MESSAGEBOX("已到末记录",48,"
   提示")
**如果记录指针不位于数据表末尾
ELSE
   **记录指针下移
   SKIP
ENDIF
**刷新表单
THISFORM.REFRESH

****cmdLast.Click 事件****
**如果当前表中没有记录
IF RECCOUNT()==0
RETURN
ENDIF
GO BOTTOM           &&到数据表末尾
THISFORM.REFRESH    &&刷新表单
```

287

练习 8-2 定义查询类

在应用程序的开发过程中，大多数的应用程序都会使用到查询这个功能。在这里，
可以建立一个公共的查询类，使用该类可以减少开发人员的工作量，方便对应用程序进
行修改，同时可以减少软件的开发周期。下面介绍如何定义一个公共查询类，以及该类
功能的实现方法，如图 8-12 所示。

图 8-12 查询类

（1）打开"教学管理"的项目管理器，
在【全部】选项卡下选择类库后，单击【添
加】按钮。

（2）在【新建类】对话框中输入【类

名】为 SerachClass；在【派生于】下拉列
表框中选择 Container；在【储存于】文本
框中输入 SearchClass，单击【确定】按钮，
如图 8-13 所示。

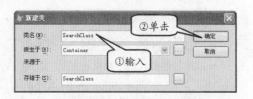

图 8-13　新建类

（3）单击【表单控件】工具栏上的标签按钮Ⓐ，为【类设计器】主窗口添加一个标签，设置标签的 Caption 属性的值为"字段名"，如图 8-14 所示。

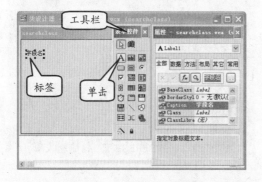

图 8-14　设计界面添加标签

（4）单击【表单控件】工具栏上的【组合框】按钮Ⓔ，添加一个组合框，设置组合框的 Name 属性值为 cboField1，如图 8-15 所示。

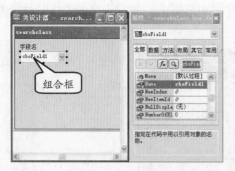

图 8-15　添加组合框

（5）添加两个标签，分别设置标签的 Caption 属性值为"操作"和"值"，再添加一个组合框和一个文本框，设置其 Name 属性为 cboOper1 和 txtExpr1，如图 8-16 所示。

图 8-16　添加控件

（6）单击【表单控件】工具栏上的【选项按钮组】按钮Ⓒ，添加到【类设计器】窗口中，设置 Name 属性值为 optGrp AndOr。右击【选项按钮组】控件，执行【生成器】命令，如图 8-17 所示。

图 8-17　添加【选项按钮】控件

（7）在【选项按钮组生成器】对话框的【按钮】选项卡下，分别将标题的下Option1 和 Option2 改为"\<And"和"\<Or"，然后单击【确定】按钮，如图 8-18 所示。

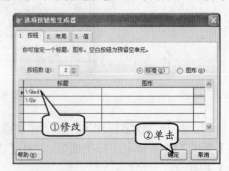

图 8-18　设置【选项按钮组生成器】

（8）单击【表单控件】工具栏上的【复选框】按钮，添加到【类设计器】窗口中。设置该控件的 Name 属性为 chkCase，Caption 属性值为"区分大小写"，如图 8-19 所示。

图 8-19　添加【复选框】控件

（9）依次添加如下控件，设置 3 个标签的 Caption 属性值分别为"字段名"、"操作"和"值"，设置最下面 3 个控件的 Name 属性值分别为 cboField2、cboOper2 和 txtExpr2，如图 8-20 所示。

图 8-20　添加其他控件

（10）执行【类】|【编辑属性/方法程序】命令，弹出【编辑属性/方法程序】对话框，如图 8-21 所示。

图 8-21　【编辑属性/方法程序】对话框

（11）单击【新建方法】按钮，在弹出的【新建方法程序】对话框的【名字】文本框中，输入 dataexpr，然后单击【添加】按钮，如图 8-22 所示。

图 8-22　添加公共方法 dataexpr

（12）依次再添加 searchexpr 和 searchitem 方法后，关闭【新建方法程序】和【编辑属性/方法程序】对话框。

（13）单击【表单设计器】工具栏上的【代码】按钮。在【代码】窗口的【对象】下拉列表框中，选择 searchclass。在【过程】下拉列表框中，选择 dataexpr，然后在下面的窗口中输入代码，如图 8-23 所示。

图 8-23　输入 dataexpr 方法的代码

代码如下：

&&将调用程序传入的数据，赋值给局部内存变量和数组。
&&cDataType 数据类型,cFldExpr 表达式

```
LPARAMETER cDataType,cFldExpr

LOCAL cTmpExpr   &&声明局部变量

DO CASE
    &&判断 cDataType 的值是否为列表
    中的值
    CASE INLIST(m.cDataType,"M",
"G","P","O","U")
        RETURN ""
    CASE m.cDataType = "C"
        IF TYPE("'Test'="+m.
        cFldExpr) # "L"
            IF THIS.REMOTEDELIME
            TER
                cTmpExpr = '"'+m.
                cFldExpr+'"'
            ELSE
                cTmpExpr = "["+m.
                cFldExpr+"]"
            ENDIF
        ELSE
            cTmpExpr = m.cFld
            Expr
        ENDIF
        &&如果选择区分大小写
        IF THIS.chkCase.Value = 0
            m.cTmpExpr= "UPPER
            ("+m.cTmpExpr+")"
        ENDIF
        RETURN m.cTmpExpr
    CASE INLIST(m.cDataType,"N",
"F","I","Y","B")
        RETURN ALLTRIM(STR(VAL
        (STRTRAN(m.cFldExpr,
        ",")),16,4))
    CASE INLIST(m.cDataType,
    "D","T")
        RETURN "{"+CHRTRAN(m.
        cFldExpr,"{}","")+"}"
    OTHERWISE
        RETURN ""
ENDCASE
```

（14）在【过程】下拉列表框中，选择 searchexpr 方法，输入代码，实现

searchclass 类的 searchexpr 方法。

代码如下：

```
****截取查询公式****
LOCAL cGetExpr1,cGetExpr2,cJoin,
cGetExpr

m.cGetExpr1  =  THIS.SearchItem
(THIS.cboField1,THIS.cboOper1,T
HIS.txtExpr1)
m.cGetExpr2  =  THIS.SearchItem
(THIS.cboField2,THIS.cboOper2,T
HIS.txtExpr2)
m.cJoin = IIF(THIS.optGrpAndOr.
value = 2," OR "," AND ")

DO CASE
    CASE EMPTY(m.cGetExpr1) AND
    EMPTY(m.cGetExpr2)
        m.cGetExpr = ""
    CASE EMPTY(m.cGetExpr2)
        m.cGetExpr = m.cGetExpr1
    CASE EMPTY(m.cGetExpr1)
        m.cGetExpr = m.cGetExpr2
    OTHERWISE
        m.cGetExpr = m.cGetExpr1+m.
        cJoin+m.cGetExpr2
ENDCASE

RETURN m.cGetExpr
```

（15）在【过程】下拉列表框中，选择 searchitem 方法，输入代码，实现 searchclass 类的 searchitem 方法。

代码如下：

```
****查询字段的类型****
LPARAMETERS oField,oOp,oExpr
LOCAL cExpr,cDataType,cOp, cFld
Name,cFldExpr,cRetExpr,aExp
rs,nTotExprs,i

* 检查确保当前参数被通过
IF TYPE("m.oField")#"O" OR TYPE
("m.oOp")#"O" OR TYPE("m.oExpr")
#"O"
    RETURN ""
```

```
    ENDIF

    m.cFldName = ALLTRIM(aWizflista
    (m.oField.listitemid,1))
    m.cFldExpr = ALLTRIM(m.oExpr.
    Value)

    * 如果表达式为空，则返回空值
    IF EMPTY(m.cFldExpr) AND !INLIST
    (m.oOp.listitemid,5,6)
        RETURN ""
    ENDIF

    * 得到字段的数据类型
    m.cDataType = aWizFList(m.oField.
    listitemid,2)

    IF m.cDataType = "C" AND THIS.
    chkCase.Value = 0
        m.cFldName = "UPPER("+m.cFld
        Name+")"
    ENDIF

    * 获取操作当前的操作符号
    DO CASE
    CASE m.oOp.listitemid = 1    &&
    等于
        m.cOp = "="
    CASE m.oOp.listitemid = 2    &&
    不等于
        m.cOp = "<>"
    CASE m.oOp.listitemid = 3    &&
    大于
        m.cOp = ">"
    CASE m.oOp.listitemid = 4    &&
    小于
        m.cOp = "<"
    CASE m.oOp.listitemid = 5    &&
    空值
        RETURN "EMPTY("+m.cFld
        Name+")"
    CASE m.oOp.listitemid = 6    &&
    is NULL
        RETURN "ISNULL("+m.cFld
        Name+")"
    CASE m.cDataType = "L"       &&
    如果类型为逻辑型
        m.cOp = "="
    CASE m.oOp.listitemid = 7    &&
    contains
        m.cFldExpr = THIS.DataExpr
        ("C",m.cFldExpr)
        DO CASE
        CASE m.cDataType = "T"
            RETURN "AT("+m.cFldExpr
            +",TTOC("+m.cFldName+"))>0"
        CASE m.cDataType = "D"
            RETURN "AT("+m.cFldExpr
            +",DTOC("+m.cFldName+"))>0"
        CASE INLIST(m.cDataType,"N",
        "F","I","Y","B")
            RETURN "AT("+m.cFldExpr
            +",ALLTRIM(STR("+m.
            cFldName+")))>0"
        OTHERWISE
            RETURN "AT("+m.cFldExpr
            +","+m.cFldName+")>0"
        ENDCASE
    OTHERWISE
        nTotExprs = OCCURS(",",m.
        cFldExpr)+1
        DIMENSION aExprs[m.nTot
        Exprs]
        FOR i = 1 TO m.nTotExprs
            DO CASE
            CASE m.i = m.nTotExprs
                aExprs[m.i] = SUBSTR
                (m.cFldExpr,RAT
                (",",m.cFldExpr)+1)
            CASE m.i =1
                aExprs[m.i] = LEFT(m.
                cFldExpr,AT(",",m.
                cFldExpr)-1)
            OTHERWISE
                aExprs[m.i] = SUBSTR
                (m.cFldExpr,AT(",",
                m.cFldExpr,m.i-1)+1,;

AT(",",m.cFldExpr,m.i)-AT(",",m
.cFldExpr,m.i-1)-1)
            ENDCASE
            aExprs[m.i] = THIS.Data
```

```
        Expr(m.cDataType,aExprs
        [m.i])
    ENDFOR

    DO CASE
    CASE m.oOp.listitemid = 8
    && in
        m.cFldExpr = ""
        FOR i = 1 TO m.nTotExprs
            m.cFldExpr = m.cFld
            + aExprs[m.i]
            IF  m.i# m.nTotExprs
                m.cFldExpr = m.c
            FldExpr + ","
            ENDIF
        ENDFOR
        RETURN "INLIST("+m.cFld
        Name+","+m.cFldExpr+")"
    CASE m.oOp.listitemid =  9
&& BETWEEN
        IF ALEN(aExprs)=1
            DIMENSION aExprs[2]
            aExprs[2]=aExprs [1]
        ENDIF
        IF ALEN(aExprs)>2
            DIMENSION aExprs[2]
        ENDIF
        RETURN "BETWEEN("+m.
        cFldName+","+aExprs[1]
        +","+aExprs[2]+")"
    OTHERWISE
        RETURN ""
    ENDCASE
ENDCASE

DO CASE
CASE    INLIST(m.cDataType,"M",
"G","P","O","U")
    RETURN ""
CASE m.cDataType = "L"
    IF TYPE(m.cFldName+m.cOp+m.
    cFldExpr) # "L"
        IF (AT(m.cFldExpr,
        "fFnN")#0 AND m.cOp #
        "<>") OR (AT(m.cFldExpr,
        "tTyY")#0 AND m.cOp =
```

```
        "<>")
            m.cFldName = "!"+m.
            cFldName
        ENDIF
        RETURN m.cFldName
    ENDIF
OTHERWISE
    m.cFldExpr = THIS.DataExpr
    (m.cDataType,m.cFldExpr)
ENDCASE

IF EMPTY(m.cFldExpr)
    RETURN ""
ELSE
    RETURN m.cFldName+m.cOp+m.
    cFldExpr
ENDIF
```

（16）在【过程】下拉列表框中，先选择 Destroy 事件，再输入代码。

代码如下：

```
RELEASE aWizFList
```

（17）在【代码】窗口中，选择【对象】下拉列表框的 cboField1；在【过程】下拉列表框中，选择 Init 事件，输入实现 Init 事件的代码。

代码如下：

```
#DEFINE NUM_AFIELDS 16
LOCAL i, j &&增加一个局部变量j
PUBLIC aWizFList , aWizFLista
****增加一个全局变量 aWizFLista
DIMENSION aWizFList[1]
=AFIELDS(aWizFList)
DIMENSION aWizFLista[1] &&定义一
个数组
=AFIELDS(aWizFLista)    &&将当前
表的信息赋给数组 aWizFLista
j = aWizFLista(1,12)    &&将当前
表的名称赋给 j
FOR m.i = FCOUNT() TO 1 STEP -1

****以下判断是否存在打开的数据库，并用
数据库中的字段标题替代数组 aWizFList
```

的第一列字段名。对于自由表，因不存在
标题，故仍使用字段名。

```
IF LEN(DBC()) > 0
    aWizFList(m.i,1) = DBGETPROP
    (j+"."+aWizFList(m.i,1),
    "field","caption")
ENDIF
IF INLIST(aWizFList[m.i,2],"G",
"M","U") &&Memo field
    =ADEL(aWizFList,m.i)
    DIMENSION aWizFList[MAX(1,
    ALEN(aWizFList,1)-1),NUM_
    AFIELDS]=ADEL(aWizFLista,
    m.i)    &&该两行处理内存型字段
    DIMENSION aWizFLista[MAX(1,
    ALEN(aWizFLista,1)-1),
    NUM_AFIELDS]
ENDIF
ENDFOR
THIS.RowSourceType = 5
THIS.RowSource = "aWizFList"
THIS.VALUE = THIS.LIST[1]
```

（18）在【对象】下拉列表框中，选
择 cboOper1 控件，输入代码，实现该控件
的 Init 事件。

代码如下：

```
&&为下拉框赋初值
#DEFINE   C_OPERATORS_LOC"=\;#\;
>\;<\;>=\;<=\;Like\;is    NULL\;
in\;between"
THIS.ADDITEM(C_OPERATORS_LOC)
THIS.VALUE = THIS.LIST[1]
```

（19）在【过程】下拉列表框中，选
择 InteravtiveChange 事件，输入实现该事
件的代码。

● 练习 8-3 添加子类

代码如下：

```
IF INLIST(THIS.ListItemId,5,6)
    THIS.Parent.TxtExpr1.Value
= ""
ENDIF
THIS.Parent.TxtExpr1.ENABLED = !
INLIST(THIS.ListItemId,5,6)
```

（20）选择 cboField2 控件和 Init 事件，
输入代码，实现该事件。

代码如下：

```
THIS.RowSourceType = 5
THIS.RowSource = "aWizFList"
THIS.VALUE = THIS.LIST[1,1]
```

（21）选择 cboOper2 控件和 Init 事件，
输入实现该事件的代码。

代码如下：

```
#DEFINE   C_OPERATORS_LOC"=\;#\;
>\;<\;>=\;<=\;Like\;is    NULL\;
in\;between"
THIS.ADDITEM(C_OPERATORS_LOC)
THIS.VALUE = THIS.LIST[1]
```

（22）在【过程】下拉列表框中选择
InteravtiveChange 事件，输入代码，实现
该事件。

代码如下：

```
IF INLIST(THIS.ListItemId,5,6)
    THIS.Parent.TxtExpr2.Value
    = ""
ENDIF
THIS.Parent.TxtExpr2.ENABLED
= !INLIST(THIS.ListItemId,5,6)
```

在一般的管理窗体内，当导航类的 4 个定义记录指针命令按钮，在无法满足窗体的
需要时，可以为导航类添加一个子类，子类中分别包括"添加"、"删除"和"关闭"3
个命令按钮，如图 8-24 所示。

图 8-24　子类

（1）在【项目管理器】对话框中的【类】选项卡中，选择 guideclass 类后，单击【新建】按钮，如图 8-25 所示。

图 8-25　新建类

（2）在【新建类】对话框的【类名】文本框中输入类名 chdguideclass，在【派生于】下拉列表框中选择 CommandGroup 选项，然后单击【确定】按钮，如图 8-26 所示。

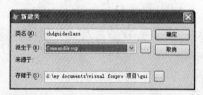

图 8-26　输入类名

（3）在【类设计器】窗口中，选择类窗体中的面板，然后设置 chdguideclass 类的 ButtonCount 属性值为 3，如图 8-27 所示。

（4）设置 Command1、Command2 和 Command3 的 Caption 属性的值分别为“添加”、“删除”和“退出”，如图 8-28 所示。

图 8-27　设计类属性

图 8-28　设置命令按钮的属性

（5）双击【添加】按钮，进入对象 Command1 的 Click 事件，输入实现该事件的代码。

代码如下：

```
APPEND BLANK &&在表中添加一空行
THISFORM.REFRESH
```

（6）在【代码】窗口的【对象】下拉列表框中，选择 Command2，然后在 Click 事件下输入其实现代码。

代码如下：

```
**弹出提示对话框
IF  MESSAGEBOX("确实要删除本记录
```

```
么? ",1+64+256,"提示")=1
    DELETE
    PACK
    THISFORM.REFRESH
ELSE
    RELEASE THISFORM
ENDIF
```

（7）在【代码】窗口的【对象】下拉

列表框中，选择 Command3，然后在 Click
事件下输入其实现代码。

代码如下：

```
RELEASE THISFORM  &&退出表单
```

（8）最后单击【保存】按钮，保存
数据。

第9单元

练习 9-1   创建登录窗口

在教学管理系统中，使用登录窗口直接登录到系统中，如果没有用户名则无法登录。
创建登录窗口，首先建立一个表，该表中至少有用户名和密码两个字段。下面练习如何
设计教学管理系统的登录窗口，如图 9-1 所示。

图 9-1   系统登录窗口

（1）打开【教学管理】的项目管理器，
在【数据】选项卡中选择"教学管理"数
据库中的"表"，然后单击【新建】按钮，
如图 9-2 所示。

"权限"，数据类型都为"字符型"，字段长
度分别为"16"、"16"和"1"、设置"用
户名"为主索引，如图 9-3 所示。

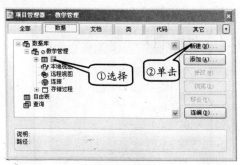

图 9-2   新建表

（2）新建表名为"用户"的数据表，
表中的字段分别为"用户名"、"密码"和

图 9-3   设置字段

（3）向"用户"表中追加一条【用户名】为 admin、【密码】为 admin 和【权限】为 "0" 的记录，如图 9-4 所示。

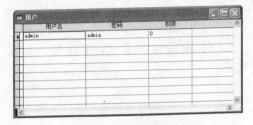

图 9-4　追加记录

（4）在【文档】选项卡中，选择"表单"目录选项，然后单击【新建】按钮，如图 9-5 所示。

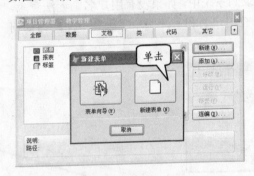

图 9-5　新建表单

（5）在【新建表单】对话框中，单击【新建表单】按钮，打开【表单设计器】窗口，如图 9-6 所示。

图 9-6　【表单设计器】窗口

（6）在该窗口的表单 Form1 窗口中添加如下控件：标签 Label1、Label2、Label3、

Label4，文本框 Text1、Text2，命令按钮 Command1 和 Command2，如图 9-7 所示。

图 9-7　添加控件

（7）设置标签 Label1 的 Caption 属性值为"教学管理系统"；FontName 属性值为"楷体_GB2312"；FontSize 属性值为 20。

（8）设置标签 Label2、Label3 的 Caption 属性值为"用户名"和"密码"。设置标签 Label4 的 Caption 属性值为 0，Visible 属性值为".F.-假"。

（9）设置文本框 Text1 和 Text2 的 Name 属性值为 txtUser 和 txtPwd；MaxLength 属性值为 16；Width 属性值为 144。

（10）设置命令按钮 Command1 和 Command2 的 Caption 属性值为"确定"和"取消"。设置表单 Form1 窗体 Caption 属性值为"系统登录"，Name 属性值为 frmLogin，如图 9-8 所示。

图 9-8　窗体和控件属性设置

（11）单击工具栏上的【保存】按钮，

在【另存为】对话框中选择保存位置，然后输入保存表单的名称"系统登录"文字，单击【保存】按钮，保存表单。

（12）单击【表单设计器】工具栏上的【代码】按钮，打开【代码】窗口。选择 Command1 的 Click 事件，在窗口中输入实现该事件的代码。

代码如下：

```
*设置用户名不能为空，如允许为空则不需
此步骤
IF Len(Alltrim(THISFORM.txt User
.Value))=0
    MESSAGEBOX('请输入用户名！')
    RETURN
ENDIF

*设置密码不能为空，如允许为空则不需此
步骤
IF Len(Alltrim(THISFORM.txtPwd.
Value))=0
    MESSAGEBOX('请输入密码！')
    RETURN
ENDIF

USE 用户.Dbf In 0
LOCATE For Alltrim(用户名)==
Alltrim(THISFORM.txtUser.Value)
&&定位到与输入用户名相同的记录

*如果没有找到相同记录时执行下面代码
IF EOF()
    USE
    MESSAGEBOX('没有此用户！')
    THISFORM.txtUser.Value=''
    THISFORM.txtPwd.Value=''
    THISFORM.txtUser.SetFocus
    THISFORM.Label4.Caption=All
trim(Str(Val(THISFORM.Labe
l4.ZCaption)+1)) &&累计出错
的次数
    IF THISFORM.label4.Caption=
'3' &&出错三次后自动退出
        MESSAGEBOX('连续三次输入
        错误，系统将退出！')
        USE
```

```
        RELEASE THISFORM
    ENDIF
    RETURN
ENDIF

*找到后执行的动做
IF Alltrim(THISFORM.txtPwd.
Value)==Alltrim(密码)
    USE
    *在此写入登录成功后的动做
    MESSAGEBOX("系统登录成功",0,"
消息")

ELSE
    USE
    MESSAGEBOX('密码错误！')
    THISFORM.txtPwd.Value=''
    THISFORM.txtPwd.SetFocus
    THISFORM.Label4.Caption=All
trim(Str(Val(THISFORM.Labe
l4.Caption)+1))
    IF THISFORM.label4.Caption
='3' &&出错三次后自动退出
        MESSAGEBOX('连续三次输入
        错误，系统将退出！')
        USE
        RELEASE THISFORM
    ENDIS
    RETURN
ENDIF
```

（13）选择 Command2 的 Click 事件，在窗口中输入实现该事件的代码。

代码如下：

```
**关闭表单
RELEASE THISFORM
```

（14）单击工具栏上的【运行】按钮，运行登录窗口。在窗口中输入用户名和密码，然后单击【确定】按钮 确定 登录系统。当用户名不存在时，则系统弹出提示框，提示用户不存在，如图 9-9 所示。

图 9-9 提示用户错误信息

（15）当输入错误次累计达到 3 次时，则系统提示错误，并退出系统，如图 9-10 所示。

如图 9-11 所示。

图 9-10　提示 3 次错误信息

图 9-11　正确信息

（16）当输入正确时，提示正确信息，

练习 9-2　学生成绩录入

在教学管理系统中，添加一个学生成绩录入的表单，使得可以对学生的成绩进行增加、删除、修改和查看等操作，还可以使管理者脱离数据库对数据进行操作，使操作数据时更为直观，如图 9-12 所示。

图 9-12　"学生成绩录入"表单

（1）在【教学管理】项目管理器的【文档】选项卡中选择表单，单击【新建】按钮后，在对话框中单击【新建表单】按钮。

（2）在【表单设计器】窗口的 Form1 表单中添加标签 Label1、线条 Line1，如图 9-13 所示。

（3）设置标签 Label1 的 Caption 属性值为"学生成绩录入"，FontName 属性值为"楷体_GB2312"，FontSize 属性值为 20。

（4）右击 Form1 表单空白处，执行【数据环境】命令，如图 9-14 所示。

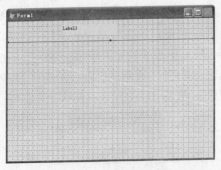

图 9-13　添加表单控件

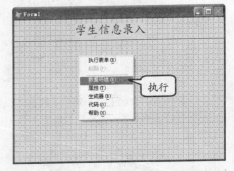

图 9-14　执行【数据环境】命令

（5）在【添加表或视图】对话框中，选择"教学管理"数据库，然后在【数据库中的表】列表框中，将"成绩"、"课程"和"学生信息"这3个表添加到【数据环境设计器】窗口中，如图9-15所示。

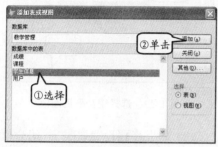

图 9-15　添加数据表

（6）将【数据环境设计器】窗口中的"成绩"表中的字段，依次拖动到 Form1 表单中。选择"成绩"表，设置 Exclusive 属性值为".T.-真"，如图9-16所示。

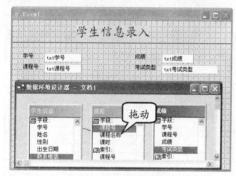

图 9-16　添加数据字段

（7）在【数据环境设计器】窗口中选择"成绩"表，设置 Exclusive 属性值为".T.-真"。

（8）再将【数据环境设计器】窗口中"成绩"表内的字段拖动到 Form1 表单中，如图9-17所示。

提示

拖动字段到 Form 中可以直接与数据库表中的字段绑定，其他字段绑定时，需要设置【属性】|【数据】下的 ControlSource 属性，与数据库表中的字段关联。

图 9-17　添加表单

（9）添加【命令按钮组】控件，然后右击【命令按钮组】，执行【生成器】命令。

（10）在【命令按钮组生成器】对话框的【按钮】选项卡中，设置【按钮数】为7，在下面表单中分别将标题 Command1 到 Command7 修改为"首记录"，"上一条"、"下一条"、"末记录"、"增加"、"删除"和"退出"，如图9-18所示。

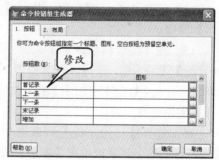

图 9-18　设置命令按钮组

（11）在【布局】选项卡中，选择【按钮布局】栏中的【水平】单选按钮，【按钮间距】设置为3，然后单击【确定】按钮，如图9-19所示。

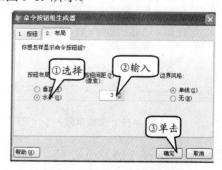

图 9-19　设置命令按钮组的布局

（12）添加组合框控件 Combo1 和 Combo2，设置组合框 Combo1 和 Combo2 的 Name 属性分别为 cboSno 和 cboCno，如图 9-20 所示。

图 9-20　设置【组合框】控件的属性

（13）设置组合框 cboSno 和 cboCno 的 Width 属性值为 20，Height 属性值为 20。

（14）右击 cboSno 组合框，执行【生成器】命令。

（15）在【组合框生成器】对话框的【列表项】选项卡中，选择"教学管理"数据库；然后在【数据库中的表】列表框中，选择"学生信息"表。

（16）选择【可用字段】列表框中的"学号"和"姓名"字段单击【添加】按钮，添加到【选中字段】列表框中，如图 9-21 所示。

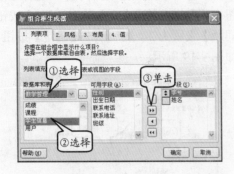

图 9-21　添加字段

（17）选择【值】选项卡，在下拉列表框中选择"学号"字段，然后单击【确定】按钮，如图 9-22 所示。

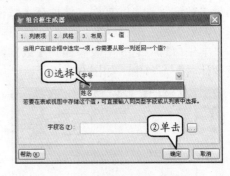

图 9-22　选择组合框返回值

（18）如上步骤设置 cboCno 组合框的生成器，将"课程"表中的字段"课程号"和"课程名称"添加到【选中字段】列表框中，设置返回值为"课程号"字段。

（19）设置表单 Form1 的 Caption 属性值为"学生成绩录入"，Name 属性值为 frmStGrade，如图 9-23 所示。

图 9-23　设置控件属性

（20）单击工具栏上的【保存】按钮，输入表单名称"学生成绩录入"，然后单击【确定】按钮，保存表单。

（21）执行【显示】|【代码】命令，打开【代码】窗口，定义组合框 cboSno 对象的 Valid 事件。

代码如下：

```
&&获取学号
THISFORM.txt 学号 .Value=TRIM
(THISFORM.cboSno.Value)
```

（22）定义组合框 cboCno 对象的 Valid 事件。

代码如下：

```
&&得到课程号
THISFORM.txt 课程号 .Value=TRIM
(THISFORM.cboCno.Value)
```

（23）定义命令按钮组 Command group1 中按钮 Click 事件。

代码如下：

```
GO TOP &&到行首
THISFORM.Commandgroup1.command2
.Enabled = .F. &&设置控件为不可用
状态
THISFORM.Commandgroup1.command3
.Enabled= .T.
THISFORM.Commandgroup1.command4
.Enabled= .T.
THISFORM.REFRESH    &&刷新表单
```

定义 Command2 的 Click 事件。

代码如下：

```
SKIP -1  &&到上一记录
IF BOF()  &&如果到行首
    THISFORM.Commandgroup1.comm
    and1.Enabled= .F.
    THISFORM.Commandgroup1.comm
    and3.Enabled= .T.
    THISFORM.Commandgroup1.comm
    and4.Enabled= .T.
ELSE
    THIS.Enabled = .T.
    THISFORM.Commandgroup1.comm
    and1.Enabled= .T.
    THISFORM.Commandgroup1.comm
    and3.Enabled= .T.
    THISFORM.Commandgroup1.comm
    and4.Enabled= .T.
ENDIF
THISFORM.REFRESH
```

定义 Command3 的 Click 事件。

代码如下：

```
SKIP 1  &&记录数加1
IF BOF()
```

```
    THIS.Enabled = .F.
    THISFORM.Commandgroup1.comm
    and1.Enabled= .T.
    THISFORM.Commandgroup1.comm
    and2.Enabled= .T.
    THISFORM.Commandgroup1.comm
    and4.Enabled= .F.
ELSE
    THIS.Enabled = .T.
    THISFORM.Commandgroup1.comm
    and1.Enabled= .T.
    THISFORM.Commandgroup1.comm
    and2.Enabled= .T.
    THISFORM.Commandgroup1.comm
    and4.Enabled= .T.
ENDIF
THISFORM.REFRESH
```

定义 Command4 的 Click 事件。

代码如下：

```
GO BOTTOM  &&到尾记录
    THIS.Enabled = .F.
    THISFORM.Commandgroup1.comm
    and1.Enabled= .T.
    THISFORM.Commandgroup1.comm
    and2.Enabled= .T.
    THISFORM.Commandgroup1.comm
    and3.Enabled= .F.
THISFORM.REFRESH
```

定义 Command5 的 Click 事件。

代码如下：

```
APPEND BLANK      &&添加空行
THISFORM.REFRESH
```

定义 Command6 的 Click 事件。

代码如下：

```
IF  MESSAGEBOX("确实要删除本记录
么？",1+64+256,"提示")=1
    DELETE
    PACK
    THISFORM.REFESH
ELSE
    RELEASE THISFORM
ENDIF
```

定义 Command7 的 Click 事件。
代码如下：

```
RELEASE THISFORM  &&退出表单
```

（24）保存输入的代码，运行表单【学生成绩录入】，在窗口中单击【增加】按钮。

（25）在表单中输入"学号"、"课程号"、"成绩"和"考试类型"内容，如20080005、1001、85 和"入学考试"。然后在表格中自动显示输入数据，如图 9-24

所示。

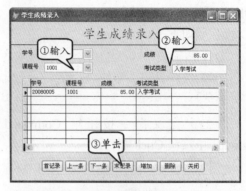

图 9-24　输入数据

练习 9-3　更改文本框文字

文本框主要用于数据的显示和输入，使用文本框的属性可以对文本框的样式以及显示的文字效果进行改变，使效果更加美观。通过下面例子学习控件属性的用法，如图 9-25 所示。

图 9-25　文本框属性

（1）在【项目管理器】对话框中，新建 Form1 表单。

（2）在【表单设计器】窗口中添加如下的控件，如图 9-26 所示。

图 9-26　添加控件

（3）设置标签控件 Label1 到 Label4 的 Caption 属性分别为"字体"、"字号"、"文本框属性"、"颜色"。

（4）设置复选框控件 Check1，Check2 和 Check3 的 Caption 属性分别为"加粗"、"倾斜"、"下划线"。

（5）设置控件 Check1 的 FontBold 属性值为".T.-真"；设置控件 Check2 的 FontItalic 属性值为".T.-真"；设置控件 Check3 的 FontUnderLine 属性值为".T.-真"。

（6）设置窗体 Form1 的 Caption 属性

值为"文本框设置",如图 9-27 所示。

图 9-27　设置窗体控件属性

（7）打开【代码】窗口，定义 Form1 窗体的 Init 事件，用来初始化窗体。

代码如下：

```
**初始化文本框
THISFORM.Edit1.Value  ="Visual
FoxPro 9.0 的开发与设计"

**初始化字体
THISFORM.Combo1.AddItem(" 宋 体
",1)
THISFORM.Combo1.AddItem(" 楷 体
_GB2312",2)
THISFORM.Combo1.AddItem(" 黑 体
",3)
THISFORM.Combo1.AddItem(" 仿 宋
_GB2312",4)
THISFORM.Combo1.AddItem(" 新宋体
",5)

**初始化字号
THISFORM.Combo2.AddItem("8",1)
THISFORM.Combo2.AddItem("9",2)
THISFORM.Combo2.AddItem("10",3)
THISFORM.Combo2.AddItem("11",4)
THISFORM.Combo2.AddItem("12",5)
THISFORM.Combo2.AddItem("14",6)
THISFORM.Combo2.AddItem("16",7)
THISFORM.Combo2.AddItem("18",8)
THISFORM.Combo2.AddItem("20",9)
THISFORM.Combo2.AddItem("22",
10)
THISFORM.Combo2.AddItem("24",
11)
THISFORM.Combo2.AddItem("26",
12)
THISFORM.Combo2.AddItem("28",
13)
THISFORM.Combo2.AddItem("36",
14)
THISFORM.Combo2.AddItem("48",
15)

**初始化控件属性
THISFORM.Combo3.AddItem("BackCo
lor",1)
THISFORM.Combo3.AddItem("Border
Color",2)
THISFORM.Combo3.AddItem("ForeCo
lor",3)
THISFORM.Combo3.AddItem("Select
edBackColor",4)
THISFORM.Combo3.AddItem("Select
edForeColor",5)

**初始化颜色
THISFORM.Combo4.AddItem(" 黑 色
",1)
THISFORM.Combo4.AddItem(" 红 色
",2)
THISFORM.Combo4.AddItem(" 蓝 色
",3)
THISFORM.Combo4.AddItem(" 黄 色
",4)
THISFORM.Combo4.AddItem(" 紫 色
",5)
thisform.combo4.AddItem(" 绿 色
",6)
THISFORM.Combo4.AddItem(" 青 色
",7)
THISFORM.combo4.AddItem(" 白 色
",8)
```

（8）定义组合框 Combo1 的 Valid 事件，实现文本框字体的设置。

代码如下：

```
**设置字体名称
THISFORM.Edit1.FontName=THISFOR
M.Combo1.Value
```

（9）定义组合框 Combo2 的 Valid 事件，实现文本框中文本的字号设置。

代码如下：

```
**设置字号
THISFORM.Edit1.FontSize
=VAL(THISFORM.Combo2.Value)
```

（10）定义组合框 Combo4 的 Valid 事
件，实现文本框属性颜色的设置。
代码如下：

```
**获取颜色
DO CASE
    CASE THISFORM.Combo4.Value=
    "白色"
        C=RGB(255,255,255)
    CASE THISFORM.Combo4.Value=
    "黑色"
        C=RGB(0,0,0)
    CASE THISFORM.Combo4.Value=
    "黄色"
        C=RGB(255,255,0)
    CASE THISFORM.Combo4.Value=
    "蓝色"
        C=RGB(0,0,255)
    CASE THISFORM.Combo4.Value=
    "青色"
        C=RGB(0,255,255)
    CASE THISFORM.Combo4.Value=
    "绿色"
        C=RGB(0,255,0)
    CASE THISFORM.Combo4.Value=
    "紫色"
        C=RGB(255,0,255)
    CASE THISFORM.Combo4.Value=
    "红色"
        C=RGB(255,0,0)
ENDCASE
**设置文本框属性
DO CASE
    CASE THISFORM.Combo3.Value
    ="BackColor"

THISFORM.Edit1.BackColor=C
    CASE THISFORM.Combo3.Value
    ="ForeColor"

THISFORM.Edit1.ForeColor=C
    CASE THISFORM.Combo3.Value
    ="BorderColor"
```

```
THISFORM.Edit1.BorderColor=C
    CASE THISFORM.Combo3.Value
    ="SelectedBackColor"

THISFORM.Edit1.SelectedBackColo
r=C
    CASE THISFORM.Combo3.Value
    ="SelectedForeColor"

THISFORM.Edit1.SelectedForeColo
r=C
ENDCASE
```

（11）定义复选框 Check1 的 Valid 事
件，设置文本框中的字体样式为粗体。
代码如下：

```
**设置字体为粗体
IF THISFORM.Check1.Value=1 THEN
    THISFORM.Edit1.FontBold=.T.
ELSE
    THISFORM.Edit1.FontBold
    = .F.
ENDIF
```

（12）定义复选框 Check2 的 Valid 事
件，设置文本框中的字体样式为斜体。
代码如下：

```
**设置字体为斜体
IF THISFORM.Check2.Value=1 THEN
    THISFORM.Edit1.FontItalic
    = .T.
ELSE
    THISFORM.Edit1.FontItalic
    = .F.
ENDIF
```

（13）定义复选框 Check3 的 Valid 事
件，设置文本框中的字体样式为下划线。
代码如下：

```
**为字体添加下划线
IF THISFORM.Check3.Value=1 THEN
    THISFORM.Edit1.FontUnderlin
    e = .T.
ELSE
    THISFORM.edit1.FontUnderlin
    e = .F.
ENDIF
```

（14）保存【表单设计器】为"属性设置"，然后运行程序，如图 9-28 所示。

图 9-28　运行程序

（15）选择【字体】为"楷体"；【字号】为 20，如图 9-29 所示。

图 9-29　设置字体与字号

（16）选择【文本框属性】下拉列表框中的 ForeColor 属性，设置其【颜色】为"蓝色"，如图 9-30 所示。

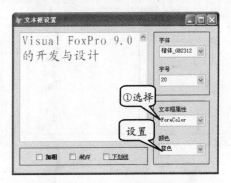

图 9-30　设置"文本框属性"

（17）为文本框中的字体设置"加粗"、"倾斜"和"下划线"，如图 9-31 所示。

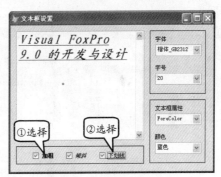

图 9-31　设置"字体样式"

练习 9-4　在表单中运行 SQL 语句

在表单中，除了可以使用控件来对数据进行操作外，还可以利用表单支持的 SQL 语句功能，实现对数据表的操作，即只需在表单中选择需要查询的选项，表单将自动构造出 SQL 语句，运行该语句，即完成对数据表的查询，如图 9-32 所示。

图 9-32　运行 SQL 语句

（1）新建一个表单，在该表单中添加
如下控件，如图 9-33 所示。

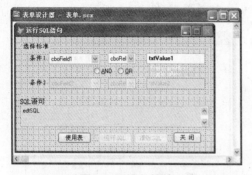

图 9-33　添加控件

（2）执行【表单】|【编辑属性/方法程
序】命令，在弹出的【编辑属性/方法程序】
对话框中添加新的属性和方法，如图 9-34
所示。

图 9-34　新建属性和方法

（3）定义该表单的 BLDSQL 方法，用
来构造 SQL 语句，代码如下：

```
LOCAL   lcOperand,lcWHERE,  lc
Field1, lcRelation1, lcValue1, ;
    lcField2, lcRelation2, lc
    Value2, lcAlias, lcSQL,
    lcType

* 判断表单中控件中是否有空值
*-----------------------------
IF EMPTY(THISFORM.cboField1.
    Value)
```

```
        THISFORM.cmdExecute.Enabled
        = .F.
         RETURN
    ELSE
        IF THISFORM.opgOperand1.
        Value > 0 AND ;

    EMPTY(THISFORM.cboField2.Value)

    THISFORM.cmdExecute.Enabled
    = .F.
            RETURN
        ENDIF
    ENDIF
    *-----------------------------

    lcWHERE = ""
    lcAlias = ALIAS()


    lcField1 = THISFORM.cboField1.
    Value
    lcRelation1 = THISFORM.cboRela
    tion1.Value
    lcValue1 = ALLTRIM(THISFORM.txt
    Value1.Value)

    DO CASE
        CASE THISFORM.opgOperand1.
        Value = 0
            lcOperand = ""
        CASE THISFORM.opgOperand1.
        Value = 1
            lcOperand = "AND"
        CASE THISFORM.opgOperand1.
        Value = 2
            lcOperand = "OR"
    ENDCASE

    lcField2 = THISFORM.cboField2.
    Value
    lcRelation2 = THISFORM.cboRela
    tion2.Value
    lcValue2 = ALLTRIM(THISFORM.txt
    Value2.Value)
```

```
*--确定输入控件的值是有效的
lcValue1 = THISFORM.ValidateType
(THIS.cboField1.Value,lcValue1)
```

```
**--定义 SELECT 语句
IF !EMPTY(lcOperand)
    lcValue2 = THISFORM.Validate
    pe(THIS.cboField2.Value,
    Value2)
    lcWHERE = lcOperand + " " +
    lcField2 + " " + ;
        lcRelation2 + " " +
        lcValue2
ENDIF

**--定义 WHERE 子句的条件
lcWHERE = "WHERE " + lcField1 + "
" + lcRelation1 + " ";
 + lcValue1 + " " + lcWHERE

**--生成 SELECT 语句
lcSQL = "SELECT * FROM " + lcAlias
+ " " + lcWHERE

THISFORM.edtSQL.Value = lcSQL

THISFORM.cmdClear.Enabled = .T.
THISFORM.cmdExecute.Enabled
= .T.
```

（4）定义该表单的 CHOOSETABLE 方法，用来选择数据表，代码如下：

```
USE ?

IF EMPTY(ALIAS())    &&选择数据表
    RETURN
ELSE
    THIS.Alias = ALIAS()
    THIS.nFields = AFIELDS(THIS.
    aStructure)
    THIS.init
ENDIF
```

（5）定义该表单的 CLEARSQL 方法，用来清空控件中的值，代码如下：

```
*--初始化表单
THISFORM.edtSQL.Value = ""

THISFORM.cboField1.Value = ""
THISFORM.cboRelation1.Value  =
```

```
"="
THISFORM.txtValue1.Value = ""

THISFORM.opgOperand1.Value = 0

THISFORM.cboField2.Value = ""
THISFORM.cboRelation2.Value  =
"="
THISFORM.txtValue2.Value = ""
THISFORM.cboField2.Enabled = .F.
THISFORM.cboRelation2.Enabled
= .F.
THISFORM.txtValue2.Enabled = .F.

THISFORM.cmdClear.Enabled = .F.
THISFORM.cmdExecute.Enabled
= .F.
```

（6）定义该表单的 Init 事件，即表单运行时，将字段添加到列表框中，代码如下：

```
THIS.cboField1.CLEAR
THIS.cboField2.CLEAR
*--将需要查询的数据表的字段
FOR nLoop = 1 TO THIS.nFields
    IF !THIS.aStructure[nLoop,2
    ]$"MGO"

THIS.cboField1.AddItem(THIS.aSt
ructure[nLoop,1])

THIS.cboField2.AddItem(THIS.aSt
ructure[nLoop,1])
    ENDIF
ENDFOR
```

（7）定义该表单的 LOAD 事件，设置引用数据表的别名，代码如下：

```
THIS.Alias = ALIAS()
THIS.nFields  =  AFIELDS(THIS.a
Structure)
```

（8）定义该表单的 Settextboxformat 方法，用来规范输入文本控件值的格式，代码如下：

```
LPARAMETERS oSource, oTxt
```

```
LOCAL lcType
oTxt.Value = ""
lcType = TYPE(oSource.Value)
DO CASE
    CASE lcType = "D"
        oTxt.Format = "D"
    CASE lcType = "L"
        oTxt.Inputmask =
        ".T.,.F."
        oTxt.Format = "M"
    CASE lcType = "T"
        oTxt.Inputmask = "99/99
        /99 99:99:99"
ENDCASE
```

（9）定义该表单 Unload 事件，可以应用数据表别名，代码如下：

```
IF USED(THIS.Alias)
    USE IN (THIS.Alias)
ENDIF
```

（10）定义该表单 Validatetype 方法，用来设置输入的格式，代码如下。

```
LPARAMETERS lField, lcValue
LOCAL lcType
lcType = TYPE(lField)
DO CASE
    CASE lcType $ "CM"
        lcValue = CHR(34) +
        lcValue + CHR(34)
    CASE lcType $ "DT"
        lcValue = "{" + lcValue +
        "}"
    CASE lcType $ "NY"
        IF EMPTY(lcValue)
            lcValue = "0"
        ENDIF
    CASE lcType $ "L"
        IF !INLIST(UPPER
        (lcValue), ".T.", ".F.")
            lcValue = ".T."
        ENDIF
ENDCASE
RETURN lcValue
```

（11）定义列表框 cboField1 的 Interactivechange 事件，代码如下：

```
THISFORM.SetTextboxFormat(THIS,
THISFORM.txtValue1)
THISFORM.BldSQL
```

（12）定义列表框 cboRelation1 的 Interactivechange 事件，代码如下：

```
THISFORM.BldSQL
```

（13）定义文本框 txtValue1 的 GotFocus、LostFocus 和 Valid 事件，代码如下：

```
*--GotFocus 事件代码
IF THIS.Format = "M"
    THIS.Parent.lblToggle.Visib
    le = .T.
ENDIF

*-- LostFocus 事件代码
THIS.Parent.lblToggle.Visible
= .F.

*--Valid 事件代码
THISFORM.BldSQL
```

（14）在条件 2 中的控件功能和条件 1 中控件的功能类似。下面添加按钮代码。

单击【使用表】按钮，可以选择需要查询的数据表，即该按钮的 Click 事件代码如下：

```
THIS.parent.cmdClear.click
THIS.parent.choosetable
```

（15）单击【运行 SQL】按钮，则将执行所要查询的 SQL 命令。其 Click 事件代码如下：

```
LOCAL lcOldAlias
lcOldAlias = ALIAS()

cMacro=ALLTRIM(THISFORM.edtSQL.
Value) + "INTO CURSOR TEMPQUERY"
&cMacro

*--判断记录数如果为 0，则没有数据
IF _TALLY = 0
```

```
#DEFINE MSG_LOC "不存在满足条
件的记录."
#DEFINE TITLE_LOC "没有结果"
=MESSAGEBOX(MSG_LOC,64+0+0,
TITLE_LOC)
ELSE
*--如果有数据，则浏览数据
    BROWSE NORMAL TITLE SUBSTR
    (THISFORM.edtSQL.Value, AT
    ("WHERE", THISFORM.edtSQL.
    Value )+ 6)
ENDIF

*--引用数据表
IF USED("TEMPQUERY")
    USE IN TEMPQUERY
ENDIF
IF USED(lcOldAlias)
```

```
    SELECT (lcOldAlias)
ENDIF
```

（16）单击【清除 SQL】按钮，将初始化表单中的控件，该按钮的 Click 事件和 Init 事件代码如下：

```
*--Click 事件代码
THISFORM.ClearSQL

*--Init 事件代码
THIS.Enabled = .F.
```

（17）【关闭】按钮的代码如下。

```
THIS.RELEASE
```

第 10 单元

练习 10-1   显示图书信息

图书信息包括图书的书名、作者和出版社等，要让其显示出来，除了前面已介绍的，通过【查询设计器】和【视图设计器】窗口，显示在【浏览】窗口中外，还可以将这些信息组织成报表和标签的形式显示出来，如图 10-1 所示。

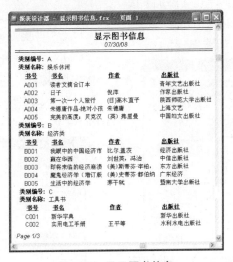

图 10-1   显示图书信息

（1）打开"图书销售"项目管理器，在【文档】选项卡中选择【报表】选项，

单击【新建】按钮，弹出【新建报表】对话框，在该对话框中，单击【报表向导】

按钮，如图 10-2 所示。

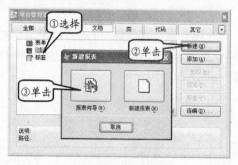

图 10-2　新建报表

（2）在弹出的【向导选择】对话框中，选择 One-to-Many Report Wizard（一对多报表向导）选项，然后单击【确定】按钮，如图 10-3 所示。

图 10-3　【向导选择】对话框

（3）在弹出对话框左下角的列表框中选择"图书类别表"，然后单击【添加】按钮，将字段添加到 Selected fields 列表框中，单击 Next 按钮，如图 10-4 所示。

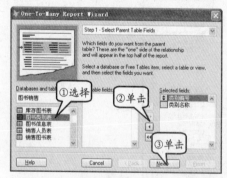

图 10-4　添加"图书类别表"的字段

（4）在弹出的对话框中，同样将"图书信息表"中的字段添加到 Selected fields 列表框中，然后单击 Next 按钮，如图 10-5 所示。

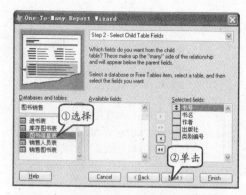

图 10-5　添加"图书信息表"的字段

（5）在该对话框中，设置两个表的关系，即在【图书信息表】和【图书类别表】的下拉列表框中选择"类别编号"选项，一般为默认设置，然后单击 Next 按钮，如图 10-6 所示。

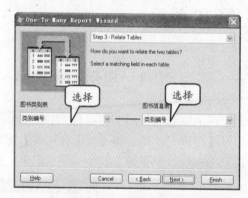

图 10-6　设置表关系

（6）在该对话框中，选择左边列表框中"类别编号"字段，单击 Add 按钮，添加到 Selected fields 列表框中，如图 10-7 所示。

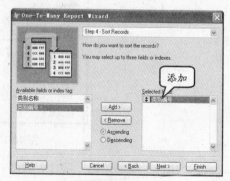

图 10-7　设置排序字段

提示

复选框 Use display settings stored in the database 指"使用存储在数据库中的显示设置";复选框 Wrap fields that do not fit 指"对不能容纳的字段进行拆行处理"。

（7）在弹出的对话框中，单击 Summary Options（概要选项）按钮，如图 10-8 所示。

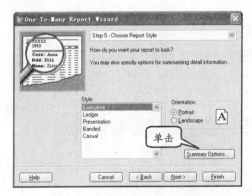

图 10-8　设置显示和打印样式

（8）在 Summary Options（总结选项）对话框中，选择 Summary only 单选按钮，然后单击 OK 按钮，如图 10-9 所示。

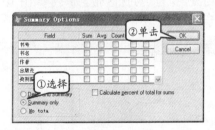

图 10-9　总结选项

（9）单击 Next 按钮，在【完成】对话框中，在 Type a title for your report 文本框中输入报表标题"显示图书信息"，然后启用两个复选框选项，如图 10-10 所示。

（10）单击 Finish 按钮。在弹出的【另存为】对话框中输入"显示图书信息"，单击【保存】按钮，保存报表。

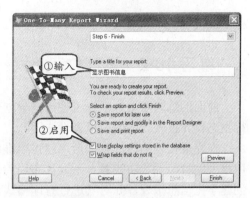

图 10-10　保存报表

（11）在【项目管理器】对话框中，选择刚创建的报表，然后单击【修改】按钮，如图 10-11 所示，打开【报表设计器】窗口。

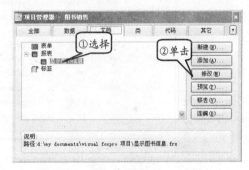

图 10-11　打开【报表设计器】窗口

（12）在打开的窗口中，将页标头下的字段设置为一行显示。然后删除"图书信息表"中的"类别编号"字段，如图 10-12 所示。

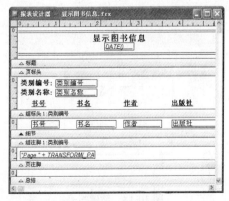

图 10-12　设计报表

（13）完成报表的设计后，单击工具

栏上的【打印预览】按钮 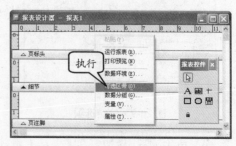，浏览报表 效果。

● 练习 10-2 设计打印格式

前面的练习简单地学习了使用向导创建报表，若需要显示精美外观的报表，则要进行物态设计报表（即使用报表设计器）。

在完成报表的设计工作后，就可以准备进行报表的打印输入。在打印报表之前，利用报表的打印预览功能看一下设计布局的效果，并对不符合要求的地方加以修改。例如，创建学生信息报表，并对其进行打印格式设计，如图 10-13 所示为该报表的效果图。

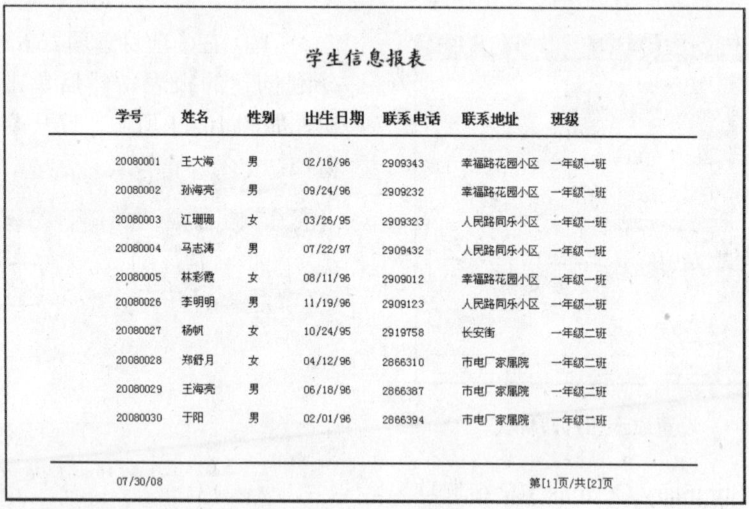

图 10-13 报表效果图

（1）打开"学生信息"项目管理器，选择【文档】选项卡中的【报表】项，然后单击【新建】按钮。

（2）在【新建报表】对话框中，单击【新建报表】按钮，如图 10-14 所示。

图 10-14 新建报表

（3）在【报表设计器】窗口中，右击

空白处，执行【可选区带】命令，如图 10-15 所示。

图 10-15 执行【可选区带】命令

（4）在【报表属性】对话框的【可选带区】选项卡中，启用【报表有标题区带】复选框、【报表有摘要区带】复选框和【包含页脚和总结】复选框，然后单击【确定】按钮，如图 10-16 所示。

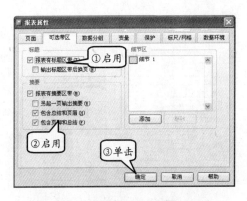

图 10-16 设置【可选带区】选项卡

（5）选择【标尺/网格】选项卡，在【网格】栏中，启用【显示网格线】复选框，如图 10-17 所示。

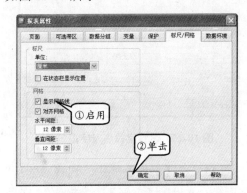

图 10-17 显示网格线

（6）单击【报表控件】工具栏上的【标签】按钮 A ，在【报表设计器】窗口中单击后输入"学生信息报表"文字，如图 10-18 所示。

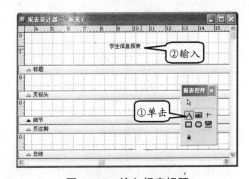

图 10-18 输入报表标题

（7）右击"学生信息报表"标签，执

行【属性】命令，如图 10-19 所示。

图 10-19 设置标签属性

（8）在【标签属性】对话框中，选择【风格】选项卡，单击【字体】文本框右边的【字体】按钮 ，如图 10-20 所示。

图 10-20 【风格】选项卡

（9）在【字体】对话框的【字体】下拉列表框中，选择"楷体_GB2312"；在【字形】下拉列表框中，选择"粗体"字形；在【大小】下拉列表框中，选择"三号"字号，如图 10-21 所示。

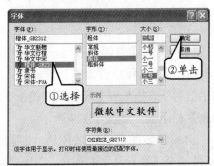

图 10-21 设置字体格式

（10）单击【确定】按钮，关闭【字
体】对话框。再单击【确定】按钮，关闭
【标签属性】对话框。

（11）右击【报表管理器】窗口空白处，
执行【数据环境】命令，打开【数据环境
设计器】窗口。然后，右击【数据环境设
计器】空白处，执行【添加】命令，如图
10-22 所示。

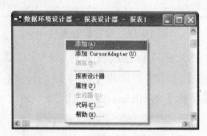

图 10-22　执行【添加】命令

（12）在【添加表或视图】对话框中，
先在【数据库】下拉列表框中选择"教学
管理"选项，然后在【数据库中的表】下
拉列表框中，选择"学生信息"选项，单
击【添加】按钮，如图 10-23 所示。

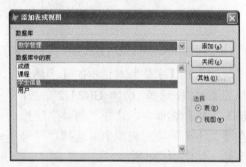

图 10-23　添加"学生信息"表

（13）单击【关闭】按钮，关闭该对
话框，在【数据环境设计器】窗口中，将
"学生信息"表拖放到【报表设计器】中的
【标题】栏下面，如图 10-24 所示。

（14）将字段名后的域控件（字段的
值）拖动至【页标头】栏中，将字段名与
域控件一一对应，如图 10-25 所示。

图 10-24　添加字段

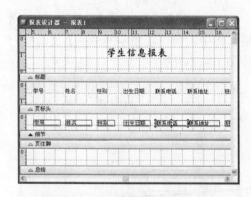

图 10-25　设置字段名及字段的值

（15）在【标题】栏中，选择"学号"
字段名，并设置【字形】为"粗体"；字号
【大小】为"五号"，然后单击【确定】按
钮，如图 10-26 所示。

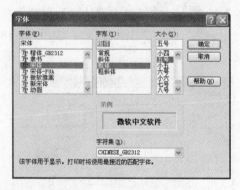

图 10-26　设置标题字段名

（16）依次在【标题】栏中设置其他
字段名的【字形】为"粗体"；字号【大小】
为"五号"，如图 10-27 所示。

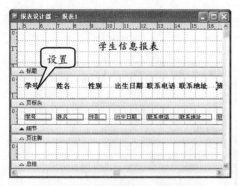

图 10-27 设置标题字形、字号

（17）单击【报表控件】工具栏上的【线条】按钮，拖动线条将其添加到【报表设计器】窗口中，如图 10-28 所示。

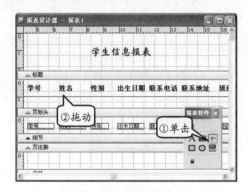

图 10-28 添加线条

（18）如【标签】控件一样，进入【直线属性】对话框中，选择【风格】选项卡，在【粗细】下拉列表框中，选择"2 点"选项，单击【确定】按钮，退出该对话框，如图 10-29 所示。

图 10-29 设置线条的粗细

（19）在【报表设计器】窗口中的【细节】栏中添加一线条，设置其宽度为 2。

（20）在【细节】栏中的线条左下角，添加【域控件】显示日期时间，在弹出的【字段属性】对话框的【普通】选项卡的【表达式】文本框中输入"DATE()"，然后单击【确定】按钮，如图 10-30 所示。

图 10-30 添加显示日期的域控件

（21）在【细节】栏的线条右下角，添加显示页数的域控件，在【表达式】文本框中输入""第[" + TRANSFORM 图(_PAGENO)+"] 页 / 共 ["+TRANSFORM(_PAGETOTAL)+"]页""，然后单击【确定】按钮，如图 10-31 所示。

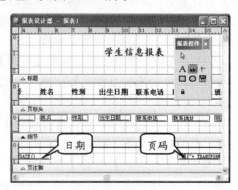

图 10-31 添加页码

（22）单击工具栏上的【保存】按钮，输入报表名称"学生信息报表"，然后单击【保存】按钮。

315

（23）执行【开始】|【页面设置】，弹
出【报表属性】对话框，如图 10-32
所示。

图 10-32 【报表属性】对话框

（24）在【页面】选项卡中的【分栏】
栏下，可以设置报表打印的【栏数】、【宽
度】、【间隔】和【左边空白】，当前设置 1
栏，其他默认即可。

（25）在【打印区域】选项组中选择
【可打印页】单选按钮，单击【默认字体】
文本框右侧的按钮，在【字体】对话框

中设置字体打印的格式，如："宋体"、"常
规"、"小五"，如图 10-33 所示。

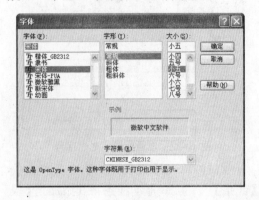

图 10-33 设置字体打印的格式

提 示

当页面的栏数超过 1 栏时，可以调
整【间隔】来控制栏与栏之间的间距。

（26）最后单击【确定】按钮，完成
打印格式的设置。

练习 10-3 打印报表

当完成报表的设计工作后，就可以对报表进行打印了。在打印前，首先要查看一下
是否安装了打印设备，如果没有安装，也可以通过本地局域网中的共享打印设备打印所
需要的报表。下面对学生信息报表进行打印设置并打印。

（1）打开"学生信息报表"文件，然
后执行【文件】|【页面设置】命令。

（2）在【报表属性】对话框的【页面】
选项卡中，单击【页面设置】按钮，弹出
【页面设置】对话框。

（3）在该对话框中，单击【打印机】
按钮，添加打印设备，如图 10-34 所示。

（4）在【打印机】栏的【名称】下拉
列表中，选择已安装打印机"Epson
LQ-1600K"项，如图 10-35 所示。

（5）如果本地计算机没有安装打印设
备，则可以单击【网络】按钮，弹出【连
接到打印机】对话框，如图 10-36 所示。

图 10-34 添加打印设备

（6）双击【共享打印机】文本框中的
Microsoft Windows Network，选择本地网

络计算机中的共享打印设备，然后单击【确定】按钮，如图 10-37 所示。

图 10-35　选择打印设备

图 10-36　【连接到打印机】对话框

图 10-37　添加网络中共享的打印机

（7）返回【页面设置】对话框，单击【属性】按钮，弹出【打印机属性】对话框。

（8）在【布局】选项卡的【方向】栏中，选择【纵向】单选按钮；在【页序】栏中，选择【从前向后】单选按钮；设置【每张打印的页数】为 1 张，如图 10-38 所示。

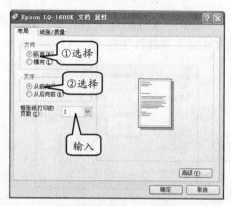

图 10-38　设置打印文档格式

（9）单击【确定】按钮，返回到【页面设置】对话框。在【纸张】栏的【大小】下拉列表框中，选择"A4"选项，在【来源】下拉列表框中，选择"自动选择"选项，然后单击【确定】按钮，退出【页面设置】对话框。

（10）执行【开始】|【打印】命令。

（11）在【打印】对话框中选择打印机"Epson LQ-1600K"，在【页码范围】选项组中，选择【全部】单选按钮，然后单击【选项】按钮，如图 10-39 所示。

图 10-39　设置打印属性

提示

　　如果打印的页数为报表中的中间页数：如 2～5 页，则需要在【页码范围】选项组中选择【页码】单选按钮，并在文本框中输入"2-5"。

（12）在【打印选项】对话框中，单击【选项】按钮，如图10-40所示。

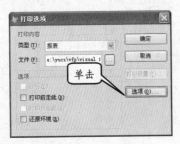

图 10-40　打印选项

（13）在【报表和标签打印选项】对话框中设置打印条件，在【作用范围】下拉列表框中选择 All 选项，然后单击【确定】按钮，如图10-41所示。

图 10-41　设置打印范围

提示

在【打印选项】对话框中，如果启用【选项】栏下的【打印前走纸】复选框，则在第一次打印时，先打印一空白页，用于测试打印是否正常。

（14）单击【确定】按钮，回退到【打印】对话框中，然后单击【打印】按钮，开始打印报表。

第11单元

练习 11-1　制作管理菜单

为教学管理系统创建一个统一的窗体，用来管理教学管理系统中的每一个系统功能，这时需要在这个窗体中设置一个管理菜单，来调用这些窗口。在本练习中将创建教学管理主菜单，掌握菜单的创建方法，如图11-1所示。

图 11-1　管理菜单

（1）打开"教学管理"项目管理器。在【其他】选项卡下，选择【菜单】选项，然后单击【新建】按钮，如图11-2所示。

（2）在弹出的【新建菜单】对话框中，单击【菜单】按钮，如图11-3所示。

（3）在【菜单设计器】窗口的【菜单名称】的第一行文本框中输入"学生管理(\<S)"，如图11-4所示。

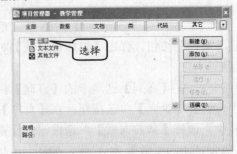

图 11-2　选择【菜单】选项

图 11-3 新建菜单

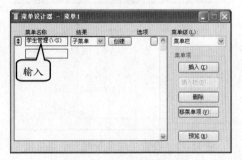

图 11-4 输入菜单名称

（4）在【结果】列第一行的下拉列表框中，选择"子菜单"选项，如图 11-5 所示。

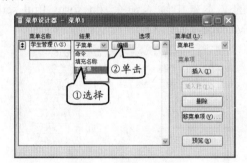

图 11-5 选择菜单结果

（5）单击下拉列表框后面的【编辑】按钮，进入【学生管理】菜单的子菜单设置，如图 11-6 所示。

图 11-6 学生管理菜单的子项

（6）在【菜单名称】列的文本框中输入"学生信息管理"，在【结果】列的下拉列表框中选择"命令"选项，在【选项】列的文本框中输入命令 do form frmSt 车员 Manage，如图 11-7 所示。

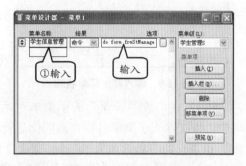

图 11-7 输入菜单项

 提示

在【命令】后面的【选项】文本框中的命令，如：do form frmSt Manage，"frmStManage"指的是 Form 表单的 Name。

（7）依次输入【学生管理】菜单下的其他子项，然后选择【菜单级】下拉列表框中的"菜单栏"选项，如图 11-8 所示。

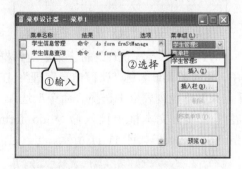

图 11-8 输入其他子菜单项

（8）依次在【菜单名称】列的文本框中输入"教师管理(\<T)"、"课程管理(\<L)"、"成绩管理(\<G)"和"系统管理(\<E)"，如图 11-9 所示。

（9）依次单击菜单"教师管理"、"课程管理"、"成绩管理"、和"系统管理"的

【创建】按钮，建立其子菜单或命令项。

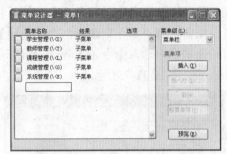

图 11-9　输入其他菜单名称

（10）在"教师管理"的子菜单对话框中，依次输入子菜单名称"教师信息管理"和"教师信息查询"；在【结果】下拉列表框中，选择"命令"选项；在【选项】文本框中输入命令 do form frmTh-Manage 和 do form frmThQuest，如图 11-10 所示。

图 11-10　设置"教师管理"子菜单项

（11）在"课程管理"的子菜单对话框中，输入子菜单名称"课程信息管理"；在【结果】下拉列表框中选择"命令"选项；在【选项】文本框中输入命令 do form frmLSManage，如图 11-11 所示。

图 11-11　设置"课程管理"子菜单项

（12）在"成绩管理"的子菜单对话框中，输入子菜单名称"成绩管理"和"成绩查询"；在【结果】下拉列表框中选择"命令"选项；在【选项】文本框中输入命令 do form frmGdManage 和 do form frmGd Quest，如图 11-12 所示。

图 11-12　设置"成绩管理"子菜单项

（13）在"系统管理"的子菜单对话框中，输入子菜单名称"用户管理"和"退出系统"；在【结果】下拉列表框中选择"命令"和"过程"选项；在第一行【选项】的文本框中输入命令 do form frmUser Manage，如图 11-13 所示。

图 11-13　设置"系统管理"子菜单项

（14）在第二行的【选项】标题下，单击【创建】按钮，在弹出的【退出系统 过程】窗口中输入 QUIT 命令，然后关闭该窗口，如图 11-14 所示。

图 11-14　对菜单项编写的过程